ヨーグルトと ブルガリア

生成された言説とその展開

マリア ヨトヴァ
Maria YOTOVA

東方出版

はしがき

　1989年の社会主義の崩壊は、旧ソ連圏では政治的・経済的・日常的生活などあらゆる面において劇的な変化をもたらした。この20年あまりの期間に、ブルガリアは民主化、民営化、土地返還など数多くの構造改革を余儀なくされ、社会主義の計画経済から資本主義の競争市場経済へと旧来の認識をも急激に変える必要があった。またブルガリアの人びとは、教育と医療サービスの有料化、工場閉鎖による高い失業率、低賃金と少ない就労機会を経験することとなり、激動の生々しい変化にさらされていた。1996年から1997年の深刻な金融経済危機の際も、ブルガリア社会は2000年代頃まで混沌とした社会情勢の荒波にもまれていた。それ以降、国際通貨基金（IMF）や欧州連合（EU）などの超国家的機関に従属することとなり、ブルガリア事情を反映できるような独自の政策がとれず、政治・経済・金融とあらゆる面で監視・統制を受けざるを得なくなった。このような事態は、従属する主体がソ連から欧州連合へと置き換わっただけであり、ブルガリアの主体性・自主性を持ち合わせない構造は同じであった。

　ブルガリア人である筆者も、当時の中高校生時代に社会的混沌を経験し、一時的に父や母の失業を目の当たりにしている。このようにブルガリアが苦境する様相について、西欧中心主義の経済的指標では「改革が進まない」や「政治的に意思がない」などと評価されることが多く、欧州委員会（EC）による年次の「ブルガリアの進歩」という報告書に対しても、その上から目線の姿勢に複雑な感情を覚える。

　他方、日本では、ブルガリア出身であると自己紹介すると、ヨーグルトという食品が必ずといっていいほど、話題となる。ブルガリアの印象が「ヨーグルト」と重ねられることが多く、自然豊かで平和な国として好意的に受容されていることに驚きとともに心地よい感覚を覚える。それまで西欧諸国がブルガリアに付与してきた印象とあまりにもかけ離れた反応だ

からである。

　その一方で、このようなイメージも一面的であり、実際の生活文化やブルガリアが抱えている社会問題などについてあまり知られていない。確かに社会主義崩壊のきっかけとなったペレストロイカは、報道ニュースや新聞などで、日本においても大々的な一大ニュースとして取り上げられた。また、研究レベルにおいても、東欧諸国の政治経済や農業改革などの数多くの変化については一定の成果が得られたことも事実である。しかし、それはマクロなレベルでの記述であり、社会主義化とその崩壊を経験した人びとにとって、このような変化がいかなるものであったのか、つまりそのミクロな世界を描写するものは非常に少ない。

　また、逆に日本がブルガリアではどのようにイメージされているのか、あるいは日本で「ブルガリアヨーグルト」が知られ渡った事実がブルガリア国民の間でどのように思われているか、価値観などのあらゆる変化に戸惑うブルガリア人の自画像にどのような影響を与えているか、ということを把握している日本人は、ほとんどいないと思われる。

　筆者は、このような揺れ動くブルガリア社会や人びとの日常経験を伝えるうえでは、ブルガリア文化と密接にかかわる伝統食品であり、かつ日本で親しまれるようになったヨーグルトが最もふさわしい題材と考えている。それに着眼することによって、ブルガリアと日本との間に興味深い関係性が見いだせるのではないかと考え、博士課程から日本・ブルガリア両国で参与観察やインタビューなどフィールドワークに基づき、ヨーグルトをめぐって研究調査をおこなってきた。その成果の一部として、本書は2011年度に、総合研究大学院大学文化科学研究科に提出・受理された博士学位論文をもとに加筆修正し、独立行政法人日本学術振興会の科学研究費補助金の交付を受けて刊行するものである。

　本書では、バルカン地域のブルガリアという小国家がソ連やEUの「衛星国」あるいは「周縁国」として軽視されてきた歴史を背景に、ヨーグルトを架け橋とした日本とのつながりを通して、エスノセントリック（自民族中心的）な世界観を形成してきた経緯をたどる。そして、ヨーグルトが理想的な自画像を提示するうえで、ブルガリアの人びとにとってどのよう

な存在であるかを論じることにしたい。近代的変容を経て、今もなお変化するヨーグルトという伝統食品に注目することによって、人びとの生活における激しい社会変化がいかなる経験であるのかを理解するための一助になれば幸いである。

 2012年8月

マリア ヨトヴァ

目次

はしがき　1

序論　本書の目的と問題の所在 ……………………………… 13

第一節　本書の目的　13
第二節　本書の背景と問題の所在　16
　（1）研究対象としての「食」　17
　（2）社会主義体制下における食の意味　24
　（3）ポスト社会主義期における食の新たな意味づけ　31
　（4）ブルガリアの食研究　42
第三節　理論的視座と方法論　47
　（1）ヨーグルトをめぐるブルガリアの自民族中心主義　49
　（2）ヨーグルトをめぐる諸言説　56
第四節　調査の概要と本書の構成　59
　（1）調査の概要　59
　（2）本書の構成　63

第一章　科学研究におけるヨーグルトの「長寿食」言説と「ブルガリア起源」言説 …………… 65

第一節　研究対象としての乳製品　65
　（1）人間の「命綱」としての乳製品　65
　（2）「商品」としての乳製品　68
第二節　ブルガリアの伝統文化としてのヨーグルト　70
　（1）乳加工システムと乳製品　70
　（2）ヨーグルトの伝統文化　76

第三節　言説の生成装置としてのヨーグルト研究　83
　　　　（1）ヨーグルトをめぐる「不老長寿説」の誕生　83
　　　　（2）ヨーグルトの「ブルガリア起源説」の確立　86
　　　〈まとめ〉"ブルガリアヨーグルト"という言説の誕生　92

第二章　社会主義期における「人民食」言説と「技術ナンバーワン」言説　97

　　　第一節　社会主義的近代化にともなう社会変化　97
　　　　（1）社会主義以前のブルガリア　98
　　　　（2）社会主義化していくブルガリア　99
　　　第二節　ヨーグルトをめぐる「人民食」言説　104
　　　　（1）乳加工システムの近代的変容　104
　　　　（2）国家政策におけるヨーグルト　110
　　　第三節　ヨーグルトの「技術ナンバーワン」言説　115
　　　　（1）「技術ナンバーワン」言説の生成経緯　116
　　　　（2）「技術ナンバーワン」言説の普及活動　123
　　　　（3）「人民食」言説と「技術ナンバーワン」言説の対立　129
　　　第四節　テクノクラートが回顧する「技術ナンバーワン」言説　134
　　　　（1）"ブルガリアヨーグルト"の成功物語　135
　　　　（2）ブルガリア乳業の「黄金時代」　140
　　　　（3）ブルガリア乳業の「晩年」　144
　　　〈まとめ〉"ブルガリアヨーグルト"という言説の確立　150

第三章　日本における「聖地ブルガリア」言説と「企業ブランド」言説　153

　　　第一節　日本における乳食文化の歴史　153
　　　第二節　愛好者間における「聖地ブルガリア」言説　154
　　　　（1）園田天光光と"ブルガリアヨーグルト"との出会い　155

（２）「聖地ブルガリア」言説の誕生　157
　　（３）「聖地ブルガリア」言説の意味　161
　第三節　大阪万博におけるヨーグルトの「発見」　165
　　（１）ブルガリア館の展示方法　165
　　（２）ブルガリア館の広報活動　167
　第四節　明治乳業による「企業ブランド」言説　170
　　（１）「本場の味」の誕生　171
　　（２）本物らしさの演出　177
　　（３）ブランド言説の拡大　183
　〈まとめ〉"ブルガリアヨーグルト"の国際化　187

第四章　ポスト社会主義期におけるヨーグルトの諸言説　…… 191

　第一節　民主化以降のヨーグルトの生産と消費　192
　　（１）EU 基準に苦しむ農家　193
　　（２）EU 規制に苛まれる企業　197
　　（３）国家規格をもとめる消費者　201
　第二節　国営企業による「日本ブランド」言説　207
　　（１）「日本ブランド言説」のルーツ　208
　　（２）「日本ブランド」言説の流布　215
　第三節　多国籍企業による「祖母の味」言説　223
　　（１）「祖母の味」言説の誕生　224
　　（２）「祖母の味」言説の意味　232
　第四節　ベテラン社員による「乳業の真珠」言説　237
　　（１）ベテラン社員の動向　237
　　（２）多国籍企業に抵抗する「乳業の真珠」言説　243
　第五節　地元の女性による「ホームメイド一番」言説　250
　　（１）「おばあちゃん」と「ホームメイド一番」言説　250
　　（２）「祖母の味」言説に抵抗する「ホームメイド一番」言説　259
　　（３）「おばあちゃん」の光と陰　262

〈まとめ〉"ブルガリアヨーグルト"の再帰性　266

結論 ……………………………………………………… 269

　　（1）ナショナル・アイデンティティとしての伝統食品　269
　　（2）自国文化の独自性としてのヨーグルト　272
　　（3）ブルガリアの「重要な他者」としての日本　275

　参考文献　279
　あとがき　303
　索引　307

●図・写真・地図リスト

図1：D.I. 企業の組織体系　107
図2：1985年〜2009年までの牛の頭数　194
図3：1985年〜2009年までの羊の頭数　194
図4：1985年〜2009年までの牛乳生産量　194
図5：1985年〜2009年までの羊乳生産量　194
図6：ブルガリア人の乳製品の日間消費量　203
図7：LB社の組織体系　209
図8：日本におけるブルガリア認識に関するブルガリア人の認知度　221
図9：日本で自国のヨーグルトが有名であることを知った情報源　221
図10：日本に対するブルガリア人のイメージ　222
図11：他国と自国のヨーグルトの比較　232
図12：ヨーグルトのナショナル・アイデンティティ化過程　271
図13：ポスト社会主義期における言説の生成メカニズム　274

写真1：ロドピ山脈の風景　73
写真2：ロドピ山脈における羊の放牧　74
写真3：ヨーグルト作り　79
写真4：ブラノ・ムリャコ　80
写真5：バター作り用のヨーグルト　80
写真6：乳加工がおこなわれる場所　80
写真7：D.I. 企業のロゴマーク　127
写真8：ベテラン会合の様子　136
写真9、写真10：T社長の傘寿（80歳）の祝い　137
写真11：牛2頭を飼っている零細酪農家　195
写真12：EU基準を満たす大規模な酪農場　195
写真13：ソフィアの市場で生乳を販売している酪農家　196
写真14：ヨーグルト市場の主要ブランド　199
写真15：ヨーグルトの売り場　199
写真16：LB社の入り口　214

写真17：JICA プロジェクトの記念看板　　214
写真18：LB社のライセンス事業40周年記念式典でスピーチを終えた現役社長　　216
写真19：ダノン社の主要ブランド　　225
写真20：「ナババ」ブランドのふた　　225
写真21：「ナババ」ブランドシリーズ　　229
写真22：おいしいヨーグルトの作り方を説明する「おばあちゃん」　　254
写真23、写真24：「カッパンツィ・おばあちゃん」の会合の様子　　255
写真25：「おばあちゃん」の自家製ヨーグルトの売店　　256
写真26：品評会に出品される「おばあちゃん」のヨーグルト　　257

地図１：バルカン半島ブルガリアの地図　　72

ヨーグルトとブルガリア
生成された言説とその展開

序論　本書の目的と問題の所在

第一節　本書の目的

　本書の目的は、ブルガリアの社会主義期からポスト社会主義期にかけて、ヨーグルトをめぐるさまざまな言説の生成と展開をたどりながら、伝統的な食品であったヨーグルトが、日本での受容を経て国民表象へと変化していく過程を明らかにすることである。

　現代ブルガリアにおいて、人びとの食生活に欠かせないのがパンとヨーグルトとされている。この組み合わせは、特に子どもや年配の人びとにとって定番メニューとなっている。また、さまざまな料理の材料や隠し味、飲み物としてブルガリア人の食卓にほぼ毎日登場しているため、どこの家庭でも冷蔵庫には必ずヨーグルトが入っている。日常生活におけるヨーグルトの重要性から、ブルガリアは現在も世界有数のヨーグルト消費国である。さらに、国全体のヨーグルト消費量の27〜30％を自家生産による消費が占めていることからも、ヨーグルトはブルガリア文化を語るうえで有用な題材となりえる。

　ブルガリアのどこのスーパーでも、プレーンヨーグルトのブランドや種類はきわめて豊富である。素朴な味のヨーグルトは、「ブルガリアヨーグルトの本来の味」として受け止められている。他国のヨーグルトとは異なり、ブルガリア菌の働きによって独自の香りと酸味があり、健康に役立つという"ブルガリアヨーグルト"の定義が多くの人に共有されているのである。また、ヨーグルトがブルガリア民族の酪農伝統の象徴であり、ブルガリアの文化遺産の重要な一部であると考える人も大勢いる。

　このようなヨーグルトに対する意識は、EU加盟直後の2007年に展開された「ブルガリアのシンボル」という全国規模の投票キャンペーンの結果にも反映された。キャンペーンの結果、歴史文化遺産というカテゴリーに

おいては中世初期の巨大なレリーフ（マダラの騎士像）、自然遺産においてはリラ山脈の湖、そして食文化においてはヨーグルトが圧倒的多数決によって選定された。それ以外にも、"ブルガリアヨーグルト"は地方の祭りから国会議員の選挙戦まで、あるいは博物館の展示からインターネット・フォーラムまで、さまざまな場で注目されており、2000年以降、社会空間において間断なく登場する存在となっている。

国立テレビの創立50周年には、「20世紀におけるブルガリアの重大な出来事」と題された大規模なキャンペーンが展開され、20世紀初頭にスイスでヨーグルト菌を発見したブルガリア人留学生の業績がテレビで紹介された。ここで興味深いのは、彼の留学先であったスイスの風景と乳酸菌の映像以外に、日本の「明治ブルガリアヨーグルト」が登場し、商品のパッケージの変遷や製品の多様化までが紹介されたことである。今日の日本では、「ヨーグルトといえばブルガリア」というようにヨーグルト抜きにブルガリアを語ることができないのと同様に、民主化以降のブルガリアにおいても、日本の"ブルガリアヨーグルト"なくして、自国のヨーグルトを語れない存在になっていた。

そこにはヨーグルトの成功物語を強調しつづけるメディア、「本来の味」に執着するブルガリア人、ヨーグルトに固有性を求める国家の姿がうかがえる。現代ブルガリアにおいて、どうやらヨーグルトは他の伝統食品と一線を画し、特別な役割を担っているようである。ヨーグルトの生産と消費にかかわる活動、またそこで生成されるさまざまな言説からは、ヨーグルトの持つ意味が大きく変化していることがみえてくる。これらを時系列的に追っていくことで伝統食品に対するブルガリア人の意識変容が立ち現れてくる。

食は、「食べる」という日常行為や人びとの味覚経験をより大きな社会的経済的変化へとつなげる。またそれは、社会主義的生産システムから資本主義的な市場システムへの急激な変容を理解するための標識でもある。近年の文化人類学的研究が示しているように、味覚は記憶（歴史）と表裏一体の関係にある［Seremetakis 1994、Sutton 2001］。スーパーマーケットの商品棚で「おばあちゃんの味」を熱心に探し求める人びとの記憶は、ノ

スタルジアの色彩を持ち合わせている。しかしながら、ノスタルジアはロマンチックで感傷的な過ぎ去った時代にとどまるものではない。より重要なことは、日常生活における消費と生産にかかわる活動と意識の変化である。

この問題設定からは、地域で食べられてきたものが国民性と結びつけられ、国のアイデンティティとなったプロセスと、またそれが社会主義化とその崩壊という急激な社会変化を経験した人びとにとっての意味はなにかという問いが浮かび上がる。そこで、ブルガリアの社会主義期からポスト社会主義期にかけて、伝統的な食品からグローバルな健康食品へと変化していったヨーグルトに着目すれば、この過程にあった人びとの活動や考え方をも理解できると考える。

そもそも、ヨーグルトはブルガリアだけではなく、バルカン地域や中近東、モンゴル、インドなどさまざまな地域においても昔から食べられてきた食品である。しかし、現在ではこの地域的な食品は、「ブルガリア固有」のものとして、国民表象となっている。なぜヨーグルトはブルガリアを代表するようになったのだろうか。政府関係者や乳業会社、また博物館の展示などは"ブルガリアヨーグルト"の古い伝統と輝かしい歴史を語るのだが、その実体はどのようなものなのだろうか。これらの疑問を追究することが、本研究の出発点となった。

グローバル化の進展や東欧諸国のEUへの加盟を背景として、多くの研究者は地域と国家レベルでの国民意識の維持・強化のための新たなシンボルを創生しようとする動きに着目してきた［Goddard 1994、Hobsbawm and Ranger 1983、Berdahl 2000］。それに対して、本書では社会主義化とその崩壊を経験し、2007年にEU加盟を達成したブルガリアを事例として、ヨーグルトの生産と消費にかかわる活動の変遷および伝統食品をめぐるさまざまな言説の生成と展開に注目することによって、ポスト社会主義期における食と民族意識や国家的威信の高揚との関係性、国民文化の重要な資源としての食の新たな社会的機能を明らかにしたいと考える。そのために、国内・国際レベルでの「ヨーグルト言説」を切り口に、社会主義期とポスト社会主義期という二つの時代区分を設定し、以下のような課題を取

り上げる。

　まず、20世紀初頭の西欧においてヨーグルトをめぐってどのような言説が発生し、それがブルガリアのヨーグルト研究にどのような影響を与えたかを明らかにする必要がある。次の課題は、西欧とブルガリアの科学研究から発生した言説が、ブルガリアの社会主義期においてどのような新たな言説を生み出したのかについて考察することである。また、その国際的展開を明らかにするために、日本におけるヨーグルトの受容との関係性および両国におけるヨーグルトをめぐる言説の相互影響を検討する必要がある。最後に、ブルガリアのポスト社会主義期におけるヨーグルトの新たな意味づけをめぐるグローバルとローカルの対立に注目しながら、そこで生成される諸言説とブルガリア人の自己提示との結びつきについて明らかにすることが重要な課題である。

　本書では、さまざまな言説に巻き込まれた"ブルガリアヨーグルト"が日常体験としての社会的変化を鏡のように映し出す役割を果たしているのではないかという問題意識に基づき、伝統的な食品であったこの乳製品が、日本での受容を経てブルガリアの国民表象へと変化していく過程をたどる。その際、社会変化のなかで、ヨーグルトの意味づけに主体的に関与した経営者、研究者、為政者、そしてヨーグルトの伝統文化の継承を担った人びととのそれぞれの活動に着目する。そのことを通して、社会主義化とその崩壊がもたらした社会的変化・文化的変容を、食とのかかわりという切り口から描き出していきたい。

第二節　本書の背景と問題の所在

　ここでは、まず文化人類学の研究領域における食、特に食の意味の解明を検討したうえで、東欧諸国の社会主義に関する文化人類学的研究の動向を食とのかかわりから整理する。次に、ポスト社会主義期における食の新たな意味づけと自国の食への固執に関する議論について整理し、ブルガリアの食研究の概要と問題点について指摘する。

(1) 研究対象としての「食」

人間にとって、食べることは生命と健康を維持するための最も基本的な行為であり、その意味で生物学的に普遍的な営みである。何を食べるか、どのように食べるか、また何を使って食べるかについては、さまざまな習慣がある。また、食の生産、加工、処理、交換、消費を介して人間関係や社会のつながりが生まれる。つまり、「食べる」という当たり前の行為の背後には、人と自然、人と人とのかかわりあいが深く結びついている。そのため、非常に多くの人類学者がさまざまな文化の「食[1]」に関して詳細な記述と分析をおこなってきた。

文化人類学において、食への研究関心が高いにもかかわらず、1980年代まで食を主題に取り上げた人類学的研究は意外と少ない。それだけではなく、その取り上げ方には極端な偏向がある。つまり、食をきわめて物理的な関心から注目した分析が多く、食の社会的・文化的意味についての記述は非常に少なかった。

前者の分析の根底には、何でも食べていた人間は文明の発達とともに食物を限定してきたという考え方がある。それは、トーテム種であるがゆえに、食物タブーが存在するものと捉えた。このような研究の流れの典型例として、食生活における文化社会的規制や食物タブーを物質的利害関係によって説明しようとしたハリスの議論がある[2]。また、この種の食研究には、当該社会の自然環境や生態学的条件との関連から食を取り上げるものが含まれる。特に1960年代から1970年代にかけては、栄養学的な視点に基づいて各民族の伝統的な食習慣が、現地の人びとの環境に見事に適応して

---

1 英語では Anthropology of Food and Eating という具合に food と eating の二つの言葉を用いることが多い [Mintz and Du Bois 2002]。日本語では「食文化」が一般的に使用されるが、石毛直道はさらに食を生産する文明システムとしての「食文化」と、各社会における食に関する固有習慣としての「食事文化」とを区別して使用している [石毛 1982]。本書では、「食」という言葉は、食物や料理だけではなく、食習慣や食物の生産・流通・分配なども視野に入れた言葉として用いる。つまり、本書の食とは、石毛の「食文化」と「食事文化」の二つの概念を包摂するものである。

いることが見直されるなど、栄養人類学的な関心に沿った多くの調査報告が発表されてきた［Messer 1984］。また、食の加工や調理などの知識・技術についての報告や、食の比較文化的な分布および文化史的な影響関係に関する分析も多くおこなわれてきた［Goody 1982、石毛 1982、1989など］。

言うまでもなく、食は生きるうえでは必須の生命活動のひとつとして、必然的に生理学・生物学的性質を有している。しかしその一方で、人間は何を食べる・食べないかということについて、所属している集団の観念・習慣・信念を身につけたうえで、その物質的環境や経済的状況の範囲内で食物を選択する。つまり、食は一連の社会的行為であり、そこにはさまざまな文化的意味づけがなされている［宇田川 1992］。

人びとは食を通して自らの社会・文化を具体化しているという考え方は、1960年代以降、構造主義人類学の台頭とともに、特にレヴィ゠ストロースの研究成果をもとに発展してきた。彼は、母音・子音の「三角形」という言語学の概念を食習慣に応用し、「料理の三角形」を通じて、調理法の体系化をおこなった［Levi-Strauss 1966］。食を意味体系として捉える立場から、個人的嗜好が文化的に形成されており、社会統制の対象であるとしている[3]。

ロラン・バルトも、レヴィ゠ストロースと同様にソシュールの構造主義的な記号学の方法論から出発する。彼は、言語学とのアナロジーを用いて、食の「コード」あるいはその「文法」の規則を探索していた。彼の基

---

[2] 彼は食べるに適する食物は、食べるに適さない食物より、コストに対する実際の利益の差引勘定が良い食物であるという理論を展開している。彼の説明によると、われわれが犬や猫を食べないのは、それがペットだからではなく、肉食動物である犬は肉の供給源として効率が悪いからである［Harris 1985］。しかし、すべての人間が最小限の経費による最大限の収益という経済合理的な行動をとると想定するのは極端すぎて無理がある。また物理的利害では食物以外のタブーを説明できないところに欠陥がある。

[3] 構造主義者の影響のもとで、象徴や隠喩から食の意味を理解する研究が数多くおこなわれてきた［たとえば Atkinson 1979、1980、Boneva 2002、James 1986、Murcott 1983、宇田川 1992など］。

本的な捉え方では、食品、調理法、食習慣は意味作用における相違のシステムの一部であり、各社会において食を媒介としたコミュニケーションが成立するため、一定の社会環境は食に表象されるという。また、食というものが、栄養源としてよりも、特定の状況に応じて意味づけられ、状況そのものを指す傾向があるという。バルトの指摘は、現代社会におけるさまざまな現象を理解するうえでは、非常に重要な示唆を与えている[4][Barthes 1997]。

　レヴィ＝ストロースとバルトの研究方法は、メアリー・ダグラスの文化象徴論では新たな展開を迎えた。彼女はイスラエル人にとっての清浄で許食の動物と、汚れたものとしてタブー視される動物との境界に注目しながら、タブー視されるメカニズムを解明した［Douglas 1966］。後にダグラスは、イギリスにおける食の構成を分析するなかで、食は年中行事や通過儀礼のような一定のサイクルにおいて位置づけられるものとして、さまざまな社会関係や文化的意味が組み入れられる社会秩序を表す象徴体系であるという考え方を展開した［Douglas and Nicod 1974、Douglas 1975］。そして、ダグラスの最も大きな研究成果は、食事形態を分析し、食の意味を解読するための枠組みを確立したことである。今や文化人類学において、食は社会的関係や集団・自己の表現手段として捉えられることが多いが、そこにはダグラスの影響が見られる［たとえば Atkinson 1979、1980、Fishler 1980、1988、Gusfield 1987、James 1986、Murcott 1982、1983、Whitehead 1994、Weismantel 1989など］。

　ダグラスの研究成果は、食の研究分野の活性化につながったと高く評価

4　たとえば、コーヒーは刺激性のある嗜好品でありながらも、コマーシャルの影響でますます休憩と連想されることが多く、休憩そのものを意味するようになっている。このバルトの例では、「刺激性のある嗜好品としてのコーヒー」と「休憩を意味するコーヒー」からなるコーヒーの意味の二重構造がある。その関連性をバルトは「意味作用」あるいは「意味表象」（signification）と呼び、理論的な体系として説明している。さらに、彼はフランスとアメリカを事例とし、それぞれの社会において砂糖やコーヒーのような食品の意味がいかに異なるかを議論している［Barthes 1997］。

できる。確かに食とは、日常的行為として、人びとがそれを媒介にして自然・社会的環境と結びつき、食の根底に組み入れられた意味体系を解読することで、当該社会の無意識の態度を理解するうえで、有効な装置である。しかしその一方で、ダグラスの研究のなかで提示される食の意味は、永久に続くかのように、きわめて固定的な形で議論されるという点において、問題があると考えられる。実際、人びとが食を通じて日常的に自然・社会との交流を重ねるなかで、食の意味は変化し、新たな意味が付与される。また、政治や社会の広いレベルで生じた変化は、食の意味、形態、内容にも変化を生じさせる。そこでは、意味が能動的に形成され、次第に変遷するプロセスとして考察していかなければならない。なぜなら、文化人類学者のジャック・グディが指摘するように、歴史的要因を見逃し、食に組み入れられた意味の解明に執着すると、社会関係や個人・社会階級の差が見えなくなるおそれがあるからである［Goody 1982］。

　グディは、食を研究するにあたって、外部からの社会文化的影響や物質的環境、ミクロなレベル（家庭）とマクロなレベル（国家）での政治経済的要因をも考慮する必要があると論じている。この指摘においては、グディの考え方は、ハリスの生態学的あるいは唯物論的なアプローチに近いが、その一方では食物選択において文化の重要性を認めており、食を、階級的格差を表す社会的行為として捉えている。そこで、グディはハリスの方法論的問題点を乗り越え、食に関する比較文化的な議論を展開した点において優れた研究成果を上げている[5]。さらに、グディの研究は「イタリア料理」や「プロバンス料理」といった現在では「伝統的」とされる料理が、さまざまな文化的交流のなかで歴史的に形成されたものであると主張しており、この点においても重要な示唆を与えている。具体的な事例のひとつとして、グディはパスタの歴史を取り上げている。現在、この食物はイタリアの標章であるというほど、この国の代表的食物として広く知られ

---

[5] 日本で食の比較文明論・比較文化論を独自に展開した石毛直道の研究業績は、食の文化人類学においてグディと同様に大きな意義がある。しかしながら、使用言語の影響力のちがいで、欧米における両者の研究成果の浸透度合いは異なる。

ているが、歴史的に見ればイタリアにおけるパスタの使用は15世紀にドイツを経由し中国から伝わってきたと指摘している[6]。つまり、国民食や伝統的料理として認識されるものは、多くの場合は外国からの材料や料理法の導入によって形成されたものである。

　日常で食は他者認識のバロメーターとして見事に機能していることは、ダグラスをはじめ多くの研究者が示してきたとおりである。しかしその一方では、現時点でなされる食の意味づけと歴史的事実とに食い違いがあることも忘れてはならない。文化人類学において、このように食の生産・流通・保存などにかかわる技術開発や工業化のような歴史的変遷に注目する必要性を提唱したのは、グディの研究である。食の根底にある「シンボル」、「メッセージ」、「メタファー」などの意味体系の解読にあたって、なぜこの意味づけがなされているのか、この意味がどのように形成されてきたのか、といった疑問にも研究関心がはらわれれば、これまでの静態的な食の意味体系を抽出しがちであった食研究の問題点を乗り越えることができると考える。

　この意味で、顕著な研究業績を上げたのは、アメリカの文化人類学者のミンツである［Mintz 1985］。彼は、17世紀まで贅沢品であった砂糖がなぜ、19世紀から20世紀にかけて日用品として急速に広まったのかという問題意識のもと、砂糖の生産・流通・消費システムの研究を進め、その使用と意味の変遷を明らかにした。ミンツにとっての砂糖とは、昔からアフリカの奴隷制度で成り立つ砂糖の生産に携わる人びとと、砂糖をもとめるイギリスの産業化の担い手としての労働者との間の結びつきを示すメタファーである。ミンツの考え方では砂糖の象徴的な意味は、このような社会関係のなかで砂糖が使用されることによって生じてくるものであるた

---

[6] また、別の事例として、グディは伝統的なプロバンス料理法を取り上げている。その優れた特徴とされるオリーブオイルの使用は、18世紀までは卵、魚、揚げた豆に限定されていたという。当時は、エンドウ豆やキャベツのスープの味付けに一般的に使われたのは、塩漬けの豚の脂肪である。これは、その他のヨーロッパと同様に、プロバンスの一般の人びとの基礎的な食事であった［Goody 1982］。

め、砂糖の使用に注目することによって、そこに隠蔽される意味も明らかになるとしている。砂糖の意味は、その使用の増加という結果として変化を遂げてきたため、砂糖使用の増加をもたらした要因を考慮するとともに、逆に砂糖使用がもたらす結果もまた分析されなければならないとしている。そこで、彼は砂糖の消費を促進した生産の本質、組織、成長性を分析すると同時に、増加していく砂糖の消費が及ぼす生産システムへの影響にも注目している。この過程のなかで砂糖の意味が付与され、価値が形成され、また変遷していくのである[7]。このようにミンツの研究は、食の意味を解読するだけではなく、その「暗号化過程」を解読する形で、食の意味が歴史のなかでどのように形成され、変遷してきたかということをも明らかにしている。つまり、ミンツの大きな貢献は、食の意味形成のメカニズムを説明したこと、またそこには常に権力が働くという主張にある[8]。

---

7 砂糖の消費・生産システムの分析の際、ミンツは消費の日常生活に関する状況を食の「内部の意味」とし、それを取り巻く経済・社会・政治的状況を食の「外部の意味」としている。「内部の意味」は、「外部の意味」の変化がすでに進行中のときに有意味になり、「外部の意味」の変化によって大きな枠組みが決定された後に、その変化がもたらした意味が初めて個人レベルの認識や日常実践に取り入れられる。つまり、実際の食の変化は「内部の意味」において生じるが、それはあくまで外部から意味の決められた枠組みのなかで生じるものであり、「内部の意味」には「外部の意味」の状況を制御する力はない。このように、知覚経験などの日常生活にかかわる「内部の意味」と、社会的格差を生み出す「外部の意味」は常に関連している［Mintz 1985、1996］。

8 ミンツは「意味の網目」（webs of significations）という表現を使用しながら、ある食品はひとつの意味ではなく、数多くの意味が存在しており、それはある社会の全ての人びとにとって必ずしも共通なものではないと指摘している。なぜならば、社会はさまざまな境界や階層が存在し、それぞれの社会集団のなかで習得された食の意味は異なるからである。しかし、これらの意味は隔離されたものではなく、人びとを歴史と過去へつなげながら相互に関連しあい、網目を形成している。そして、ある集団で生まれた意味が他の集団に伝わったところで、意味と権力が結びつくという［Mintz 1985：158］。

ミンツの影響を受けた本研究では、社会変化を背景に人びとの生産・消費にかかわる活動と言説のなかでヨーグルトの意味がなぜ（どのように）支配的になるのか、またその意味の変遷が人びとの行為と認識の変化にどのようにつながるのかということを考察する必要があると考える。しかしその一方で、ミンツの研究方法では、歴史学的な視点に偏重するため、砂糖の意味形成に主体的にかかわった当事者の個人的関与や動機づけを捉えるには限界がある。つまり、マクロなレベルでの生産者・消費者、または支配階級・労働者階級といった社会関係は浮かび上がるものの、ミクロなレベルでの砂糖を媒介とした人間関係や、関係者の個人としての姿は見えてこない。その結果、ミンツにとっての砂糖とは、社会的不平等の隠蔽であることが見事に伝わるが、そこには当事者自身の解釈は欠落している。そこで、本書は、歴史資料に基づいて社会主義的近代化とその崩壊がもたらしたヨーグルトの意味変遷についての考察にとどまらず、当事者の主観的な語りにも耳を傾けながら、ヨーグルトの意味づけに主体的にかかわった人びとにとってヨーグルトとはなにか、また急激な社会変化を経験した人びとが見出す意味とはなにか、ということについても考察する。宇田川によると、食とはそれを通じて自己が生まれ、他者が形づくられ、世界が認識される主体的行為であるという［宇田川 1992］。そして、その意味はその時々に彼ら自身によって都合よく解釈されるものであると考える。食の意味づけにはさまざまな力関係が働くが、一般の人びとは必ずしも利用され無力な立場にあるわけではなく、彼ら自身も食を通じて自己主張し、彼ら自身の選択によって既存の秩序を維持、あるいは転覆させようとしている。このように、歴史的背景をもとに当事者の視点をも取り入れることによって、食を客観的な研究対象とするばかりではなく、当事者自身の解釈を大切にしながら、社会のダイナミズムを内包したものとしてヨーグルトの現代的意味と、食の意味づけに主体的に取り組む当事者の姿を描き出すことにしたい。

　ただし、方法論としては逆のアプローチをとる。つまり、従来の研究における人間が主体、食が対象という捉え方に対して、本研究では逆にヨーグルトというモノを主体として、ヨーグルトの視点・立場から関係者の行

動や言説を見て理解するというアプローチをとる[9]。言い換えれば、社会的言説や当事者の主観的な語りや活動の中心にヨーグルトを据え、そこから人びとの意識や経験、さまざまな活動を理解しようとする試みである。

　従来の食研究において、身体（栄養）と精神（思想）、物質（実践）と観念（意味）、生産と消費、庶民層と上流層、現地と外来、経済的要因と文化的要因といった二分法構造を中心に別々の次元で食が考察されてきた。しかし、従来の研究方法（つまり主体は人、対象は食という見方）を変え、食から人間・社会を考えるという手法を適用することによって、従来の研究においてはこのようなカテゴリーに分離されてきた食は、再び一体化され、それらの側面を包括する形で考察が可能になる。なぜなら、実際のところ、それらのカテゴリーのいずれかが支配的であるわけではなく、その相互作用のなかで、社会変化とともに、さまざまなアクターの影響を受けながら食の意味が形成されていくからである［Wilk 2002］。このように、食の意味を固定されたものとして、あるいは食にかかわる生産と消費、経済と文化などを別々の次元で捉えてきた食研究の流れに対して、食そのものを主体として、人びとの行動や日常体験としての社会変化を理解しようとし、新たな方法で研究を進めることにしたい。

（2）社会主義体制下における食の意味

　近年、特にベルリンの壁の崩壊後、つまりグローバル化の進展した1990年代以降、食研究は急激に活性化しており、消費のあり方、アイデンティティと食との関連性、食料不足や飢餓の問題など、幅広いテーマが取り上げられてきた。このように、研究関心がさらなる広がりをみせるなかで、研究成果が最も期待できるとされる食の研究領域は、社会主義化とその崩壊を経験した人びとの生活文化やエスニシティ・宗教といった社会文化面を研究対象とするポスト社会主義人類学である［Watson and Caldwell 2005：

9　このアプローチを、理論的に説明し展開したのがアパデュライの *The Social Life of Things* であり、物質文化研究において多くの注目を集めた［Appadurai 1986］。

4]。

　社会主義時代においては、ブルガリアを含め、東欧諸国の政府は外国人人類学者によるフィールドワークをほとんど認めていなかったため、1980年代末まで旧ソ連圏を対象とする日本および欧米の人類学者は非常に少なく、日本語・西欧語による民族誌的な報告もほとんど刊行されてこなかった[10]。当然、東欧諸国の食についても同様に、十分な研究蓄積がなされてこなかった。

　1950年から1980年代までの農業研究と同様に、ソビエトを研究してきた経済学者の多くは、慢性的食料不足の問題を強調してきた［たとえばNove 1988］。その研究によると、ソビエトにおいて、社会主義当初より、高度な食品産業・農業システムを構築することは最重要課題であった。そのため、農業や食糧生産の集団化だけではなく、食事も社会主義体制下において統制を試みていた［Scott 1998、Fitzpatrick 1994］。最終的な目標は、前衛的革命を通じて労働階級層に食物を行き渡らせるため、無駄を排除し、食物の生産量を改善させることであった。ところが、1930年代のソビエトの集団化過程の間に、900万の人びとが大規模な飢餓で命を落としており、社会主義の食システムにおけるこのような失敗に注目した研究者は少なくない［Borrero 2002、Hessler 2004］。そして、パンのために列をなす人びとの光景は、西欧では社会主義の失敗のシンボルであった。

　その一方で、第二次世界大戦以降、食糧生産を改善したという点において、社会主義国家の成し遂げた成果に着目する研究者は非常に少ない［McIntyre 1988］。ソビエトの食システムを研究した歴史学者ロトスタインによると、当時、食部門の専門家は、ソビエト指導者の掲げる科学的客観性や技術的合理性という哲学に合わせて、科学的手法で、合理的に食品産業の構築に努めていたという［Rothstein and Rothstein 1997］。ソビエト

10　文化人類学では、ハンガリー、ポーランド、ルーマニアの農村における共同体と生活の変容を主要なテーマとした民族誌的記述は、1980年代から出はじめた。たとえば、ハンガリーとポーランドに関してはChris Hann［1980、1985］、ルーマニアに関してはKatherine Verdery［1983］、ソビエトに関してはCaroline Humphrey［1983］などがある。

の科学者、栄養学者、料理人などは協力しあいながら、合理的な食事形態を築きあげていった。そのため、食の生産流通システムを整え、調理法や栄養基準を確立し、消費される場を設置することで、従来の食のシステムを根本的に変え、合理化していった [Borrero 1997、Rothstein and Rothstein 1997]。さらに、食のシステムを改革する専門家や健康食の提唱者は料理を科学的な部門として扱い、化学、物理学、生理学などの自然科学分野に基づいて改革を進めていた [Rothstein and Rothstein 1997：184]。このような国家政策のもとで、第二次世界大戦後の東欧諸国での食料の大半は大規模な協同組合農場で生産され、国家基準に従い国営工場で処理され、人為的に安く販売されていた [Wegren 2005：26]。

　食の産業化について、社会主義国家にとっての利点という視点から文化人類学者のエリザベット・ダンやメリッサ・ケルドウエルなどが議論している [Dunn 2004、2008、Caldwell 2009]。ダンによると、技術や流通面において、賞味期限の長い加工食品は、予測不能なソビエトの生産システムでも運用させることができ、再配分用として容易に保存活用できるという [Dunn 2009]。また、ソビエトの食品産業が加工食品を大量生産することは高品質で新鮮な材料を配給することよりも、容易でかつイデオロギー的にも望ましいとしている [Smith 2008：146]。さらに、大量に生産された加工食品に関して、ケルドウェルは、食の生産量や品質を改善するだけではなく、ソビエト構築のための重要な政治的手段でもあったと論じている。つまり、ある地域で食物を生産し、別の地域へと流通させることによって、かつて現地生産・現地消費の食を全国で統一化することができた。またその一方で、食システムおよび食事パターンを物質的な側面で再編成すると同時に、給食制度や食に関するプロパガンダを通じて、人民に対して平等や生活共同体といった社会主義の価値観を植え付けようとしていた [Caldwell 2009：6]。

　社会主義時代における食品産業の構築や食システムのあり方に注目する文化人類学者の多くは、食品の標準化に関する問題を取り上げている [Dunn 2005、Jung 2009、Manning and Uplisashvili 2007、Shectman 2009]。アメリカの文化人類学者ユングは消費者の視点から社会主義国家が定めて

いた生産規格の意味について探求している。彼女によると、当時の加工食品は国家規格を通じて品質が保証されていたため、消費者にある程度安心感を与えていたという［Jung 2009：39］。一方、ダンは食品規格を社会主義国家の統制手段として捉え、生産過程における国家介入を活性化させるために標準化を推進してきたと論じている。つまり、国家規格とは、各工場が独自の標準化によって食品の品質を管理するためのものではなく、消費者や小売業者の要求を満たすためのものでもなく、国家統制を最終的な狙いとしていたとしている［Dunn 2004、2005］。また、ロシアの食を研究している文化人類学者スタス・シェトマンの研究から、食に関連した標準化は食品産業にとどまらず、外食産業にも広まっていたことがわかる。各飲食店は、国家が定めたレシピに従い、国家が決めた原材料や調理法を適用し、料理の準備をすることを義務づけられた［Shectman 2009：162］。このように、国家規定を通じて、国家は官僚、経営者、労働者、消費者を権力関係に結びつけ、国民の労働生活および家庭生活のミクロな場へと入り込もうとしていたのである。

　国家政策のもとでおこなわれた食の産業化は、人びとを日常食のために国有部門に徐々に依存させることによって、政治的領域へとつないで拘束させていくことを意味していた。実際のところ、慢性的なモノ不足のなかで、国家は十分に食料を提供することができなかったため、小作農による自家製生産にも依存しつづけていた。しかしながら、工業生産による加工食品は、人びとの日常食として食生活に浸透していった。社会主義期におけるこの「自家製食」と「国家食」の象徴面に注目する研究者は少なくない［Ries 1997、Smith 2003、Smith 2008］。たとえば、ハンガリーにおける自家製食の意味について考察したジェフ・スミスは、自家製食を作ることは、生業のために農業を営む小規模農家の気質とは全く異なると主張している［Smith 2003］。自分自身で何かを作ることは、生活で必要なモノすべてを供給すると自称していた国家に対して盾つく行為であり、自家製食は自由の象徴であったと解釈している。つまり、個人用益地で自分の食を作ることによって、何かを主体的に成し遂げ、一時的でありながらも国家統制や国家食への依存関係から解放されていた［Smith 2003］。一方、ソ

ビエトにおけるアイスクリーム産業の構築を事例として、食の歴史家ジェニー・スミスは、社会主義国家が人民への世話を強調する象徴として国家食の利用について議論を展開している［Smith 2008］。当時、アイスクリームを作り、広く普及させるための必要な生産インフラ整備には莫大な費用が必要であった。一見とるにたらないアイテムのように思われるアイスクリームだが、この莫大な投資の背景には政治的意図が働いていた。贅沢品がほとんどないシステムの中で、アイスクリームは、社会主義国家によって築きあげられた「快適で甘い生活」を予見するものとして存在していた。それは、慢性的なモノ不足起因による国民不満への露骨な譲歩であり、社会主義国家が娯楽をも人民に配分できるということを特徴づけていた。またそれは、国家統制のもとで標準化、産業化、大量生産からもたらされた娯楽であるが、人民に対して常にこの娯楽を享受させることによって、社会主義国家は、国民に対してアメとムチという関係構築を試みようとした。第二次世界大戦後のソビエト国家にとって政治的な正当性や社会的な安定性は、ある意味、アイスクリームの人民への毎日の潤沢な普及次第であったという［Smith 2008：148］。スミスの結論は、ブルガリア共産党の食料政策を「大衆の誘惑」として分析した社会学者イヴァイロ・ズネポルスキの議論と共通点がある［Znepolski 2008：76］。このように、食品の大量生産のための大規模なインフラの整備や安価な食料分配が政治的正当性や社会主義国家の成功を表象するプロパガンダの手段として、見事に機能していたことは、研究者の共通意識である。

　他方、多くの文化人類学者がソ連やポーランドなどの事例で示しているように、社会主義国家は食を通じて人民統制を図ろうとしたが、それは部分的な統制にすぎなかった。たとえば、集団農業に携わる農夫たちは国家の割り当てをうまくかわし、農作物を隠すことで知られており、それを彼らは自分たちで消費するか、もしくは半合法的市場へ販売行為をとっていた［Creed 1998、Verdery 1996］。たとえ国家規定によって食の統制が図られていたとしても、慢性的な原材料不足や老朽化した設備の故障による不安定な生産サイクルのなかで、規定通りの品質や中央計画通りの量が確保できないため、結果的に国家統制は十分に機能しているわけではなかっ

た。さらに、労働者は工場で働かなければならない時間を勝手に省略し、現場から原材料を盗んでいた[11]［Dunn 2004、2005、Verdery 1996］。また、食料品店の従業員は特別な客のために商品棚から食品を隠し、適切な対応義務を怠っていた[12]。そして、消費者は社会主義体制のあらゆる抜け穴を利用して、非公式な人脈を通じて行列をかわし、半合法的市場で食料品や西欧の密輸品を入手しながら、生活を送っていた。つまり、理想と現実が混在する社会主義体制下において、社会主義国家が食システムを通じて人民を統制しようとしても限界があった。ある意味で個々の自由かつ創意工夫に富んだ手段が講じられており、人びとはさまざまな生活戦略を用いて、社会主義体制に適応しながらも、社会主義体制を自分の都合に適応させていたのである[13]。

　食を取り上げた多くの文化人類学者や歴史学者は、興味深い事例を通して、社会主義体制において築き上げられた食のシステムの整備や、象徴としての機能について、重要な示唆を与えている。しかしその一方で、先行研究の大半は、アメリカの文化人類学者によるものであり、食の生産と消

11　特に金曜日の夜、都市部で働く人は、別荘や実家の菜園栽培をしに農村地方に向かうため、勤務時間を犠牲にすることが一般的であった。また、収穫時期など自給自足の農園で忙しいときは、勤務時間を短縮することも常識の範囲内であった［Bokova 2008］。そして、家畜生育のために必要な飼料の一部や、個人の菜園に使う肥料や種の大半は、集団農場から勝手にとっていた。

12　商店従業員は、医師や弁護士など社会的身分の高い特別顧客向けに在庫した「不足」商品を供給することは、チップをもらえるだけではなく、個人的なコネクション拡大にもつながっていた。商品を購入する際に、社会的身分とコネクションが必要な社会において、人的ネットワークを通じて広範囲な裏取引が広がり、そこでさまざまな商品が非公式に流通される。「第二の経済」（闇経済）と称されたこの仕組みは、消費者ニーズを充足できない公的な社会主義的システムを補完する社会の一部分として展開されている［Verdery 1996］。そのなかに、公に認められた私的所有部門のすべての活動、合法的非合法的を問わず国営企業と協同組合の間での製品の生産と交換、世帯の非合法的な経済活動などが含まれている［新免 1999］。

費をどうしても社会主義・資本主義という二項対立で捉える傾向がある。つまり、ほとんどの研究者は、自らの資本主義での経験を通して、社会主義の食システムを傍観しており、資本主義の「選択の自由」や「モノの豊かさ」に対して、社会主義の「モノ不足」問題とその対処メカニズムに注目している。このような見方から出発するため、国際市場における社会主義・資本主義の接点や関係性の可能性よりも、資本主義との対照的な相違を探りながら社会主義の食システムを分析し、ソ連圏における食の特性を見出そうとしている。すると、ソ連圏内の相違が見えなくなり、東欧諸国をその文化リーダーであったソ連と同一視する傾向があるとともに、社会主義体制における生産と消費を国際市場やグローバルな影響とは関係がなかったかのように一面的な捉え方をしがちになる。実際のところ、社会主義化した国々が全く異なる政治的イデオロギーのもとで近代化を展開し[14]、ソ連圏内の閉鎖市場のなかで相互経済援助をおこなっていたとしても、グローバルな市場での取引において欧米の民間企業と接点がなかったわけではない。というのも、社会主義期において、ブルガリアの乳業の構築に携わった経営者の語りや活動からは、国営企業のロゴを作り、乳酸菌研究や独自の技術開発に注力しつつ、国際市場に向けて一連のイメージ戦

13　東欧諸国の日常生活において人びとがどのような戦略を展開し、社会主義の現実を生きたか、ということはポスト社会主義文化人類学研究において頻繁に取り上げられるテーマである。食生活を送るうえで、重要な戦略のひとつが、買いだめ行動であった。店では定期的に食料を提供できる仕組みが成立していなかったため、人びとはその時々において、大量に買いだめをする必要があった［Humphrey 1995、Patico and Caldwell 2002］。その他の確保の手法として、非公式なネットワークを利用し、入手困難なものを交換しあうことで農村から都会へ届ける仕組みが構築されており、流通網の欠点を埋めようとする機能を果たしてきた［Ledeneva 1998］。また、裏庭で果物や野菜などの自家製食品を夏に大量に作り、冬を乗り越えるための保存食としてビンに入れて利用するような工夫もなされていた［Acheson 2007、Bellows 2004、Caldwell 2010、Zavisca 2003］。文化人類学者のスモレットは、ブルガリアにおけるこのような行為を例にあげ「ビンの経済」と称している［Smolett 1989］。

略を展開し、資本主義的経営手法を適応しようとしていたことがわかる。また、コメコン市場よりも、先進国の民間企業との技術提携を目的として、積極的な国際戦略のもとで、実績も挙げていた。そこで、筆者にとって興味深いことは、社会主義的消費者のために商品化されたヨーグルトが、資本主義国の競争市場においていかなる形で展開し、またそれは後に国内市場にどのような影響を与えたかということである。社会主義的生産体制における生産主体として、国営企業と先進国の民間企業との協力関係や共同事業に注目すれば、それが人びとの食生活や生産者・消費者としての営みにもたらした影響を理解できる。またそれによって、先行研究が社会主義・資本主義の対立を分析枠組としていた限界を乗り越えることができると考える。

（3）ポスト社会主義期における食の新たな意味づけ

1989年、社会主義に終止符が打たれて以降、東欧諸国の社会を舞台とする研究が増えているものの、「食」をテーマとする研究はいまだにわずかである。その一方で、特にグローバル化が進展した1990年代後半以降、東欧諸国の食に関する研究は、社会主義時代と比較して、はるかに活性化し

14　日本語では「社会主義的近代化」という表現が頻繁に使用される。この用語は、小長谷有紀を代表に国立民族学博物館で2006年～2009年におこなわれた共同研究「社会主義的近代化の経験に関する歴史人類学的研究」の成果である［小長谷 2003、2007］。そもそも社会主義は、資本主義の原則である市場経済や自由競争を否定し、生産手段の社会的所有により生産物を平等に行き渡らせる社会の実現を目指すイデオロギーとして展開されていった。このような理念に基づいて、20世紀に社会主義化した国々は、資本主義圏とは異なる近代化への路線をたどっていった。とはいえ、ソ連型社会主義は、近代化の特徴である工業化と都市化、機械化と大型化などにおいては、資本主義と共通している。ポーランドの離乳食について研究しているエリザベット・ダンによると、ソ連の主導者は資本主義の生産システムを意識していただけではなく、効率性や合理性という点において高く評価し、結果はともかく労働の機械化や製品の標準化などフォーディズムの管理原則を社会主義的生産体制に移植しようとしたという［Dunn 2004］。

ており、その対象も多様化している。特に食の生産・流通・消費に関する根本的な変容、食に関する伝統的価値観や消費者の嗜好の変遷、ファーストフードの歴史や外食文化の形成、マクドナルドの参入による配給サービスの質的変化などを題材にした論文が少なくない。また、グローバル化を背景に国民食に対する再認識や食とナショナリズムとの関連性を議論する研究がみられる。

　本書は、現代ブルガリアにおける国民食として、またブルガリア固有の伝統や国民表象としても認識されるヨーグルトに注目する。そのため、主要な関心事はポスト社会主義期における国民料理や伝統食品への固執がどのように形成され、その背景にはどのような要因がかかわるのかを理解することである。食とナショナリズムとの関連性について、東欧諸国を舞台とする研究のみならず、ベネディクト・アンダーソンの「想像の共同体」やエリック・ホブズボームの「伝統の創造」という議論以降［Anderson 1983、Hobsbawm and Ranger 1983］、特に1980年代後半からの食研究において、地域と国家レベルでの国民意識の維持・強化手段として国民食や伝統的料理の役割が注目されてきた［たとえば Appadurai 1988、Murcott 1996、Pilcher 1998、Wilk 2002など］。これらの研究の大半は、国民食（national cuisine）を、地理的に指定された場所において歴史的に創造された特定集団の食習慣として捉えている［Murcott 1996：59］。また、国民食は国家意識を植え付ける手段として、近代国家の成立や国家独立運動の発展と密接にかかわり、国家的同一性の育成において重要な資源として利用されていると理解されている［Freidberg 2004：37、南 1998］。さらに、文化人類学者や歴史学者は、政治家や官僚以外にもマーケティング専門家、レストランオーナー、栄養管理士、料理本の著者などの関係者がいかなる利害関係でつながり、国民食の育成に取り組んでいるかを明らかにしてきた［Cwiertka 2006、Guy 2002、Orland 2004、Pilcher 1998、Zubaida 1993］。そして、国民食の創造において、多くの場合、「古い伝統」、「特別な自然環境」、「国民の心」などという主張がよくみられる[15]［Guy 2002］。他方、国民食として認識されるものは、人の移動や技術開発などグローバルで文明的な要素も数多く取り入れている[16]。ナショナリズムと関連づけられる

国民食の形成と1990年以降のグローバル化の進展は、対立するプロセスとして捉えられがちであるが、多くの場合、食のグローバル化とナショナル化は連動し、結果的に「国民的」あるいは「伝統的」料理の活性化につながっている［Wilk 2002：69］。

15　この観点から貴重な示唆が得られるのは、スイスのアルプス山脈における酪農技術と乳製品の変遷を取り上げた人類学者バルバラ・オーランドの研究である［Orland 2004］。彼女は地域の酪農伝統を、その地域の独自性を強化する要因として捉え、生態学的なアプローチを用いて、近代以前からの酪農技術の変遷およびアルプス山脈への影響という観点から考察をおこなっている。オーランドは、アルプスの酪農家をスイス社会のより幅広い文脈に位置づけ、彼らとともに平原で安価で大量に乳製品を生産する製造業者やチーズを輸出する乳業会社、国民意識の同一性のためにアルプス地域の酪農の「伝統」を主張している国家など、さまざまなアクターを登場させている。結果的に、彼らの相互影響によって、アルプス地域の酪農およびそこで作られる乳製品はスイス人の国民性につながるが、それを社会的な構築過程として捉え、アルプスの酪農技術と乳製品の意味の変遷を総体的かつ動態的に描写している。オーランドによれば、近代化以前の時代においては、食の生産は現地の自然資源と酪農家の生産技術との関係を反映していた。しかし、近代化以降はこのつながりがなくなり、それはアルプスの生態系と自然景観にも影響を及ぼしたと彼女は結論づけている。ただし、オーランドの研究関心は、近代化につれて酪農家と自然環境との関係がどのように変化してきたかということにある。そのため、食と国民性の結びつきや国民食を分析するための枠組みは提示されず、議論は生態学的な観点から展開されている。

16　アメリカの文化人類学者リチャード・ウィルクはベリーズ料理の確立におけるグローバル化の重要性を主張している［Wilk 2002］。ベリーズの場合は、数多くの移民を受け入れてきたため、国民食の形成において「古い伝統」や「国民の心」などの主張は役に立たない。したがって、ベリーズ料理の確立のために、植民地時代の遺産、外国由来の材料や食品の混合がおこなわれた。この過程において重要なアクターとしてかかわったのは、第二次世界大戦以降、アメリカに多く移民したベリーズの人びと、および観光客を引き付けようとするベリーズの外食産業である。そして、ベリーズ人の国際的往来によって、彼らの想像する「ベリーズ料理」が生まれ、その真正性を主張する外食産業の発展によって、それは確立したのである。

他方、民主化以降の東欧諸国の食に関するナショナリズムの機運について取り上げている研究は、グローバル化との関連性よりも、むしろ社会主義的生活に関する郷愁に満ちた記憶と資本主義に対する失望との連動という視点から捉える傾向がある。つまり、ポスト社会主義期において東欧諸国で広く見られる伝統食品や国民的料理への固執について理解するために、まず民主化・市場経済化とはどのような経験であり、それが食の生産と消費にどのような影響を与えたかについて理解する必要がある。

　1989年に社会主義が崩壊して以降、新たな政治的指導者は、言論の自由のなさや政治的抑圧などから、社会主義において築き上げられてきたシステムを厳しく批判し、全面的かつ極端に否定する方向へと走った。「ショック療法」と呼ばれた急激な市場経済化・民営化政策によって、国営企業は次々と閉鎖され、集団農場は解体の道をたどった。生産活動が停止し、農場が荒地へと化していき、仕事を失った人びとは欧米への移民となった。このように、民主化以降の経済改革は、失業や貧困や移民を生み出すこととなった。人びとは、価値観転覆に瀕し、従来の就業感覚では生活できなくなった。国家レベルで社会システムが機能不全に陥ったことは、また無数のマフィア関連事件や汚職問題を深刻化させ、あらゆる社会的レベルでの暴力、混沌、混乱を起こした。西欧ではこのような不安な社会・政治・経済的状況は、西欧社会の秩序までをも脅かすものとして、非常に否定的に捉えた。さらに、東欧からの移民の一部が地下社会やさまざまな犯罪・暴力団に吸収されたため、東欧全体に対する社会的偏見が増幅していった。西欧からの否定的な見方は、東欧諸国のメディアでも頻繁に取り上げられ、政治・経済関連ニュースのなかでも幅広く報道されていた。

　その上、東欧のなかにおいても、各国の序列が存在していた。つまり、チェコ、ハンガリー、ポーランドは民主化以降の構造改革によって経済的成果があがり、「優秀な国」として評価されていた。一方、「ショック療法」からなかなか立ち直れないブルガリアやルーマニアなどは、EUと国際通貨基金（IMF）主導のもとで苦しい改革を受けながら、常に厳しい視線が向けられていた。他方、EU加盟を目指していなかったロシアは、深刻なマフィア問題やチェチェン紛争などの影響により、他の東欧諸国より

も否定的に見られていた。このような格差は、東欧諸国の各国間だけではなく、社会内においても深化していった。たとえば、EU加盟を目指す東欧諸国では、その準備の段階から小規模の酪農家は、非公式市場および社会的地位の周辺へと押し付けられる運命となった。また、EU基準を満たさない食品製造業者は生産制約、ないし閉鎖を余儀なくされ、徐々に市場から排除されることで、社会から取り残された人が増加していった[17]。東欧諸国の新たな姿として、洗練された店の出現と不安定な生活や社会層の境界深化が見受けられるようになった。

　民主化以降の食システムの変容について記述してきた文化人類的研究の重大な貢献のひとつは、このような不平等がいかなる形で生じているかを明らかにしたことである。多くの研究者が示したように、食は社会主義国家にとって社会を統制するための主要手段であり、甚だしい政治性をともなっていた。他方、社会主義体制の廃止以降、食の生産と消費における政治性も減退していくことが考えられる。通俗的には、東欧諸国における自由市場は生産者に対する制約からの解放、消費者に対する商品選択の自由を与えるといった期待があった［Dunn 2009：215］。しかし、それは過度に単純化されたイメージであった。

　確かに、グローバル経済への市場開放後、大きなスーパーマーケットや輸入食品売り場の確立、ショッピングカートや魅力的に包装された商品の出現、外国料理を提供するレストランやファーストフード店の進出など、欧米と同様な食の生産・流通・消費システムが整備された［Haukanes 2003、Humphrey 1995、Caldwell 2009、Patico 2003］。東欧諸国の消費者は無数の新たな商品を目の当たりにし、マンゴーからアスパラガスまで、新鮮な果物や野菜など社会主義時代にはなかった食品がいつでも入手できるようになった。また、電子レンジや冷凍庫なども買えるようになり、充実した「アメリカ式」の台所を整備できるようになった［Fehervary 2002］。

17　たとえば、ロシア社会内における格差に関して、アメリカの文化人類学者ハンフリーは、外資系企業で働くロシア人とブリヤート人は、それぞれの社会の異なる階級に属する人より、消費文化において共通点があると述べている［Humphrey 1995：44］。

そこで、一部の人は「正常な」生活、つまり西欧と同様の現代的な生活様式を手に入れたという感覚を持ち合わせた［Passmore and Passmore 2003、Patico 2003、Smith 2003］。そして、食研究は、消費行動において「異常」と「正常」、「伝統」と「現代」、「過去」と「現在」、「社会主義」と「資本主義」といったカテゴリーが働き、人びとの自己意識とより一層密接に結びつくようになったことを明らかにしている［Patico and Caldwell 2002、Lankauskas 2002、Smith 2003］。ただし、このような選択の豊かさと自由は、資本主義の勝利として単純に捉えるべきではない。むしろ国家が基本的生活必需品を保証する立場から撤退した現在、人びとは不安定な日常生活を送るなかで、新たな商業主義の文化と折り合わざるを得ない状況にあると理解すべきである。

　このように、新たな社会・経済的状況や生活様式の変化とともに、消費者の嗜好も多様化していった。食品製造業者は加工食品に新たな味付けや香りを添加し、ジュース、キャンディー、アイスクリームなどに異国風の味や色を加え、洗練された食品をきれいな包装で売り出した。また、ブランド化された食品の広告や、新聞記事、テレビ番組などのマスメディアから自然食や健康的な食生活についてさまざまな情報が入るようになり、食の市場性が生活改善や政治運動に組み込まれていった［Patico and Caldwell 2002、Caldwell 2009］。このように高まる市場性や食の多様化は新たなインフラ整備によってより一層加速されていった。

　食のシステム整備のために必要な巨額の資金は多くの場合、欧州復興開発銀行やEUの農業支援ファンドから得ていた［Dunn 2009：214］。たとえば、ブルガリアの食肉・乳加工業者の多くは、欧州のファンドを利用しながら、ドイツやスイスなどから最新技術を導入し、食品産業の主導者として確固たる地位を築いていった[18]。また、世界最大のヨーグルト製造業者ダノン社のような多国籍企業の東欧への進出によって、社会主義時代の

---

[18]　しかしその一方で、ほとんどの小規模な会社は、巨額投資の恩恵を受けることなく、たとえばエストニアの事例から観光産業などのニッチ市場に押し出されていることがわかる［Thorne 2003］。

国営工場は新たな製造ラインや機械などで「モデル工場」へと一変していった。こうした工場の経営者は西欧諸国と同様の加工・流通技術や梱包手法などの知的資本の投入を受けてきた。そして、ハセップのような食品衛生管理システムやEUの品質基準といった新たな超国家的な規定が導入されたことによって、食品産業に携わる人びとの仕事は完全に変容していった［Dunn 2005、Gille 2009］。つまり、国家統制の廃止とともに、規制緩和や西欧への輸出自由化への期待とは裏腹に、その統制は以前よりも一層厳しいものとなった。なぜなら、一党独裁の共産党が統制していた時代から政府や企業、NGOやEU、WHOなどを含む超国家的組織体から構成される複合国家の一員へと、本質的に東欧諸国は変容してきたからである［Dunn 2009：215］。しかし、ズッサ・ギリがハンガリーのパプリカの事例で論じているように、この新たな統治システムは必ずしも食品の品質改善へと導いているわけではなく、発癌性物質や硝酸塩成分の含まれた食品を市場へ流通させるという、健康上の危険性をもたらすこともある［Gille 2009］。そして、ハンガリーの事例は、民主化以降の食システムの政治性が強まっていることを示唆している。

　東欧諸国の食を取り上げている文化人類学的研究の多くは、EU基準が国内の生産者に及ぼす影響に注目し、その導入によっていかに不平等が高まり、地域・世帯格差が深まっているかということを示している［Haukanes 2003、Mincyte 2009、Nickolson 2003］。スチュアルト・トルヌによると、EU標準化はエストニアの小規模な農家や生産者を市場から排除しているという。それは一見、安全な食を促進するかのように見える。しかし、その影響により田舎では平穏な暮らしから急激な貧困を引き起こしているという［Thorne 2003］。このように、国家・超国家的なレベルで新たな権力関係が働くなかで、人びとはさまざまなジレンマに直面しながら、ポスト社会主義期の現実を生きているのである。

　民営化以降の国民料理や伝統食品に対する固執はこのようなコンテクストのなかで理解しなければならない。なぜなら多くの人びとは、このグローバルなシステムの不完全性と不平等性を認識しているからである。また、彼らが抱く不信感を食に関する言説と活動を通じて表現しているから

である。ポスト社会主義時代のリトアニアの消費者がソーセージの「ユーロ」というブランドより「ソビエト」というブランドをより高く評価している理由もそこにある［Klumbyte 2009］。冷戦期間中、「西欧」は高品質なものを意味し、「ソビエト」は質の低い製品という暗喩が存在していた。しかし、現在はリトアニアのソーセージ産業において、その逆の傾向が見られる。つまり、ポスト社会主義期の「西欧製」の象徴的価値は低下し、「われわれの味」や「本来の味」として、ソビエト製を連想させるブランドが圧倒的な人気を博している[19]。アメリカの文化人類学者リンガ・クルンバイトによると、これはまさに「味覚の地政学」（geopolitics of taste）であり、グローバルな食のシステムにおける新たな権力関係への批判として捉えられている［Klumbyte 2009］。この考え方は、アメリカの文化人類学者ジェニファー・パティコによる現代ロシア人の食ナショナリズムという議論と交差している［Patico 2003］。

　パティコは、現在、欧米の食品が常に入手可能な状態になったことは、皮肉にもロシア人の第三世界の消費者としての自覚につながったと論じている。彼女によると、ポスト社会主義時代のロシアの消費者が自国の食品にこだわる理由は、グローバル化のなかで、外部がもたらす変化に対して、文化的継続性を守ろうとしているわけではなく、むしろグローバルな生産・消費システムの機能性に対する不信感、またそのなかで自国の地位の喪失への意識を自国製の食品への支持に込めているからである。民主化以降のロシアの消費者は、欧米から日常的に多様な食品が入手できるようになり、欧米諸国の人びとと同じような選択の自由が与えられ、つまり「正常な」生活を手に入れた。しかし同時に「正常な」国と異なり、グローバルな食品であったとしても、ロシアに出回っているグローバルな食品が欧米で出回るそれらよりも劣ったものと解釈する。パティコは、ロシア人にとって品質の疑わしい商品は、国家レベルでは自国の地位が失墜し

19　ソ連時代に存在していたブランドに対するノスタルジアがいかに広まっているかについて、2005年に「Drujba（仲間同士・友情）」というチーズが復活した際、モスクワにブランドの記念碑が建てられたことからもわかる［Kravets and Orge 2010］。

ていることを表し、また個人レベルにおいても満足できる生活が遠ざかるものと咀嚼されると考察している。また、それは社会主義時代における消費者としての経験にもつながるという。つまり、消費者は社会主義時代において、国家から出来合いのものしか与えられなかったため、現在の競争市場においても、その経験に基づいて選択肢がない感覚を持ちつづけており、グローバル企業が提供する食品を懐疑的に見ているという。ロシアの弱い地位への屈辱をできる限り遠ざけるために、より安心な「われわれ同士の」食品を選ぶという賢い消費選択をとり、人びとは必死でロシア製のものを守ろうとするのである［Patico 2003］。

　アメリカの文化人類学者メリサ・ケルドウェルも、同様の議論を展開している。モスクワ人によるマクドナルドの土着化に関する考察や、田舎の邸宅で作られる自家製食品をめぐる意識と実践の分析においても、民主化以降の食に対するナショナリズムの機運に注目している［Caldwell 2002、2005、2010］。ロシアの消費者の態度を分析するために、ケルドウェルはナショナリズムを連想する *Nash*（われわれ同士の）というキーワードを議論の中心に据えている。この言葉は信頼と親しみを表すものであり、そこにはロシア人にとって二つの意味があるという。ひとつは想像された場所としての祖国（抽象的な意味）であり、もうひとつは現実に存在している場所としての家（具体的な意味）である。「われわれ同士の」というロシア人の考え方は、ナショナリズムと密接に関係しているものの、柔軟な考え方であり、たとえば人や製品に対して親しみがあり、かつ何の変哲のないものであると感じるときに、外国人や舶来品を差別することなく、親しみを込めて使う言葉である。マクドナルドの土着化の背景に、ロシア人の自民族中心的な態度と同時に、この柔軟性が内在しており、マクドナルドはもはや「われわれ同士の」ものとして受け止められているという［Caldwell 2005］。

　また、ケルドウェルはロシア製の食品に固執する人びとの態度の背景に、グローバル化のなかで脅威にさらされる伝統文化の強調ではなく、ブランド商品への忠誠心でもなく、むしろ集団責任や共有性のような社会主義時代に育成された価値観、およびロシア人としての国民的な自尊心が根

付いていると論じている［Caldwell 2002］。特に自家製食品に関する意識と実践において、ロシアの自然と風土に関連した特殊なナショナリズム（geographic nationalism）が働くという［Caldwell 2010］。それは想像された汎ロシア景観に対する愛国心であり、そこで作られた食品は生物的にも特別なものと受け止められている[20]。

　食に対するナショナリズムの機運はロシアだけではなく、旧東ドイツやチェコ、リトアニアやグルジアなどの旧ソ連圏の各地においても広がっている［Buechler and Buechler 2005、Hall 2005、Haukanes 2003、Manning and Uplisashvili 2007、Passmore and Passmore 2003］。文化人類学的研究は、民主化以降の食システムの変容と特性のみならず、新たな権力構造と超国家的な統制が物質的側面においても、精神的側面においても、生産者や消費者に対して与える影響を明らかにしてきた。この点において先行研究の意義は大きく、高く評価できる。しかしその一方で、研究の大半は、新たな権力関係や規制のもとで生きる人びとの営みに注目する際、生産者もくしは消費者の視点から記述する傾向がある。また、生産者の活動について取り上げる場合、グローバルな企業もしくは現地の小規模の製造業者や農家のみに注目しながら、分析している。このようなアプローチは、社会主義時代と対比して食の意味および生産・消費をめぐる実践の変遷を明らかにするうえでは有益である。しかし、食の生産と消費を分離して注目しているため、食をめぐる新たな意味形成を、さまざまなアクターを取り組んだプロセスとして包括的に捉えるには限界がある。社会主義時代は、国家があらゆる側面において支配的な位置にあったため、意味形成においても主

20　民主化以降、ロシアの田舎の邸宅で野菜や果物などを作るという行為の精神的な面についての考察もおこなわれてきた。その研究から自給自足は個々の人々が貧困や地位失墜に耐え、前向きな自己像維持を補助するという深い意味を持つことがわかる。つまり、野菜庭や田舎の邸宅は単に経済支援をしているだけではなく、これらの活動はまた個々が抱える強度のストレスを緩和し、彼ら自身の尊厳、また他人からの敬意を保つのである。さらに、庭仕事はアルコール中毒や自殺行為のような自滅的行動を防いでいるという重要な役割を果たすという［Hervouet 2003］。

役であった。現在は多国籍企業、「一流」の国内企業、零細生産者、メディア、階層化された消費者などさまざまなアクターがそれぞれの立場から食の意味づけに積極的にかかわっている。そこで、食の意味は、それぞれのアクターの過去と現在、伝統と現代が混合する形で、国際、国家、企業、地域のそれぞれのレベルで重層的に重なりながら形成されている。しかし、先行研究の多くは、社会主義と対照的に生産者もしくは消費者の視点から「社会主義・ポスト社会主義」の枠組で食の意味を議論しているため、民主化以降の新たな意味づけをめぐる争いが浮かび上がらない。

　さらに言えば、たとえばグローバルな企業は宣伝広報を通じて、食の意味づけに一方的に影響を与えているわけではない。また、小規模な生産者や現地の人びとを無力な存在として捉えてはならない。なぜなら、それぞれが互いの存在と活動を意識的に（場合によって無意識に）最大限に利用しようとし、相互に影響し合っているからである。民主化以降の食の意味はさまざまなアクターの対立、競争、協力のなかで、共同作業としてダイナミックに形成されている。しかし、先述のように、先行研究では生産者の視点、もしくは消費者の視点、多国籍企業の活動、もしくは国内生産者の活動のいずれかに重点が置かれているため、食の意味づけのダイナミズムよりも、社会主義期とポスト社会主義期における意味・実践の対照がどうしても描写・分析の中心になってしまう。また、このような記述の仕方によって、食の意味づけにかかわるさまざまなアクターの存在および相互関連性が隠れてしまう。

　社会主義期との対比から一歩踏み出すためには、新たな意味づけにかかわるアクターの相互影響に焦点をあてる必要がある。本書は、ばらばらに扱われがちであった生産と消費を含めた食にかかわる人びとの活動を一体として描写するために、生産者・消費者・為政者など関係者の視点から、ヨーグルトそのものへと焦点を移していく。それによって、ヨーグルトの意味づけにおける彼らのかかわり方と相互影響を明らかにし、動的に描写することが可能になる。ヨーグルトの意味づけにかかわる多国籍企業と国営企業、ベテラン社員と現役経営者、地元の生産者と都会の消費者などの関係者を登場させる意図もここにある。彼らの活動と語りの中心にヨーグ

ルトを据え、その意味をさまざまなアクターが取り組んだプロセスとして動的に描き出す理由は、ダイナミズムが民主化以降の日常生活の最大の特徴のひとつであると考えるからである。近代的変容を経て、今もなお変化する伝統食品に注目することによって、生産者・消費者としての人びとの生活における激しい社会変化がいかなる経験であるのかを理解するための一助になり得ると考えられる。

（4）ブルガリアの食研究

　冷戦時代、ブルガリアは東欧の一国として位置づけられ、東欧諸国のなかでも「ソ連の16番目の共和国」と呼ばれるほど、ソビエト連邦に忠実な存在でありつづけた。当時「東欧」という概念は、冷戦時代における「西欧」との対照として重要なものであった。多くの場合は西欧との経済格差（経済的後進性）を意味していた。しかし、社会主義の崩壊以降、チェコ、ハンガリー、ポーランドは経済的に発展し、「中欧」と呼ばれるようになった。他方、「東欧」の階層化が進むなかで、バルカン地域に対する「南東欧」、ロシア周辺に対する「東欧」という言葉が定着してきた。今日、ブルガリアはバルカン地域の中心部を占める国として、南東欧に位置づけられている。

　筆者はブルガリア出身であるため、当然このような目に見えない境界線を意識してきた。しかし、西欧では一般の人びとの間では必ずしもそうではない。たとえば、筆者のイギリス訪問の際、偶然知り合った人との会話のなかで、ブルガリア人であると自己紹介したところ、"How exotic! … Are you from Bucharest?" という相手の反応が印象的であった。西欧では「ブルガリア」といえば、今もなおいかにエギゾチックで、またバルカン諸国周辺の一国として同一視されているかを実感した。本地域の社会文化についてあまり知られていないことは、バルカン諸国が研究分野の周辺に置かれていることも関係していると考えられる[21]。そして、それが間接的ではありながらも、バルカン地域に対する否定的なイメージの形成につながっている[22]。そのなかで、冷戦時代の偏見に束縛されずにブルガリアの社会・経済・政治的事情を入念に観察し分析を試みる研究者は非常に少

ないことが指摘されている[23] [Creed 1995 : 804、McIntyre 1988 : 1—2]。当然、ブルガリアの食を取り上げる研究も極めて限定されたものである。

　その例外として、シカゴ大学の研究員ユソン・ユングの文化人類学的研究があげられる。彼女は、民主化以降のブルガリアにおける冷凍食品や加工食品に対する消費者の態度に注目しながら、社会主義体制下における食の規制と標準化が現在、消費者の意識と態度にいかなる影響を与えているかについて考察している［Jung 2009］。また、市場自由化以降の多種多様な食品を目のあたりにする人びとが、グローバル化を意識しつつ、消費者としての日々の経験に基づいて、市販品に関して自分自身の基準を設定し、主体的な姿勢で判断していると分析している。そもそも食の標準化については生産者・製造業者の視点から取り上げられることが多いが、ユングは都市の消費者の視点から論じているため、ブルガリアの事例は興味深い。しかしその一方で、社会主義・資本主義の消費を対比的に捉えているため、結果的に消費研究におけるこの対立構造を乗り越えていない。前項で論じたように、国家統制の排除以降も、消費者も生産者とともに多くの制約に直面しており、彼らの「主体性」がこの制約のなかで発揮されている。消費者が置かれている現実の両面性に注目し、多面的に説明しないかぎり、議論を単純化してしまうおそれがある。

　ユングの研究と同様に、民主化以降のブルガリア都市の消費者の意識・実践の変容を取り上げているのは、ブルガリアの文化人類学者エヴゲニ

21　たとえば、バルカン近現代史を専門とする佐原徹哉は、カトリックやムスリムに関する研究の進展と比較して、東方正教に関する研究は東南欧全体で立ち遅れていると述べている［佐原 2000 : 137］。

22　アメリカに亡命したソフィア大学出身東欧史学者マリア・トドロヴァは、西欧からバルカン地域への「野蛮」や「未開」などといったバイアスを含んだ否定的なイメージの形成を明らかにし、「バルカニズム」と称した［Todorova 1997］。

23　文化人類学においてもブルガリアに注目している研究者は極めて少ない。そのなかで Gerald Creed［1995、1998］、Deema Kaneff［2002、2004］、Donna Buchanan［2006］の研究成果がある。

ア・クルステヴァ＝ブラゴエヴァである［Krasteva-Blagoeva 2001、2005、2008］。彼女の研究以前、ブルガリアにおける食研究は、もっぱら民俗学の領域に置かれていた[24]。

ポスト社会主義期において、食への研究関心が高まり、数多くの研究者はそれぞれの問題意識に沿って、公文書資料や現地調査に基づいて、儀礼食や年中行事の食事など、伝統的な食文化の諸相の記述に取り組んできた。そこでは、味覚や加工法による食事の分類、ある食品の儀礼的な役割、食に関するマナーとタブーなど、さまざまな視点から研究されてきた［たとえば、Boneva 2002、Georgieva 1993、Gerginova 2006、Mareva 2006、Sredkova 1998など］。このように、研究者は食に関する地域ごとの慣習や民間信仰、料理の象徴的な意味、民間治療における利用などを明らかにしてきた。ブルガリアの伝統的な食文化の諸相を詳細に記述してきた民俗学的研究の意義は大きい。しかし、資金の問題などもあり、これらの研究は現地調査ではなく、主に民俗公文書に基づいている。その結果、ブルガリアの農村ではあたかも時間が凍結し、食文化が前近代のままであるかのように記述されている。

食研究のこのような流れを変えたのは、文化人類学者クルステヴァ＝ブラゴエヴァの研究である。彼女の研究関心は、グローバル化を背景に、伝統的価値観や都市部消費者の嗜好の変遷にある。外食文化の形成、マクド

---

[24] ブルガリアにおける民俗学の学問としての成立以来の大きな流れとして、地域文化を調査する際には、人びとの日常食、食に関する民間信仰、儀礼食や年間行事の食事などを調査項目として取り入れる。20世紀初頭にブルガリアの国立民俗博物館を設立したマリノフと、館長として彼の後を継いだヴァカレルスキ、アルナウドフらは、食を含めた文化生活のあらゆる側面についてブルガリア各地で調査をおこない、民俗学の名著として揺るぎない評価を得た［Arnaudov 1958、Vakarelski 1974］。ただし、食そのものに研究対象としての焦点をあてたのは、1970年代における民俗学者ラデヴァであり、1990年代までブルガリアにおける食研究は彼女を中心におこなわれていた。ラデヴァは、ブルガリアのさまざまな地域における伝統料理や食習慣に関するデータを収集し、記述しただけでなく［Radeva 1981、1983、1986］、他のバルカン民族との比較研究をも試みた［Radeva 1980、1987］。

ナルドの参入による配給サービスの質的変化や、ファーストフードに対する消費者の考え方を題材にした論文を英語でも発表してきた。本研究の問題関心からここでは、とりわけ Tasting the Balkans: Food and Identity という彼女の論文を取り上げて検討する [Krasteva-Blagoeva 2008]。

クルステヴァ＝ブラゴエヴァは、バルカン諸国で共有される食文化を典型的な地域料理として捉えており、バルカン地域の集団としての文化アイデンティティにつながると論じている。著者は、日常レベルでバルカン地域の文化的アイデンティティが味覚を通じてどのように確認・再確認されているかを明らかにするために、ソフィアにあるギリシャ兼レバノン料理、トルコ料理、セルビア料理の店舗で参与観察および聞き取り調査をおこなった。バルカン諸国の料理は共通点が非常に多いにもかかわらず、それぞれの国がさまざまな料理や食品、嗜好品を自国の代表的なものと主張しており、近隣諸国の争いを「わずかな相違によるナルシシズム」(narcissism of small differences[25]) の現れとして説明している [Krasteva-Blagoeva 2008 : 26]。つまり、バルカン諸国にみられる自国の食に対する固執は、料理の類似性そのものから生じると解釈している。セルビアやトルコなどのバルカン料理の間では相違も存在するが、ブルガリアの人びとは、その相違を意識しながらも、むしろ共通性を感じているからこそ、その料理店に出かけているという。また、セルビア料理、ギリシャ料理、トルコ料理それぞれに対して、ブルガリア人の態度は微妙に違うことを明らかにしている。たとえば、セルビア料理は「隣同士」のものとして認識され、身内だけのパーティーとして小さな変化を楽しむために開かれることもある。トルコ料理に関しては、完全に異質ではないが、外部のものとして認識されている。ブルガリア料理と比較して、ギリシャ料理は油が多く、「生焼け」であるという理由から矛盾した評価が得られたという。つまり、ソフィアにギリシャ料理専門店がないことは、味の問題として捉えら

---

25 この概念は、小さな差異がある人びとの方が大きな差異のある人びとと比較して、お互いに攻撃的かつ憎悪を表すという傾向を示すために、フロイトによって考案されたと、著者は説明している [Krasteva-Blagoeva 2008]。

れている。結論として、バルカン諸国間の対立は、食を通して顕在化されていることが主張されている。

　社会学的ではなく、日常レベルでの外食料理の選択を通して「バルカン」の象徴的な構図を示したクルステヴァ＝ブラゴエヴァの試みは、重要な意味をもつ。しかしその一方で、議論は「バルカン諸国間の対立は、食を通して顕在化されている」というところで終わってしまう。なぜブルガリアの人びとは、近隣国に対してこのような態度を見せているのか、単に味の問題として捉えるだけでいいのか、バルカン諸国に見られる「わずかな相違によるナルシシズム」の背景にある歴史と文化に関する説明なくして食への固執が理解できるのか、といった疑問が生じる。しかも英語で書かれた論文として、国内だけではなく国外にもブルガリアの文化を伝えようとするものであるならば、バルカン地域の歴史・文化的背景をさらに丁寧に説明する必要がある。なぜなら、欧米の読者は必ずしもバルカンについて詳しいわけではなく、バルカン諸国の「ナルシシズム」の背景を説明せずに議論を展開すると、誤解を招くおそれがあるからである。

　一方、バルカン史を専門とするソフィア大学教授のアレクサンダー・キョセフは、矛盾したバルカンの文化的アイデンティティに関する議論のなかで、代表的な料理や食品をめぐるバルカン諸国の対立を、バルカン諸国のナショナリズムと関連した「自己同定の行為」として捉えている (acts of identification) [Kiossev 2002]。バルカン諸国は、ビザンチンとオスマン帝国の影響が強く、社会システムにおいても、大衆文化の分野においてもオスマンの遺産が根強い。そして、最も典型的な例として、キョセフは共通のバルカン料理をあげている。各国の共通料理を通して、バルカン地域の独自性と文化的アイデンティティを確認できるという。とはいえ、バルカン料理も、材料や作り方など各国ごとに微妙に異なっている。この相違はバルカン地域の多様性を示しているという。この類似性と多様性はまさにバルカン地域の特徴であり、バルカン諸国のそれぞれの国家的同一性をめぐる駆け引きにおいて政治的目的のために、さまざまな形で利用されてきたという[26]。今日、バルカン諸国でみられる「情熱的ナショナリズム」は、ヨーロッパ強国によるバルカン認識にも関係していると指摘

している。つまり、西欧のバルカンに対する固定化した否定的なイメージへの「自己同定の行為」であるという［Kiossev 2002］。

　バルカン史を専門とするキョセフの議論には説得力がある。ただし、社会学的研究として、バルカン諸国で暮らしている人びとが、「他者」に外から規定される否定的なイメージとは別に、肯定的な自画像を提示しようとすることを十全に描写することは不可能である。この限界について、バルカニズム論を提唱し、脚光を浴びた歴史学者マリア・トドロヴァは *Imagining the Balkans* の最終章で「イメージ論に対し実体を論じても反論にはならない」と述べている［Todorova 1997：175］。つまり、イメージに対してはイメージで対抗しないかぎり、既成の否定的なイメージを払拭することはできない。しかし、そもそも研究者の仕事はイメージに対して実体を提示することが肝要であり、イメージで反論することではない。そこで、文化人類学者として筆者にできることは、"ブルガリアヨーグルト"の事例を通してみられる現地の人びとの肯定的な自画像の提示への試みを取り上げ、彼らへの理解を深めることである。

第三節　理論的視座と方法論

　これまで、東欧諸国の食を取り上げた研究は、民主化以降の新たな権力

26　キョセフの議論の中心となったバルカンの共通料理と地域のアイデンティティとの関係性に対して、アメリカの文化人類学者クリスティーナ・ブラダタンは疑問を抱いた［Bradatan 2003］。彼女は、バルカン諸国のそれぞれの日常食を砂糖、乳製品、肉類、脂肪によるカロリーの摂取によって比較し、さらに、それらを地中海や西欧の国々における消費指数に照らし合わせた。その上で、バルカン諸国の料理の一部には類似点もみられるものの、それぞれの国の肉・乳製品などの消費指数には一定の傾向がなく、決して「バルカン料理」が存在していると断言できず、バルカンの文化的アイデンティティの議論のなかから生まれる恣意的な存在であると結論づけている［Bradatan 2003］。ただし、キョセフは、バルカン料理にみられる類似性と相違点を事例として、地域のアイデンティティをめぐる複雑性と政治性を主張しただけであり、バルカン料理の存在自体について議論していない。

構造のもとで生産者もしくは消費者の視点から食の新たな意味づけについて議論してきた。またその研究者の多くは、自らの資本主義の経験を通して、人びとの実践を眺めており、当事者の社会主義的経験が現在、消費者としての意識や態度にいかなる影響を与えているかについて考察してきた。民主化以降の自国の食に対する固執も、「社会主義・資本主義」という枠組で主にナショナリズム的な反応として捉えられ、社会主義の郷愁に満ちた記憶と新たなシステムに対する失意から生じるものと解釈されてきた。その結果、現在の新たな意味づけのダイナミズムよりも、社会主義期とポスト社会主義期における対照が分析の中心になる傾向があった。また、食の生産と消費を分離して注目していたため、食の新たな意味づけを、さまざまなアクターを取り込んだ動的なプロセスとして描写するには限界があった。

そこで、本書では、ばらばらに扱われがちであった食の生産と消費にかかわる人びとの活動を一体としてダイナミックに描写するために、生産者・消費者・為政者などの関係者自身から、彼らの接点としてのヨーグルトそのものへと焦点を移していく。そして、さまざまな言説に巻き込まれた"ブルガリアヨーグルト"が地域、企業、国家、国際レベルで、各時代においてさまざまな関係者の相互作用によって形成されるものとして、エスノグラフィックな記述を通して描き出していく。

上記の問題意識をもつに至るまでに触発された研究は、前節でも概観した、食を歴史的に形成していくプロセスとして捉える意味論的な議論を展開したものである。つまり、現在では「伝統的」や「国民的」とされる料理が、さまざまな文化的交流やアクターの相互影響のなかで歴史的に形成されてきたとする立場である。現在、バルカン地域を含めた東欧諸国の多くの人びとは自国の料理を絶対のものとして評価し、国家レベルでも伝統食品をめぐる対立が続いている[27]。この現象については主にナショナリズ

---

27 たとえば、2007年に「ラキア」というブドウ・ブランデーについて、ブルガリアは本国の伝統的な酒として、EU連合での商標を試みたが、マケドニアの代表的な酒という主張により、マケドニア共和国との間で議論になった [Krasteva-Blagoeva 2008]。

ムや社会主義の影響との関連性で分析されてきた。しかし、バルカン地域を舞台とする研究がほとんどなされてこなかったうえ、既存の研究もバルカン諸国のナショナリズムへの奔走、民族紛争、自国の食への熱狂など、バルカンの象徴的な構図の顕在化について考察してきた。つまり、西欧から規定される否定的なイメージの代わりになるものとして、自分たちが肯定的な自画像を積極的に提示しようとするという観点は検討されてこなかった。ブルガリアの場合は、国民表象とされるヨーグルトをめぐるさまざまな言説と活動はこのような試みとして捉えることができる。その際、ブルガリア人の自国のヨーグルトに対する固執を、政治学的な視点からの「ナショナリズム」や心理学的な視点からの「ナルシシズム」ではなく、自民族中心主義という文化人類学の視点から取り上げる。そして、為政者、経営者、研究者、消費者、ヨーグルトの伝承を担った人びとのそれぞれの活動に注目しながら、自民族中心的な言説として育成されていく"ブルガリアヨーグルト"の姿を描き出す。このように、激しい社会変化のなかで、ブルガリアの人びとが新たな自画像を積極的に提示しようとする観点から"ブルガリアヨーグルト"への固執を捉える際、「自民族中心主義」と「言説」という概念を導入する。

（1）ヨーグルトをめぐるブルガリアの自民族中心主義

ベネディクト・アンダーソンの「想像の共同体」とエリック・ホブズボームの「伝統の創造」という議論以降、これまで自明なこととして受け入れられてきた事柄が、実は一部の人びとの管理や支配の過程で作られたものであったということを、多くの研究が検証してきた。食研究に関して言えば、特に1980年代後半以降、グローバル化の進展を背景に、「国民的」あるいは「伝統的」とされる料理がナショナリズムの産物として、あるいは、民主化以降の社会主義・資本主義的価値観の闘争の結果として位置づけられてきた。

"ブルガリアヨーグルト"も、社会主義期において国家統制のもとで国民的な食べ物として日常食生活に浸透し、今やブルガリア固有の伝統食品とされているという意味では、同様の側面を有している。しかしながら、

もっぱら社会主義に対する郷愁に満ちた記憶と資本主義の現実に対する失意との相互作用によるだけでは、現代ブルガリアにおけるヨーグルトへの固執を説明できない。なぜなら、ヨーグルトを通してみられるブルガリア人の世界観は、社会主義と民主化がもたらしたものではなく、バルカン地域の複雑な歴史的背景のなかで、ブルガリアの民族形成と国民国家の成立とともに形成されてきたからである。つまり、19世紀の民族復興期と近代国民国家のナショナリズムと関係してはいるものの、中世におけるブルガリアの民族形成の段階で、ビザンチン帝国やバルカン諸民族との関係のなかで形成されてきたものでもあるからである。したがって、現代ブルガリアにおけるヨーグルトへの固執を考えるうえでは、政治学あるいは歴史学で扱われる「ナショナリズム」だけではなく、文化人類学的な視点からの「自民族中心主義」という概念が重要なものである。

　そもそも、「自民族中心主義」という言葉は、英語の ethnocentrism の訳であり、ethno（＝民族の）と centrism（＝中心からの視座）の造語である[28]。文化人類学では「自分が属している集団の文化に基礎をもつ価値観を絶対視し、それを基準にして文化的背景の異なる人びととの行為や存在様式を見下そうとする態度ないし見方」と定義されており、文化相対主義と対立する概念として理解されている［石川 1987：336］。本研究の「自民族中心主義」とは、原語の ethnocentrism の意味に沿って、つまり自分の民族が世界の中心であり、他のすべてのことを、それとの関係で評価するといったものの見方あるいは世界観として捉える。それは他民族よりも自民族が優越する価値を有するという態度であり、そうした感情を人びとに生

28　アメリカの社会進化論者ウィリアム・サムナー（William Graham Sumner）が作った言葉である。自民族中心主義は、社会進化論の思想のもとで展開された理論として、当初は未開人の特徴とされた。ところが、西欧文化が人類進化の頂点に位置するもっとも優れたもの、非西欧の文化が遅れた段階にある劣ったものであることを前提とする社会ダーウィニズム自体は、後に自民族中心主義として否定された。一方、ルヴァインとキャンベルは、人間関係地域資料の調査に基づいて、自民族中心主義の普遍性を明らかにした［LeVine and Campbell 1972］。

み出すことである。つまり、自分の属する集団の象徴や価値に対して愛着、誇り、尊敬をもつ一方で、他集団の象徴や価値を軽視する傾向がある。

この概念を用いて、現代ブルガリアにおける自国のヨーグルトへの固執をみると、「ナショナリズム」という概念が及ばない領域、つまりブルガリア民族の精神性や世界観についても理解できる[29]。そこで、ブルガリア人の自民族中心的な思想の結晶としての"ブルガリアヨーグルト"という本研究の見方を示す際、ブルガリアの民族形成と国民国家の成立に触れる必要性が生じる。

ブルガリア語の *narod*（民族）とは言語的、領土的、文化的共同体であり、*natsia*（国民）より先に形成されたものとみなされている。ブルガリア民族は中世を通じて成り立ち、ブルガリア国民の基礎となる歴史的・経済的・文化的特性を保持し続けていったとされている。他方、ブルガリア国民は歴史的共同体として、領土や経済生活、書き（話し）言葉、文化や精神面での特徴を共有し、民族復興期の18～19世紀に形成されたとみなされている［BAN 1999：715—720］。民族意識の高まりのなかで、民族復興の指導者は、国家形成の過程でブルガリアの民族、国民、国家を合致させる形で政治的独立を獲得しようとし、文化的に等質な民族の形成を目指した。この動きがまさに大塚和夫［2000］のいうナショナリズムの高揚であるが、そこで、ブルガリア民族を決定する文化的要素として言語と宗教の同一性が取り上げられた［松前 2001：67—68］。この選定基準の背景には、19世紀のスラブ研究と無関係ではない自民族中心的な思想が内在していると考えられる。

スラブ研究の創設者は、民族の起源について、言語分類を通じて研究すべきであるという立場から、主な研究関心をスラブ文明の発展におけるキリル文字と古代ブルガリア語の役割へと集中するようになった[30]。そのた

---

29 民族、国民、国家が理念的に合致した国民国家を目指す動きがナショナリズムと捉えられる［大塚 2000：88—89］。つまり、国民文化の統一性と密接に関係している概念であるが、政治的な意味合いが強いため、本研究は「自民族中心主義」という概念を強調したい。

め、19世紀のスラブ研究では、ブルガリアへの言及の多くが、教会スラブ語とブルガリア語との共通性や、キリル文字の伝播におけるブルガリアの重要な役割などに置かれていた。復興期のブルガリアの啓蒙主導者は、このような研究関心に刺激を受け、ブルガリア人のアジア起源よりも、スラブ文明における中心的存在としてのブルガリアを強調していた。その結果、スラブを基礎においたブルガリアの国民性が形成されていった。さらに、スラブ起源の主張は、ギリシャの文化的な影響に対する長年の闘争のなかで理解するべきである。つまり、スラブ民族であることは、ブルガリア文化へのギリシャの脅威を中和するうえで、重要な役割を果たしていた。そこで、ヨーロッパ文明の中心であるというギリシャ人の主張に対して[31]、ブルガリア人はスラブ文明における自らの中心的な存在を主張していた。そして、ギリシャとの競争のなかで、ブルガリアの自己主張は、スラブ文化の中心であるロシアの教育や支援に頼らざるを得ない状況であった。ロシアで教育を受けたブルガリアの啓蒙主導者は、ブルガリア民族の

30　9世紀後半、テサロニキ出身のキュリロスとメトディオスという兄弟がギリシャ文字に基づいてキリル文字の原型を創始した。その文字を用いて、聖伝や祈祷書などをギリシャ語からスラブ語に翻訳した。そのときに書き記された書物が教会スラブ語の文献として注目されてきた。また、この言語は当時のブルガリアのスラブ人の話し言葉に極めて近いため、多くの研究関心が寄せられてきた。さらに、スラブ文明におけるブルガリアの重要な貢献として、キュリロスとメトディオスが創始した文字をもとに、スラブ諸民族の書き言葉の規範となったキリル文字を作り、多様な書物の形で、10〜11世紀にかけてセルビアやロシアなどに伝えた、とブルガリア人の間では一般常識として知られている。

31　古代ギリシャ人は仲間以外の全ての人間を「野蛮人」と呼んだことで知られており、自民族中心の傾向が非常に強い民族とされる。当然、バルカン半島の先住民とされる古代トラキア人や、後に移住してきたスラブ人とアジア系ブルガリア人に対して「北の野蛮人」と軽蔑的に呼んだ。18世紀のギリシャナショナリズムの台頭とともに、「未開農民」であるブルガリア人の後進性や輝かしい過去の欠如などをもとに、自らの文化面の優位性を主張していた。

スラブ起源を根拠に、ギリシャとは異なる文化遺産を提示しようとした。一方で、中央ヨーロッパのスラブ研究者からは文語や民俗文化に関心が寄せられ、ブルガリア民族は重要な研究対象とされていた。このように、ブルガリアの歴史、言語、フォークロアなど国民性のすべての要素がスラブの研究者を通じて、西欧に伝えられるようになった。

　しかしながら、チェコなどの中央ヨーロッパの研究者の研究成果は、時折ブルガリア人にとって多義的なものであった。なぜなら、南スラブ人を「発見」する中欧の研究者は、バルカニズムの言説の生成にかかわっていたからである。例えば、19世紀の最も顕著なブルガリア研究者コンスタンチン・イレチェクは、ブルガリア人の田舎くささ、視野の狭さ、平等主義などを軽蔑的なまなざしで記述し、ヨーロッパ大陸のなかで最も遅れている人びととして伝えていた。その影響もあり、矛盾した自画像が形成されていった。つまり、一方でスラブ文明の中心として肥大化した肯定的な側面と、その反面、ヨーロッパ文明の周辺として、文化的劣等性、空白の歴史、不完全さなどといった極めて否定的な側面が形成されていった。

　ブルガリア人の民族復興運動はブルガリア教会の世界総主教座からの独立運動として開始された。一般に宗教は、儀礼や儀式への参加によって得られる帰属意識などを通じて、さまざまな社会的な影響力を行使する。しかし、東方正教のように、民族意識や民族理念と教会の組織力があらわに結びつくと、民族の歴史を理想化し、民族文化を保持しようとする傾向が生まれる。1760年から1762年にかけて、ギリシャ北部の聖地アトス山にあるヒランダリウ修道院で、ブルガリア人修道士パイシー・ヒレンダルスキが『スラブ・ブルガリアの歴史』を著作したことをきっかけに、ブルガリア教会の独立運動とオスマン帝国からの解放が唱えられるようになった。結果的に、パイシーの描写したブルガリア王国の輝かしい過去は、ブルガリア人の民族復興と解放運動につながったのである。

　東方正教は、教義の面では一体であるが、典礼言語と教会運営の面では独立している。そのため、ギリシャ正教会、ロシア正教会、セルビア正教会、ブルガリア正教会、ルーマニア正教会などの民族教会に分けられており、それぞれの民族語を典礼用語に定めている［佐原 2000：141―142］。東

方正教会の自治教会制という独自の組織形態からも、東方正教会文化圏の自民族中心的な思想が垣間みえる。また、カトリックとの最も大きな相違は、政教関係における世俗権の優位であり、国家の介入は最高聖職者の叙任権にまで及んでいた。その特徴は9～10世紀に相次いでキリスト教化した南スラブ人のような新興国家にもみられる。中世ブルガリアの最盛期をもたらしたシメオン一世（在位893—927）は、布教の名目で国内にビザンチンによる影響を敬遠するために、早くから教会の独立を目指し、ブルガリア正教会を大主教制から総主教制に昇格させた。しかし、オスマン帝国支配下の初期において、ブルガリア正教会の指導者の多くが処刑された後、東方正教会の宗教共同体（ミッレト）の導入によって、ブルガリア正教会はコンスタンチノープル総主教庁に従属させられた。聖職者がギリシャ人にとって代わられると、ブルガリア人は、政治的にはオスマン帝国、文化的にはギリシャ人聖職者と、二重の圧迫を強いられることとなった。そして、それは民族意識として、社会的・文化的な側面において二重恥辱の烙印を押されることとなった。

　パイシーの『スラブ・ブルガリアの歴史』をきっかけに、ミッレト内部で起こっていたギリシャ化に対抗するブルガリア正教会の独立運動が、後に民族復興運動につながった[32]。その頂点となった1876年の民衆による武装蜂起はオスマン帝国により鎮圧され、3万人以上のブルガリア人が虐殺され民族意識における大きなトラウマとなった。しかし、この惨劇について、当時、親オスマン帝国政策をとっていたイギリスのディズレーリ首相は、公式の場で「価値のない惨めなブルガリア人が殺されたからといってオスマンとの関係や政策に変更なし」と吐き捨てたと伝えられている。

　このように、西欧の鏡に映るブルガリア人の惨めな姿や二重の恥辱に対処するために、ブルガリアの啓蒙主導者は、国家の規範的な過去を求めながら自民族中心的な輝かしい歴史を提示し、誇るべき自画像を提供する必要があった[33]。そこで、シメオン一世の治政のもとで迎えた時期をブルガ

32　1870年、政治的独立の獲得に先立って、ブルガリア総主教代理座が正式にオスマン政府から承認された。

リア帝国の「黄金時代」と名付け、南東欧において最大の三つの海に接するほどの広まりを見せた大帝国の偉大さを強調した。結局、民族意識が高まったとはいえ、ブルガリア人はオスマン帝国の支配から自力で独立を遂げずに、1877〜1878年のロシアとトルコの戦争の結果として、「解放」されることになった。しかし、列強の力関係に左右され、トルコ支配以前の領土を取り戻すことができず、領土回復のため、ブルガリアの「黄金時代」の復権という民族的理想を求め、ナショナリズムに走り出した。その理想を追求しながら、第一次および第二次バルカン戦争、さらに第一次および第二次世界大戦へと次々に戦争に参戦した。しかし、他のバルカン諸国と比較して、外交や政治が弱く、自己主張も説得力がないまま、全ての戦争において敗者となった。結果的に、パイシーが描いた「黄金時代」を取り戻すことはなく、逆に領土の更なる縮小を余儀なくされた。

　ブルガリアでは、しばしば異教徒でもあった「他者」の侵略、政治的独立の喪失を国民の本来の歴史・伝統における断絶として捉えてきた。ブルガリアにおける自民族中心的な思想（あるいは世界の中心としての文化的優越感）も、歴史の被害者という強い意識（あるいは西欧に対する劣等感）も、ビザンチンやオスマン帝国の遺産であり、征服と異質な伝統に対する反応として生まれたと解釈することができる。そして、他のバルカン諸国が、常に勝利者の立場からそれぞれの自民族中心的な主張をするなかで、ブルガリアはソ連の「16番目の共和国」とみなされ、十分に主体性・自立性・独自性を主張できず、バルカン諸国間でも常に「負け組」であった[34]。

33　19世紀のバルカン諸国の歴史の全ては、自らの民族の歴史を中心に作成されており、隣国の歴史に対しては無知、意識的無視、矮小化する傾向があった［Todorova 1997］。

34　たとえば、ギリシャはヨーロッパ文明の中心であること、セルビアはスラブ文明のメシアであること、ルーマニアは自らの西欧起源を主張してきた。また、冷戦時代において、セルビアやルーマニアの独裁者は、独自の社会主義路線をとろうとしているなかで、ブルガリアの共産党のトップに限っては親ソ連姿勢を忠実に維持していたため、欧米諸国側から、ブルガリアはしばしば「ソ連の16番目の共和国」とさらにネガティブに揶揄された。

現在、"ブルガリアヨーグルト"に固執する人びとは、このような歴史的経緯を経て、民族意識を形成してきた。ヨーグルトが「ブルガリア固有」のものとして登場するまで、ブルガリア人はバルカン諸国や西欧に対して自国の独自性を提示できるようなものがなかった。また、それが「日本」という他者の登場と密接に関係している。これまでは、西欧、ロシア（ソ連）、バルカン諸国という他者を通して、自己定義するしかなかった。しかし、ヨーグルトを架け橋に、日本とのつながりを通して、西欧からの厳しい視線とは異なる見方を獲得することができ、別の自画像を提示することが可能になった。この意味で、ヨーグルトをめぐる自民族中心的な言説を通して、ブルガリアの人びとは、肯定的な自画像を形成しようとし、西欧やバルカン諸国などの「重要な他者」に対抗しようとしている。

　今や"ブルガリアヨーグルト"は世界の乳食文化の中心とみなされており、その他の民族の発酵乳は周辺の存在として位置づけられている。これは単なるブルガリア民族の酪農伝統から由来する「本来の味」だけではなく、世界の発酵乳のなかでも最もおいしく健康に良いものであるという言説につながっている。ブルガリアではケフィアやカスピ海ヨーグルトなどが存在しない理由もそこにある。自民族のヨーグルトを世界の乳食文化の中心とするような見方は、自画像に対する正当性をもたせ、ヨーグルトをめぐるさまざまな言説を展開させている。

（2）ヨーグルトをめぐる諸言説

　現代ブルガリアにおいて、多国籍企業や現地の製造業者、都市部消費者や酪農家などさまざまな人びとがそれぞれの立場からヨーグルトの新たな意味づけに積極的にかかわっている。ヨーグルトの意味は、それぞれの人びとの過去と現在が混合する形で、国際、国家、企業、地域のそれぞれのレベルで重層的に重なりあいながら形成されている。その対立や葛藤のなかで、自国のヨーグルトに対する自民族中心的な見方が顕在化している。

　しかし、ヨーグルトの意味づけをめぐるこのダイナミックなプロセスやそれにかかわる人びとの積極的な態度をいかに分析・提示していくのか。筆者は、各時代において国家政策、研究業績、企業戦略、生産者・消費者

としての人びとの活動のなかで生成されるヨーグルトをめぐるさまざまな言説を取り上げ、その言説の相互作用と新たな展開を明らかにすることによって、この問題に取り組んでいきたい。

「言説」という概念は、「言葉で説くこと、説くその言葉」という意味を指す［梅棹 1989：624］。批評用語としての「言説」は、フランス語 discours（ディスクール、英語の discourse に相当）の言語として成立した。しかし、1960年代以降、特にミッシェル・フーコーの影響で、そもそも「演説、スピーチ、発言」を意味したディスクールには、特定の社会的・文化的な集団・諸関係に強く結びつき、それによって規定される言語表現（ものの言い方）の意味合いが加えられた[35]［Foucault 1974］。

本書における「言説」という概念は、特定の社会的文脈において、あるものや現象について「書かれていること」や「言われていること」という意味で使われる。また、「言説」は物語（あるいはナラティブ）とは異なり、話し手（語り手）がはっきりとせずに、多くの人間による言語表現の集合として捉える。つまり、本研究の関心は、社会的制度やさまざまなアクターの相互関係のなかで、ヨーグルトをめぐる諸言説がどのように生成され、展開してきたかということにある。

一方、「物語」（ナラティブ、narrative）は、特定の語り手を前提として、ある筋によってまとめられたような、統一性のある話という意味で使用する。さらに、語り手は、ある目的のために、特定の事実や出来事を論理的に説明していることから、個人の意見や考え方を伝える主観的な言語表現として捉える。それに関連して「語り」（narration）については、物語を語るという行為の意味で使う。ヨーグルトの作り方について情報を交換する近所のおばあさん、観光客に地域の特産品としてのヨーグルトの治癒力について語る酪農家、ヨーグルト菌の生理的効果について説明する研究者、ヨーグルトを国際市場に提供しつづけた経験について話す経営者など

35　フーコーは、社会学的現実の創出において言語の利用が重要な役割を果たしているとしている。彼の思想においては「絶対的な真理」は否定され、真理という理念は、社会の権力関係のなかで形成されてきたものであるとされる。

の語りからヨーグルトをめぐるさまざまな言説が生まれていく。

　その言説の多くは、"ブルガリアヨーグルト"の味や起源、健康への効果、そのなかに含まれる乳酸菌や日本での成功物語などについて説いており、互いに影響しあいながら、また時代ごとに絡み合いながら新たな言説の生成につながっている。しかし、現代ブルガリアにおけるヨーグルトをめぐる言説は調和の世界ばかりではない。たとえば、乳業会社の商品のブランド化において生成される言説は、専門家の文書や研究成果などに裏付けられているため、客観的な真実として提示される。それを証明された事実として、疑うこともなく、自分の判断基準とする人もいる[36]。他方、それに対して、疑惑の視線を向ける人は、その支配に抵抗して別の言説を生み出していく。しかし、多国籍企業のような権力のあるアクターは、宣伝などを通じて、その声を取り込んでしまうこともある。そこでは、企業のレトリックにのっとり、自分のヨーグルトの真正性を提示しようとしている人もいる。このようなせめぎ合いを通して、ヨーグルトの新たな意味が付与されていく。そして、さまざまなアクターの対立や協力のなかで、世界の乳食文化の中心としての"ブルガリアヨーグルト"という自民族中心的言説が再構築され、ブルガリア人の自画像を改変している。

　こうした言説を分類すると、「長寿食」言説、「ブルガリア起源」言説、「人民食」言説、「技術ナンバーワン」言説、「祖母の味」言説、「ホームメイド一番」言説、日本の企業のブランド戦略のなかで創出される「聖地ブルガリア」言説などを抽出することができる。これらの諸言説は時代ごとに異なる関係を見せており、支配的になったり、抑圧されたり、再帰的な関係や補完関係を結んだりする。たとえば、社会主義期において取り上げ

36　このような言説のことを、ミカイル・バフチンは「権威ある言説」（authoritative discourse）と呼んだ。それに対して、人びとが外部からの知識を「内部に説得できる言説」（internally persuasive discourse）として取り込んでいくという。また、ある言説が絶対的な権威を確立しているかぎり、人びとは、その言説を生み出す文脈自体を、真実として受け止めている。その場合、権威のある言説を、本質的で不可分なものとして、自分の意識へと落としこむという［Bakhtin 1998：532―533］。

られた「技術ナンバーワン」言説は、現在は「乳業の真珠」言説と形を変えている。また、科学の時代であった社会主義期において抑圧されていた「祖母の味」言説は今や最も有力なもののひとつとなっている。そうした緒言説の生成と展開を明らかにすることが本書の主要課題である。そして、ブルガリアの人びとがそれを武器として西欧からの否定的な言説に抵抗しようとし、自らが望むような現実の創出にいかに貢献しているかを示していく。

第四節　調査の概要と本書の構成

（1）調査の概要

　本書は、2007年から2011年の間に日本とブルガリアを中心に断続的におこなったフィールドワークで得られた資料および知見に基づくものである。具体的には、ヨーグルトの意味づけに主体的に関与した為政者、経営者、研究者、そしてヨーグルトの伝承を担った人びとのそれぞれの活動に着目しながら、聞き取り調査や参与観察という手法を用いて、調査を進めた。

　また、ヨーグルトの伝統を山村のような比較的小さな閉鎖的社会のなかで追求するばかりではなく、国際的なネットワークを作り出しているグローバルな食品として捉え、調査地を一カ所に限定せず、そのネットワークに沿って関係者のいる日本、韓国、フィンランド、またブルガリアのなかでも複数の場を移動することにより「マルチ・サイト・フィールドワーク」をおこなった［Marcus 1998：79］。このようなアプローチをとった背景には、ヨーグルトをめぐる諸言説が国内・国際レベルでさまざまなアクターの活動や語りのなかで生成されており、互いに絡み合いながら展開していくという問題意識があったからである。そして、現代ブルガリア人が抱くヨーグルトに対する想いや感情、また彼らにとってのヨーグルトの特別な意味を理解するうえでは、歴史的な観点や国外からの視線が欠かせないと考えていたからである。

　韓国とフィンランドでは、それぞれ二週間ほどの関連企業への聞き取り

調査、および個人的ネットワークを通じた一般の人びとへのインタビュー調査という形で、短期調査を実施した。日本では、都市・地方の人びとへの訪問とインタビュー調査、ヨーグルトの導入・普及にかかわる主要人物への取材、明治乳業をはじめとする乳業関連会社への聞き取り調査、ブルガリア大使館主催の行事への参加やブルガリア人力士琴欧州に関連した行事への参加など、あらゆる機会を利用して、長期フィールドワークを実施した。

　主な調査地となるブルガリアでは、2007年から2011年の間に、合計8回、約8カ月の現地調査を断続的におこなった。具体的な調査の時期および内容は以下のとおりである。

【調査時期】
ブルガリアでの調査：2007年11月3日〜12月13日
　　　　　　　　　　2008年3月4日〜25日
　　　　　　　　　　2008年8月4日〜28日
　　　　　　　　　　2009年2月3日〜3月14日
　　　　　　　　　　2009年7月5日〜8月4日
　　　　　　　　　　2009年12月4日〜2010年1月2日
　　　　　　　　　　2010年3月2日〜30日
　　　　　　　　　　2011年2月27日〜3月15日

【調査内容】
　日本の乳業会社の調査において、ブルガリアとの関連性から、最初のフィールドワーク先として、明治乳業を選定した。当初は本企業と全く接点がない状態から出発したため、ブルガリアの名誉領事でもある会長と直接コンタクトをとる必要があった。これが功を奏し、担当者を紹介され、関係者への聞き取り調査の機会を得ることができた。調査は、経営者、現役社員、研究者、定年退職した元社員など、主にブルガリアと何らかのかかわりをもつ（もしくはもっていた）関係者を中心に個別インタビュー方式でおこなった。それ以外に、親しくなったインフォーマントとは勤務時

間外にも会う機会をもち、自宅訪問もおこなった。インタビューは、主にヨーグルトの商品開発、「明治ブルガリアヨーグルト」のブランド形成、ブルガリア国営企業との関係、関係者のブルガリアやヨーグルトへの想いなどにかかわるものであった。その他にも、海外開発部を通じて、関連出版物や社史、ヨーグルト市場や商品に関する統計データなども入手できた。また、企業博物館の見学や、世界旅行博などのブルガリア大使館主催の行事の際に「明治ブルガリアヨーグルト」の無償配布などの形でもフィールドワークをおこなった。

　また、明治乳業からの情報と筆者がブルガリア在住時代に JICA で培った個人的なつながりがうまくかみ合い、ブルガリア企業での内部調査の機会を築き上げることができた。ブルガリアの乳業企業との最初のコンタクトは、明治乳業とのライセンス提携先の国営企業（LB 社）の副社長であった。彼女の権限により、自由に意見聴取できる環境が整い、主要人物の紹介によって、ブルガリアでの本格的なフィールドワークを開始できる土壌も築くことができた。国営企業からは会社の基本データや社会主義時代における乳製品の生産・流通などに関する資料を収集することができた。調査は、国営企業の広報・研究活動、JICA プロジェクトの実施や明治乳業とのつながり、社会主義期における会社の事情と戦略などについて、経営者、製造部と研究部の従業員、退職した社員を中心に聞き取り調査や個別インタビュー、また仕事の手伝いや会社行事などへの参与観察を通じておこなった。国営企業の元社員は、退職後で時間の余裕もあることから、特に協力的であった。彼らは、社会主義期においてブルガリア乳業を作り上げた人物でもあり、本研究に重要な知見をもたらした。

　そして、国営企業の元社長のネットワークを通じて、食品産業元大臣やブルガリア菌を発見した研究者の親戚などブルガリア乳業における主要人物への取材も可能となり、乳加工製造業者協会や乳業関連財団基金ともつながりができた。そこで、乳業にかかわる EU 規定や政策、ブルガリア乳業の歴史や乳製品の生産と消費に関する資料、社会主義時代のシンポジウムで発表された報告など、入手困難な出版物も確保できた。そして、彼らが主催するセミナーや展示会などの乳業関連行事に参加することによっ

て、次第に乳業業界のネットワークに入り込み、調査の可能性が広がった。さらに、国営企業以外にも、多国籍企業や小規模な地元会社なども訪問し、それぞれの商品や企業戦略について、経営者と広報担当者を中心に調査をおこなった。

　一方、日本におけるブルガリア大使館主催のセミナーや行事も重要なフィールドとして活用していった。そこから、ブルガリアの広報戦略としてのヨーグルトの意味、日本の人びとの抱くブルガリアに対するイメージなど、日本とブルガリアの架け橋としてのヨーグルトの重要な役割について考察する機会を得た。また、以前、政治活動をおこない、初めて"ブルガリアヨーグルト"に注目した園田天光光への取材を通じて、ヨーグルトの導入における彼女のかかわり方や彼女にとってのヨーグルトの意味について、重要な示唆を得た。一般の人びとへの調査に関しては、個人的ネットワークを通じて、彼らにとってのヨーグルトの意味や食習慣における重要性について、自宅訪問や個別インタビューという形でおこなった。また、ヨーグルトを分け合い、継続的に自ら作っている人びとへの自宅訪問とインタビュー調査を通じて、日本におけるヨーグルトの受容やイメージの展開について把握することができた。

　ブルガリアの人びとへの調査において、首都ソフィア、カザンラク地域の町と村、ボテフグラッド地域の町と村、ヨーグルト祭りが開催されるラズグラッド地域の村、ロドピ山脈の村など、これまで培ってきた個人的ネットワークを活用しながら、フィールドワークをおこなった。その際、首都ではインフォーマントの自宅や職場を訪問したり、買い物をともにしたりしながら参与観察と聞き取り調査をおこなった。また、消費者へは個別インタビューとともに、ヨーグルトの食べ方や作り方、日本のヨーグルトや全体的なイメージなどについてアンケート調査もおこなった。

　また、地方の町や村では、酪農家への訪問や、家畜の状況、EUからの支援と生乳の販売、ヨーグルトを含む乳製品の家庭内製造などについて聞き取り調査をおこなった。ラズグラッド地域で開催されるヨーグルト祭りでの参与観察のため、主催者側となる市役所でのイベント準備の手伝いや現地の人びとへの自宅訪問などをおこない、また祭り開催時期をずらし

て、彼らの日常生活とさまざまな活動に注目した。そこでは、社会主義の経験者として、またヨーグルトの伝承の担い手としての現地の人びとの実践と意識の変容やヨーグルトの新たな意味づけについて貴重なデータを収集することができた。

(2) 本書の構成

序論に続いて、本書は第一章から結論までの5章から構成されている。各章の概要は以下のとおりである。

第一章では、ブルガリアにおけるヨーグルトのルーツをたどり、ブルガリア人の生活文化においてヨーグルトを位置づけたうえで、20世紀初頭の西欧における研究発展とともに、ブルガリア人のヨーグルトをめぐる「長寿食」言説の誕生に注目する。そして、それがブルガリアのヨーグルト研究にもたらした影響と新たな言説の生成との関係性について示唆する。

第二章では、20世紀初頭の西欧で「長寿食」として注目されたヨーグルトが社会主義期における大量生産・大量消費という枠組のなかで、「人民食」として確立されていく様相を描写し、国家政策や生活様式の変遷との関連性からヨーグルトの新たな意味づけを明らかにする。また、後に国営企業の国際戦略のもとで、「技術ナンバーワン」言説が誕生した経緯を記述したうえで、それと「人民食」言説との関係性について検討する。その際、ヨーグルトをめぐる新たな言説の生成にかかわった人びとの語りに注目しながら、ブルガリア乳業における彼らの役割およびブルガリア民族の自画像を改変しようとする試みについて考察する。

第三章では、社会主義国ブルガリアから経済成長の真只中にある日本へと舞台を移し、"ブルガリアヨーグルト"をめぐる言説の国際的な展開をたどる。「聖地ブルガリアからの贈り物」や「長寿の秘訣」としてヨーグルトを導入した人物は、かつて政治的活動をおこなった園田天光光である。また、彼女の人生観や活動から生まれたヨーグルトをめぐる新たな言説と、後に明治乳業の定番商品となった「明治ブルガリアヨーグルト」のブランド言説との関係性について示唆する。最後に、ヨーグルトの商品開発や宣伝活動に焦点をあてながら、園田が取り上げた「聖地ブルガリア」

言説の普及における明治乳業の役割について検討し、"ブルガリアヨーグルト"をめぐる諸言説の国際的展開における「日本」という舞台の重要性について論じる。

　第四章では、舞台を再びブルガリアに戻し、ポスト社会主義期におけるヨーグルトの新たな意味づけをめぐるグローバルとローカルの対立に注目しながら、そこで生成される新たな言説について取り上げる。また、これらの言説が、国家、企業、地域、個人のレベルで互いに絡み合いながら、マスメディアを通じて、ブルガリア社会においていかなる影響力をもつかについて検討する。そして、ヨーグルトをめぐる諸言説の展開やブルガリア人の自己提示のためにその重要な意味について示唆する。

　最後に以上の議論をふまえ、結論を述べる。

第一章　科学研究におけるヨーグルトの「長寿食」言説と「ブルガリア起源」言説

> 酸乳が寿命を延ばすことは事実だろう。
> 酸乳として最も質の良いのはブルガリアの酸乳で、研究はこのブルガリア桿菌(かん)を中心におこなうべきであろう。
>
> ノーベル賞受賞者 I. メチニコフ（1908年）

　本章では、"ブルガリアヨーグルト"をめぐる諸言説のルーツをさぐる。その基盤がブルガリアにおけるヨーグルトの伝統文化であるため、バルカン地域の乳食文化研究に注目しながら、その諸相を記述する。また、ヨーグルトをめぐる諸言説の生成装置として、ブルガリアの乳酸菌研究の役割が非常に大きいため、そこから発生したヨーグルトの「ブルガリア起源説」に注目する。その発端として、20世紀初頭のヨーグルト菌の発見と「不老長寿説」の発表という二つの科学的な出来事を取り上げ、国際レベルでの波及について検討する。最後にヨーグルトの研究から生まれた「長寿食」言説と「ブルガリア起源」言説の影響力について示唆する。

第一節　研究対象としての乳製品

（1）人間の「命綱」としての乳製品

　乳製品の歴史は古く、人間が中近東の地域において紀元前1万年頃に、草食動物を飼いならし、そのミルクを食用としはじめた時にまでさかのぼるといわれている。人類は、ミルクを利用することにより、直接利用することができない草地から食物を手に入れることが可能になり、家畜を殺さずに食料を得ることができるようになった[37]。乳加工技術が発達した地域は、砂漠・半乾燥地帯、あるいは稲や豆類の栽培に不向きな寒冷地帯であ

り、栄養源としての植物資源に乏しい地域では、乳製品の意味が重要であったことがわかる。乳酸発酵やアルコール発酵をともなう乳製品の製造技術を適用することで、腐りやすいミルクも保存食品として利用できるだけではなく、乳糖が分解され、乳糖不耐症の人びとでも、ミルクを食用にすることができる[38]［石毛 1989、Harris 1985］。そこで、牧畜社会の発祥地域とされるメソポタミアの周辺では、ミルクの保存・発酵技術が発達し、文明の伝播とともに世界各地へと伝えられていった。伝統的に酪農を営んできた地域において、かつて乳製品は女性を中心に家庭で作られていたが、近代化にともない、生産の場が家庭から工場へとシフトし、現在で

---

37 麦を主食とする文化圏の最も大きな特色は、昔から山羊・羊・牛などの飼養と、そのミルクや肉の加工がおこなわれていたことである。唯物論的な視点からすると、米は非常にアミノ酸組成がよいために、米を中心とした食事の体系は、さほど動物性タンパク質を必要としない。逆に小麦の場合、アミノ酸組成が異なり、どうしても動物性タンパク質を必要とするため、乳製品の利用が促進される。紀元前1万年頃、最初に中近東で羊や山羊が家畜化され、その生活様式からミルクを利用する文化が生まれたという［石毛 1992、細野 1996］。

38 乳食文化への生態学的・唯物論的な研究の代表的な例としてアメリカの文化人類学者マーヴィン・ハリスの研究がある［Harris 1985］。彼は、乳食文化圏におけるミルクの利用や食物タブーを物質的利害関係から捉えている。彼の出発点は、ミルクに含まれる乳糖（ラクトーゼ）を消化吸収する酵素（ラクターゼ）の有無である。つまり、人間は生まれてから7歳まではラクターゼをもっている。ところが7歳を過ぎると、ミルクを飲む習慣のない地域の民族からはこのラクターゼが消滅する。世界全体ではラクターゼ保持者はわずか20％である。しかし、アメリカ白人の80％、スウェーデンやノルウェーでは約90％の人がラクターゼを持っている。この事実をハリスは生態学的に説明している。具体的には、一年の大半が雪と氷に閉ざされている北欧では、緑黄色野菜は育ちにくい。したがって、北欧では動物のミルクからカルシウムを摂る以外の方法がなく、アミノ酸やカルシウムの摂取の必要性から、6千年前に哺乳動物の家畜化が始まった。そのため、ラクターゼを持たない人たちは自然淘汰され、それを持ち合わせる人だけが適者生存の結果、生き残ってきたという。

は多くの人びとにとって、スーパーマーケットで購入するような商品となっている。

　これまで、多くの民俗学者や文化人類学者は、さまざまな地域の伝統社会における近代化以前のミルクの利用や加工技術などに注目し、当該社会の乳食文化の諸相を「民間伝承」という軸で記述してきた。また、伝統社会における家畜に関する民間信仰や管理技術などについて、多くの研究を蓄積してきた。日本の食文化における乳製品は、歴史は浅いものの、第二次大戦以降日本人の食生活のなかでかなり身近なものになったこともあり、乳食文化に関する文化人類学的研究が多くおこなわれてきた［たとえば、足立 2003、小崎 1996、中尾 1992、平田 2002、2008など］。石毛直道の編集による『乳利用の民族誌』［1992］や『世界の発酵乳』［2008］で集成された報告、また1992年にアイルランドで開かれた国際シンポジウム *Milk and Milk Products: from Medieval to Modern Times* ［1994］で発表された報告の大半は、近代化以前の世界中の発酵食品や乳利用の諸相を対象とし、家畜の飼養管理や乳加工技術、さまざまな民族集団における乳製品に関する多様な慣習や民間信仰などについて詳述している[39]。これら研究者の共通の問題意識は、グローバルな影響を必然的に受けている民族文化を近代化以前のまま描き出すことにある。今日、多くの地域において食に関する習慣や認識が変わりつつあるのが現状である。それだけに、近代化以前のまま文化的な多様性を記録しようとし、乳食文化の諸相を考察してきた先行研究の意義は大きい。

　その一方で、近年、健康ブームやグローバル化を背景に、乳食文化研究の傾向にも変化がみられており、乳製品の変遷そのものを研究対象とした研究が増えつつある。アイルランドの民俗学者ライサイトも指摘しているように、世界レベルでの流通と通信技術の発達や企業の販売能力の強化の影響により、主要食品が生産・加工・流通のあらゆる段階で高度に洗練さ

---

[39] たとえば、北欧については Salomonsson、Kvideland、Skjelbred、東欧に関しては Dumpe や Abdalla、モンゴルについては Toomre など数多くの報告がなされた。

れ、同時に消費者の嗜好も国際化してきている［Lysaght 1994：7］。つまり、寒冷地域や乾燥地域において、人の命綱であった乳製品は、工業生産にともなう商品化につれて、栄養源としてのその元々の意味は薄れてきている。次項では、その変化についてみることにしたい。

（2）「商品」としての乳製品

現在、大手企業は新しい製品を次々と発売するだけではなく、消費者に「情報」を与えながら、なじみのない食品でさえその食文化に浸透させることができる。つまり、現代社会における食文化は食品産業に大きく左右されており、この意味で企業戦略を考慮せずには語れない部分が多くなってきている。また、過去10年で食品関連の不祥事が増加し、政府機関や食品産業の責任が問われはじめ、食に関する政治性や国家の役割も決して無視できないものになってきている。このようなことから、食に関する近年の文化人類学的研究では、食品産業の消費者への影響や国家政策と企業との利害関係など、これまであまり扱われてこなかったテーマに対する関心が高まってきている［たとえば、Belasco and Scranton 2002、Lien and Nerlich 2004、Watson and Caldwell 2005、Nestle 2007など］。

乳食文化研究においても、企業の経営資源である「商品」としての乳製品に注目する研究が、わずかではあるが増えつつある。たとえば、オランダの文化人類学者のプッテンは、ヨーロッパの寒冷な地方で牛乳とオートミールで作られるポリッジ（粥）という伝統食品の商品化にともなう変容を明らかにしている。その背景には食品産業の発達があり、企業戦略の役割が大きいと指摘している。その一方で、企業の販売姿勢やマーケティングなどの戦略そのものが、一方的な取り組みではなく、消費者側で起こっている変化、つまり生活様式の多様化や嗜好の高級化などを反映するとしている[40]［Putten 1994：158—159］。同様の視点でスコットランドにおける乳製品の商品化に注目したフェントンは、伝統的な乳加工体系を中心に、かつての乳加工技術と、近代化にともなうその変容を明らかにし、既存のものを「昔と現在の接合部分」として捉えている。彼によると、商品化にともなう変化はみられるものの、乳加工における伝統的な製造技術が忘れ

られたわけではなく、むしろ職人の伝統が重宝されている。しかし、すでに失われているのは、生産者と消費者との直接的関係であると結論づけている［Fenton 1994：46—47］。つまり、この事例から、現在では、生産者と消費者との間に製造業者や宣伝会社、卸売や小売業者などが入り込み、生産と消費の乖離が進行していることがうかがえる。

　これらの研究は、現在における乳製品の意味を伝統性と現代性の混合体として捉えており、近代化にともなう乳製品の製造技術や社会的機能の変容に注目することによって、その意味が現在に至るまでどのように形成してきたかを歴史的な視点から明らかにした。オランダのポリッジの事例では、グローバル化の影響や消費者嗜好の国際化が進むにつれて、伝統食品の本来の意味が失われる一方で、別の意味が浮上して支配的になっていた。また、スコットランドの事例では、「伝統」の喪失そのものがノスタルジアを生み出し、健康意識の高まりや自然志向の影響で、忘れられつつあった食品が再評価され、「健康食品」や「伝統食品」として再び注目されるようになった。このようなプロセスのなかで、食の物質的・栄養的な側面よりも、「情報」という付加価値がますます重視されるようになる［井上 1999：12］。そして、この問題に対して、研究関心も高まってきており、現在は「食の情報化」時代と捉えられる[41]。

　40　オランダでポリッジがたどった歴史は興味深い。本来、おつまみ、おかず、主食、デザートとさまざまな形で食卓に登場していたこの主要食品は、自給自足の生活様式が失われ、また肉体労働の必要性が薄れるにつれて、高い栄養価をもつ栄養源としての意味が薄れていった。食の趣味化・ファッション化が進むにつれて、ポリッジの消費が次第にデザートにまで限定されていった。また、1980年代以降は、グローバル化が加速化していくなかで、大手国際企業の参入により、「ヘルシーデザート」として宣伝されるヨーグルトなどの発酵乳製品に圧倒されてしまったという。

　41　1999年に国立民族学博物館で開催された国際シンポジウム「食の情報化」は、食に付随する「情報」の重要性およびそれに対する研究関心の高まりを反映している。そこでは、さまざまな観点から人びとの食生活の変遷や嗜好の多様化と、食の情報的な価値との関連性などが議論された［石毛、井上 1999］。

以上のように、先行研究では古くから伝統のあるミルクの加工と文化について、世界中のさまざまな地域と民族に関して数多くの事例が報告されている。そのなかでは、家庭内の乳加工技術や乳製品に関する民間信仰、つまり伝統的な側面を重視する研究が圧倒的に多い。その一方で、近年において乳製品の「変遷」を取り上げる文化人類学的研究も徐々に増えつつある。このように、世界中のさまざまな地域の基礎食品としての乳製品を「伝承」というキーワードで記述する研究方法から、家庭内というミクロな枠を越えた商品として、「伝統・近代化・グローバル化」という分析枠組で捉えようとする文化人類学的な次元へと展開しているのである。

第二節　ブルガリアの伝統文化としてのヨーグルト

　本節では、移牧に支えられてきたブルガリアの乳加工システムの特徴を抽出したうえで、家庭で伝承されてきた乳発酵技術および食生活におけるヨーグルトの重要性について記述する。

（1）乳加工システムと乳製品

　ブルガリアの社会主義時代（1944～1989年）において、親ソ連路線のもとで、ブルガリア民族は、農耕民であるスラブ系民族として国民性が主張されていた。遊牧民であるブルガール族（プロト・ブルガリア人）の文化は後進的であるとみなされ、研究関心は主にスラブ民族の歴史と文化にむけられていた[42]［Dimitrov 2005］。また、民俗学的研究においても、スラブ系民族にとってのパンの重要性や儀式的な役割から、ヨーグルトなどの乳製品よりも、パンという伝統食品に研究対象が偏重していた。近年の民俗学的研究はこのような傾向を補正し、主に公文書資料やヴァカレルスキなどによる日常文化に関する古典的な研究に基づいて、乳製品の伝統的な

---

[42] 国立歴史学博物館の館長ディミトロフの研究によると、イデオロギー上、社会主義時代における歴史学はプロト・ブルガリア人の生活文化を見くびる傾向にあり、ブルガリアの歴史において多くの「神話」を作り出しているという［Dimitrov 2005］。

製法や年間行事との関連性、民間療法における利用などについて詳細に記述している。さらに発酵過程の象徴化やそれに組み込まれたブルガリアの人びとの世界観についても考察している [Bojidarova 2006、Markova 2003、2006b、2007、Petrova 1998、Vasseva 2005]。また、伝統社会における家畜にかかわる民間信仰や、その健康と豊穣祈願の儀礼を取り上げ、人間と家畜のライフサイクルの関係性や、家畜の管理技術などについての生態学的な視点からの研究も増えつつある [Benovska-Sabkova 2002、Mincheva 2006、Vasseva 2006]。

そのなかで、特に民俗学者マルコヴァの研究は重要な示唆を与えている。彼女によると、バルカン半島の諸民族の食文化は、共通点が多く、他のスラブ民族との類似性よりも、小アジア（アナトリア半島[43]）との類似性を認めなければならず、バルカン・アナトリア地域文化の特徴を考慮する必要があると指摘している [Markova 2006a]。彼女は、コーカサス地域のスラブ系農耕民、中近東・小アジアの遊牧民、定住農業および季節的移牧をおこなうバルカン半島の諸民族の発酵食文化を比較分析した。その結果、典型的な定住農民である東スラブ民族（ロシア人、ウクライナ人、ベラルーシ人など）の伝統的な食文化の基盤は、酵母パン、穀類粥、発酵野菜・果物・酒、豚肉であるという。また、彼らの乳発酵技術に関しては、自然発酵を中心とした単純な乳加工技術であり、生乳を発酵させる種菌やミルクを凝固させるレニン酵素を使わないことが特徴であるとしている。一方、小アジアと中近東の遊牧民の食文化の基本は、酵母を使わずに単純な技術でパンを作ること、種菌や酵母で発酵させた乳製品、羊と山羊の肉を食べることである。野菜・果物・酒はほとんど発酵させない。果実の保存方法として、発酵よりも乾燥が使われている。

農業と牧畜を持ち合わせたブルガリア人およびその他のバルカン諸民族に関しては、食文化のこの二つのタイプを結合することが特徴である。つまり、その基盤は、酵母パンとともに単純なパンを作ること、乳製品を作

---

43 黒海、地中海、エーゲ海に三方を囲まれた、アジア最西部に位置する半島。古代より多くの文明の発祥地となった。

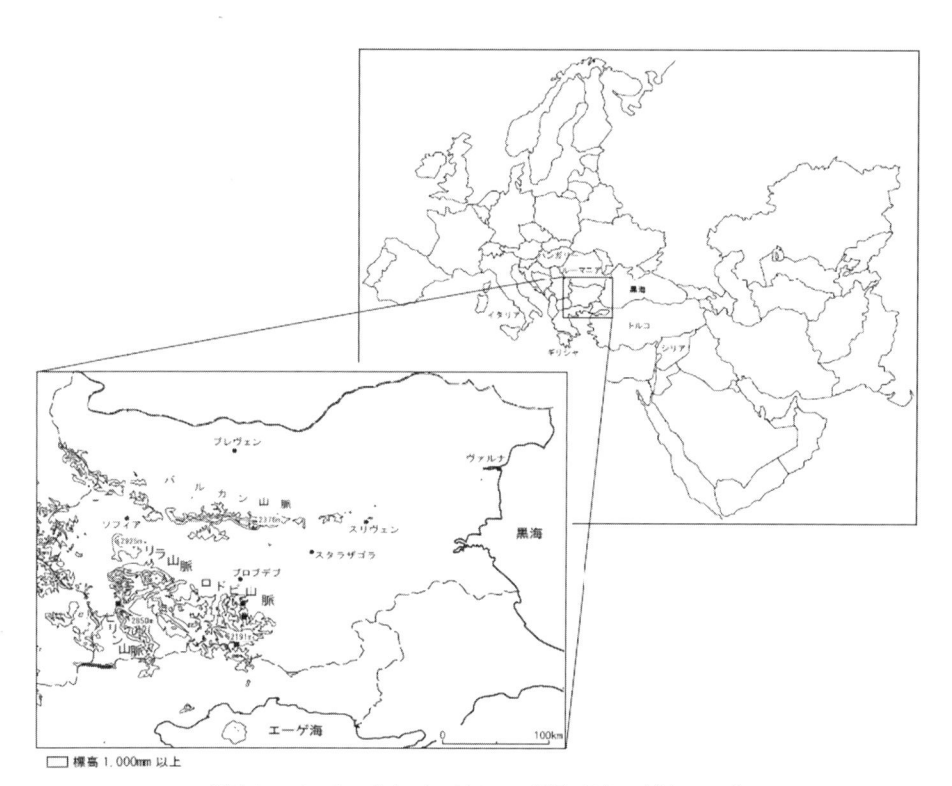

地図1　バルカン半島ブルガリアの地図［平田（他）2010］

る際に、種菌・酵母もレニン酵素も使用すること、豚肉も羊（山羊）の肉も食べること、野菜・果物は発酵と乾燥加工をもちあわせていることである。このように、バルカン半島の比較的温暖な気候や多様な地形という地理的条件も重なり、バルカン地域の食文化は中近東の牧畜文化とスラブ民族の農耕文化が結合している［Markova 2006a］。

　一方、牧畜民の文化と生業について研究している平田昌弘は、日本では「ヨーグルトのイメージの強い」ブルガリアの人びとがどのような乳加工技術を適用し、どのような乳製品を利用しているのかという問題意識に基づいて、ブルガリアにおける乳加工発達史を考察している［平田（他）2010］。結論としては、ブルガリアの発酵乳系列群は西アジア由来の乳加工技術である可能性が極めて高いとしている。しかし、冷涼気候のため、水分含量が比較的高くても保存可能であることから、ミルクの加工はヨーグルトやバターの段階で終了する点で、西アジアの乳加工技術から変

写真1　ロドピ山脈の風景

遷してきたという。また、塩水漬けにしてチーズの熟成をおこなうバルカン半島ブルガリアのチーズ加工技術は、熟成をおこなわない西アジアと熟成に特化したヨーロッパの中間的な位置にあり、ヨーロッパのチーズ加工の土台を形成した可能性が高いと結論づけている[44]。

　このような説の背景にはブルガリアの位置する自然環境との密接な関係がある。国土の大部分に広大な平地が広がり、中央部には東西に伸びるバルカン山脈、南西部にはピリン山脈、リラ山脈、ロドピ山脈が散在している（地図1）。山脈といっても最も高い地点でも3,000mを超えることはなく、標高1,000m台の比較的低い丘陵地帯が展開し、丘陵間には河川をともなった狭い低地が広がっている[45]（写真1参照）。

　低地部では穀物や野菜の栽培が広範囲にわたっておこなわれ、ロドピ山脈などの丘陵地帯では移牧が古くからおこなわれてきた。移牧の特徴は、夏期などに家畜を山地へ移動させ、冬期には居住拠点へ戻るということである[46]（写真2参照）。丘陵地帯で家畜を数頭飼養する多くの世帯では、村

44　ブルガリアの乳加工工程と発酵技術について、平田昌弘との共著論文で詳細に記述しているため、ここでは省略する［平田（他）2010］。

45　ブルガリアの首都ソフィアでは、月平均気温が夏でも25度前後と一年を通じて冷涼である。冬はわずかに0度を下回る程度で、寒さもそれほどに厳しくない。降水は一年を通して平均的である。年間降水量は523mm程度。

写真2　ロドピ山脈における羊の放牧

に数人いる牧夫に家畜を委託し、5月から11月まで放牧させている。それらの家畜は、ミルク、食肉、毛の生産のために飼養されている。冷涼な丘陵地帯では、小麦は栽培できないためライ麦がかろうじて生産されており、リラ山脈やロドピ山脈などでは、主食としてジャガイモが栽培されている。ブドウ、プラム、ベリー類などの果物は露地栽培が可能で、ワインやジャムなどにして保存食としている[47]［平田（他）2010］。つまり、移牧民は家畜を飼うとともに野菜・穀物も栽培する半農半牧という生業形態をとっており、この生活様式は環境に対して適応している。しかし、社会主義集団農場化、その解体、そしてEU加盟を通じ、移牧民は通年定住するようになり、家畜飼養規模は縮小化してきた。ただし、移牧はバルカン地域の乳加工システムを支えてきた点においては、いまだに重要な役割を果たしている。そして、それは自然環境に適しているだけはではなく、自然環境のバランスを維持している点においても大きな意味を持っている［Orland 2004］。

　農業と牧畜は、バルカン地域において、生業として古くから重要な役割

46　第一次世界大戦までは、夏にはエーゲ海沿岸域まで数百頭の羊の群れを率い、冬には丘陵地帯に戻るという季節移動をおこなっていた。これを、二重移牧（intermediate-stationed transhumance）と呼ぶが、国境が変化することによって、冬の宿営地であったギリシャのエーゲ海沿岸や、黒海沿岸の放牧地を失い、第二次バルカン戦争と第一次大戦後は垂直移牧（ascending transhumance）のみをおこなうことになった［漆原、ペトロフ 2008］。

47　冬の保存食料を作ることは、女性にとっては重要な役目である。夏は野菜栽培や家畜の世話に加えて、ピクルス作りもあるため、最も多忙な時期でもある。

を果たしてきた。農業においては穀類の栽培、牧畜においては羊の飼養がその中心であった。牧羊の歴史は古代にさかのぼり、バルカンの各地で盛んにおこなわれていたという記録が残っている。古代において形成された都市社会との交易が活発であったため、メスはミルクの生産手段として、群れの大半を占めており、オスは子の段階で肉のために、搬出されていた。14世紀のオスマン帝国の侵略によって牧羊は一時的に打撃を受けたが、コンスタンチノープルをはじめ、オスマン帝国の大規模な市場において、羊乳の乳製品、食肉、皮革への巨大需要という追い風を受け、18～19世紀にかけて最も発展した[48]。

　移牧民にとって、乳製品は豆類やジャガイモとともに販売価値があり、近くの町に設けられた定期市で販売され、あるいは小麦や贅沢品のために交換されていた。普通のマーケットでは、乳製品のなかでも日常的に作られるヨーグルトやバターが主に販売の対象となっていた。その場合、作り手も、売り手も女性であるが、大きな町にミルクとヨーグルトを販売するミルクショップが現れはじめると、ヨーグルトは職人（男性）によって作られるようになった。また、コンスタンチノープルなどの大きな都市のミルクショップは主にブルガリアやマケドニア地域からの職人によって運営されていたといわれている。

　一方、チーズ作りに関しては、綺麗な水が大量に必要なため、ミルクが大量にとれる夏の間だけ、バルカン山脈やロドピ山脈などの高地に建てられた「マンドラ」と呼ばれる乳加工場所で牧夫（職人）によって製造されており、シーズンが終わると、商人の仲介によって、オスマン帝国の大規模な市場に向けられていた。このように、ヨーグルト、バターの小規模製造においては女性たちが中心となっていたが、長距離でも運びやすいチーズに関して、男性の職人を中心に大規模な製造がおこなわれ、オスマン帝

48　オスマン帝国は、法律の整備と土木建築に力を注いだ国家であるとされている。バルカン地域の征服後、ハンガリーを越えてウィーンにまで軍隊を派遣するには、莫大な軍需品や食糧、そして兵員を輸送するための長大な軍事道路と橋の建設が必要であった。これらは同時に通商路としても機能していたため、商業とその拠点である都市が発達していった。

国の内部へと輸出されていた。

　大規模な市場の存在という社会環境の特徴は、乳製品の生産に大きな影響を与え、そのなかでも特に羊乳のチーズが重要な産物として重視されていた。牛も飼育されていたが、それは食料補給よりも、むしろ畑を耕すための役畜として利用されていた。それは、エーゲ海までの大規模な移牧に羊が適切であったこと、都市社会との交易において羊乳の製品が販売価値の高かったことが関係していると考えられる。このように、社会主義化まで、チーズのほとんどが羊乳で作られていた。ヨーグルトに関しても、同様な状況であり、1934年ソフィアのミルクショップでは、ヨーグルトの一日あたりの生産量は平均14トンであり、そのうち12トン（86％）は羊乳で作られたものだった［Atanasov and Masharov 1981：54］。

　また、大規模な牧畜の発展は、民族の独立を目指す動きとは無関係ではなかった。そもそも民族の復興運動の思想自体は、トルコ人が多く居住していたブルガリア内ではなく、ルーマニアや南ロシアにあったブルガリア人移民社会で生まれた。しかし、武装蜂起のために必要な資金の確保や独立運動の秘密組織の支援に大きくかかわったのがブルガリア内の乳製品の大規模な製造に従事した裕福な羊飼いと商人である。1860年代の解放運動を主導したゲオルギ・ラコフスキ（1821～1867）も、牧畜が盛んであったバルカン山脈の麓のコテル町の裕福な家庭で生まれ育った。このように、乳製品はブルガリア民族に栄養を与えつづけただけではなく、国民精神の育成にも貢献し、日常生活を超えた次元で重要な社会的な役割を果たしたのである。

（2）ヨーグルトの伝統文化

　ヨーグルトの歴史は古く、人間が草食動物を飼いならし、そのミルクを食用としはじめた時期にまでさかのぼると予想される。ミルクを搾って容器に入れておくと、動物の乳首や容器などに付着していた乳酸菌がミルクのなかで増殖する。乳酸菌が乳糖を分解し乳酸を作ることで、ミルクの腐敗が防止され独特の風味がつく［神邊 1984、伊藤 1996、Tamime and Robinson 1999］。地域や気候が異なると、人間の生活と極めて密着して生きな

がらえてきた乳酸菌の種類も違ってくる。また、家畜の種類によってミルクの成分も異なるため、ヨーグルトの仕上がりも異なる。このようにして、その土地の風土に適したさまざまな発酵乳が生まれたといわれている[49]。当初は偶然生成されたが、やがて保存と風味づけのために、意識的に作るようになったとされている。その製造方法は各地において、発酵温度などの適切な条件の選定、加熱殺菌や濃縮などのミルクの前処理法の組み合わせ、良い発酵体（種菌）の選出と組み合わせなどが徐々に進行し、次第に定まった形態のものになったと想像される［伊藤 1996］。すなわち、「発酵過程」は、自然のなかで生じる「腐敗過程」とは異なり、人間の活動のなかで生まれ、人間が発酵開始から進行具合までのあらゆる面で管理する文化的な行為の結晶なのである［Markova 2006b］。

　ヨーグルトはミルクを利用する加工工程の一部ではあるが、そのなかでも最も重要な産物のひとつである。世界の乳加工技術の類型分類として、①生乳をまずヨーグルトにしてから加工される発酵乳系列群、②生乳からまずクリームを分離してから加工されるクリーム分離系列群、③生乳に凝固剤を添加してチーズを得る凝固剤使用系列群、④生乳を加熱し濃縮することを基本とする加熱濃縮系列群という四つの乳加工系列がある［平田（他）2010］。ブルガリアでは、①発酵乳系列群と③凝固剤使用系列群がみ

---

[49] 発酵乳が古くから伝統的に作られてきた地域は、ミルクが重要な食物として利用されてきた地域と重なり、ヨーロッパ大陸からアジア・アフリカまでと広範囲に及ぶ。たとえば、スカンジナビア地方のヴィリーやイメール、コーカサス地方のケフィア、東欧からアジアにかけて作られている馬乳酒のクミス、インド・ネパール地方のダヒ、アラブ地方のレーベン、東南アジアのダディヒなどがある。このように発酵乳は世界各国に存在し、それぞれの国でさまざまな名で呼ばれている。欧米や日本でこの乳製品を指すのに用いられる「ヨーグルト」という言葉は、トルコ語でヨーグルトを意味する「ヨウルト（yoğurt）」に由来するという説が最も有力である。ヨウルトは「攪拌すること」を意味する動詞 yoğurmak の派生語で、トルコにおけるヨーグルトの製法を反映したものと考えられている。また、ヨーグルトはミルクに乳酸菌を入れて発酵させた食品として、日本語では、特に公文書などにおいて「発酵乳」（fermented milk）と呼ばれることも多い。

られるが、ヨーグルトが発酵乳系列の出発点であるため、非常に重要な役割を果たしている。ブルガリアの乳加工工程と発酵技術について、別稿（共著）で記述しているため、ここでは発酵乳系列群を中心に簡潔にまとめる［平田（他）2010］。まずヨーグルトにかかわるブルガリア語の基本的な用語について整理する必要があるため、その説明から出発する。

　ヨーグルトはミルクが発酵して酸味を帯びたものである。ブルガリア語では、生乳を *mlyako*（ムリャコ）と呼んでいる。そして、酸っぱくなったミルクを *kiselo mlyako*（キセロ・ムリャコ）と呼んでいる。また、ブルガリア語では「ヨーグルトを作る」という日常的な行為を、*kvasya*（クヴァスヤ）という動詞で表現する。このことから、特に手作りのヨーグルトには、*kvaseno mlyako*（クヴァセノ・ムリャコ）という言葉が使われる[50]。また、地域によって、方言や近隣国の影響で呼び方は異なる場合もある。たとえば、ロドピ山脈の方言でヨーグルトは *yaurti*（ヤウルティ）とも呼ばれており、ギリシャ語の影響がみられる。さらに、ブルガリア南西部で、自然発酵によって作られた発酵乳に対して *prokish*（プロキッシュ）という言葉が使われている。ただし、「ヨーグルト」の意味で一般的に使われる言葉は、発酵技術よりも味覚を基準とした「キセロ・ムリャコ」という表現である。その発酵技術は地域や家庭によって、微妙に異なるが、基本的に以下のように作られている。

　搾乳して得られたミルクは、まず布でゴミを濾しとりながら大鍋に移し入れ、加熱殺菌する。加熱殺菌したミルクをそのまま静置し、40度ぐらいまで冷却する。冷却温度は、指をミルクにあてて確認する。ミルクが適温に達したら、*podkvasa*（ポドクヴァサ）と呼ばれる前回のヨーグルトの残りを種菌（発酵体）として少量加え、よくかき混ぜる。種菌を加えたら、ウールや皮などで覆って暖かい状態にし、3〜4時間ほど静置すればヨーグルトとなる（写真3参照）。

　種菌の違いによって、ヨーグルトの風味や質感も異なるため、良質な種菌を確保することが重要視されている。かつて新しい種菌でヨーグルト作

50　その意味と使い分けの詳細に関して、ヨトヴァ［2010］参照。

りを開始する際、種菌としてパンをちぎって水に浸し銅製の鍋に入れておいたものを使用することもあり、ジャンキという梅の実のような酸っぱい果物をすりつぶして使ったこともある。蟻が這った木の枝を使ったことも伝えられている［Markova 2006b］。また、ロドピ山脈地域の羊飼いは *Pariurus aculeatus*（パリウルス・アキュレタス）や *Berberis vulgarichus*（ベルベリス・ブルガリクス）といった植物の根を煮込んだ汁を発酵に用いたといわれている。さらに、銀製や金製の装飾用のコインを、一度沸騰させて人肌で冷したミルクに入れると、数時間後にミルク

写真3　ヨーグルト作り（北東ブルガリア）

が発酵したことも伝わっている［Katrandjiev 1962］。このように、家伝の技術をもとに、さらに試験を何度も繰り返し、現在に至るまでヨーグルト作りが伝承されている。

　また、ロドピ山脈地域では、非搾乳期間（10月〜5月）のための乳製品供給として、羊の搾乳シーズンが終わる9月から10月にかけてヨーグルトの状態での長期保存のための加工処理をおこなっている[51]（写真4参照）。一方、ヨーグルトの上澄みの脂肪分はバター加工に利用される（写真5参照）。さらに、バターから残ったバターミルクを加熱することによって、*izvara*（イズバラ）と呼ばれるチーズを作る。イズバラは料理に利用してすぐに食べる以外、凝固剤使用系列群で作られる *bito sirene*（ビット・スィ

51　ヨーグルトの状態で保存された乳製品を *brano mlyako*（ブラノ・ムリャコ）と呼んでいる。乳酸発酵が数カ月間にわたり進むため、非常に酸味が強くなる。ヨーグルトの長期保存について、Katrandjiev［1962］や平田（他）［2010］が詳しく取り上げている。ただし、現在ヨーグルトの長期保存を伝承している世帯が極めて少なく、この伝統的な技術が失われつつある。

写真4　ブラノ・ムリャコ

写真5　バター作り用のヨーグルト

写真6　乳加工がおこなわれる場所

レネ)の加工に用いることもある(写真6参照)。

　以上のように、ブルガリアのミルク加工において、ヨーグルトは中心的な存在である。したがって、ヨーグルトは単なる食生活に必要な食品というだけではなく、他の乳製品の製造に密接にかかわる産物でもあるため、ブルガリアの乳加工システム全体において非常に重要な役割を果たしている。また、ヨーグルトが貴重な栄養源として、昔から日々の食事に取り入れられてきた。このことについて、15～19世紀の外国人旅行記の文化人類学的研究や民俗学的研究からもうかがえる [Bojidarova 2006、Markova 2010、Pavlov 2001、Vasseva 2006]。ブルガリア人の伝統的な食事を味覚で分類したマルコヴァによると、塩味、酸味、辛味の混ざりあった味を好む傾向があり、料理の味付けとして塩やハーブ以外に、酸味をつけるために酢（またはヨーグルト、ザウワークラウトの汁など)、辛味のために生ニンニクやタマネギを使用するという [Markova 2010]。そして、熱い日は畑仕事の際、夏バテや疲労回復のために、アイリャンという塩味のヨーグルトを水で薄め、飲む。同様に、水で薄めたヨーグルトをニンニク、塩、ディルで味付けし、これにキュウリやレタスなどの野菜を加え、タラトルという冷製ヨーグルトスープを作る。また、卵焼きや野菜炒め、肉料理にも、同様にニンニク、塩、ディルで味付けたヨーグルトソースをかける。旅行中の外国人にとって、この酸っぱい塩味のヨーグルトはブルガリア村のご馳走であり、パンにつけて食べると非常においしいと、旅人の旅行記に記載されている [Pavlov 2001]。

　昔、ヨーグルトは日常食生活に欠かせない食品であると同時に、季節の節目を祝う年中行事においても重要な役割を果たしていた。羊は、秋から冬の間はミルクを搾ることができない。乳搾りが再開されるのは、家畜の健康と豊饒を祝う春の最も大きな聖ゲオルギの祭日（5月6日）であった [Vasseva 2006]。聖ゲオルギは羊飼いと家畜の守護聖人であり、人びとはこの年の祭日に生まれたオスの羊を捧げものにしていた。この日から放牧が始まるため、家畜の健康と豊饒を願うさまざまな儀礼がおこなわれていた。この日に初めて搾ったミルクを新しい種菌で発酵させてヨーグルトやチーズなどの乳製品を作り、子羊の料理とともに食卓に並べていた。この

儀礼では村人が近隣の修道院などで集合し、一緒に食べるということがとても重要であった。その年初めて搾ったミルクを発酵させたものが、その一年のヨーグルトの風味を左右するため、新しい種菌の確保はとても大切であった。若い女性はその日の早朝に、木の葉っぱから朝露を集めて、ミルクに入れて発酵させていた。一度おいしいヨーグルトができれば、後はその一部を種菌として新たなミルクに加えていくことで、その一年の家庭の味が守られていた [Markova 2006b]。

乳搾りの期間が、5月6日の聖ゲオルギの日から10月26日の聖ディミタルの日までと限定されていたため、ヨーグルトは、他の乳製品と同様に搾乳時期にしか作ることができない季節限定の食品であった。また、乳製品の摂取は、宗教のしきたりによって制限され、一年の224日に及ぶ断食の時期に食事から除外されていた[52]。さらに、ヨーグルトなどの乳製品は、販売価値があったため、貧しい家庭では子ども、高齢者、病人に限られ、贅沢品として扱われていた [Minkov 2003, Mocheva 1941]。

一方、おいしいヨーグルトが作れるという技量は、近隣の人びとなど周囲からの評価にもつながっていたため、ヨーグルトの味に肝心な種菌が共有されることは例外的であり、それぞれの家庭の味が大切にされていた。そのため、手間がかかるといった理由で家畜を持たずに、貧困生活に愚痴をこぼす人に対しては、周囲から冷たい視線が向けられていた。そして、ヨーグルト作りが勤勉さや腕の良さといった美徳を象徴することは、ことわざや慣用句などからも読み取ることができる。たとえば、愚痴を言うが、自分から何もしないという否定的な意味合いが込められた「未亡人がヨーグルトのために泣いているかのように」といった慣用句や、ブルガリア人と異なり農業技術がない、努力もしない特徴を表す「ジプシーの家にヨーグルトはあるまい」という差別的意味合いがあることわざには、その様相がうかがえる[53]。未亡人にもジプシーにもヨーグルトがないと表現し

---

52 ブルガリア正教では、毎週の水曜日と金曜日が断食の日として定められており、それ以外にもクリスマス断食（40日間）、イースター断食（48日間）、聖ペタール断食（25日間）、聖母マリア断食（15日間）がある。つまり、宗教上では、年間に乳製品が食べられるのは、わずか141日である。

ているのは、個人の努力と能力が欠けているという意味合いを含んでいるからである。つまり、家畜の世話や乳製品の製造は特別な技術や労力を必要とし、これを磨き続けることによって、周囲の人びとの尊敬を得ていく実情を示す。このように、ヨーグルトは、ブルガリア人の生活文化と伝統的価値観に深くかかわるものとして、自民族と他民族とを区別する指標となり、自己対他者の意識づけにも有効に機能しているのである。

　ヨーグルトは、ブルガリアの人びとの伝統文化と密接にかかわる食品として、これまで栄養学や微生物学などさまざまな研究分野から多くの関心を寄せられてきた。そこで、強調したいことは、この文化があるからこそ、ヨーグルトの研究が可能となり、これまで多くの研究成果が蓄積されてきたことである。ただし、その大半は、日常におけるヨーグルト文化の諸相を明らかにすることよりも、むしろ"ブルガリアヨーグルト"の古い起源や偉大な歴史、味覚面・健康面における固有性や優位性を証明しようとしてきた。そこから発生する言説は、後に商品としての"ブルガリアヨーグルト"の付加価値へとつながっていく。しかし、忘れてはならないことは、家庭で伝承されたヨーグルトの文化が、研究発展の基本にあるということである。

第三節　言説の生成装置としてのヨーグルト研究

　本節では、さまざまな言説の源泉となったヨーグルトの研究を概観していく。その発端として、20世紀初頭のヨーグルト菌の発見と「不老長寿説」の発表という二つの科学的な出来事に注目し、国内外への「長寿食」言説の波及について検討する。

（1）ヨーグルトをめぐる「不老長寿説」の誕生
　おいしいヨーグルトを作るうえで、肝心なことは、良質な種菌の選出で

53　ブルガリア語で、それぞれは"reve kato vdovitsa za kiselo mliako"と"u tsiganin i kiselo mliako"である。

あり、それを決定するのが地域の環境と風土のなかに生きる乳酸菌と、同じ環境のなかで生活を送る人間である。人びとは、家庭で伝承された方法で食糧を加工・保存する際に、数多くの乳酸菌を利用するが、目に見えない微生物のため、その存在を認識していない。歴史上初めて顕微鏡を使って微生物の世界を見た人物は、オランダの博物学者レーウェンフック（1674年）であるが、19世紀の半ばごろまでは、微生物がどのような働きをしているのかは、まだ謎に包まれていた。世界で初めて本格的に微生物を調べたのは微生物学の始祖といわれるフランス人のパスツール（1822〜1895）である。1857年に、酸乳を顕微鏡で調べた結果、ミルクのなかに微生物が存在することを認め、乳酸酵母と命名している［細野 1996］。その後、伝染病は細菌という微生物によって引き起こされることが明らかになった。1875〜1885年は病原菌発見ラッシュの時代となり、パスツールによる狂犬病の予防接種開発（1885年）など微生物学が大きく進展しはじめた時代であった。

　同時代、1883年にロシア出身の生物学者メチニコフ（1845〜1916）が、体内で運動性の細胞が病原体を撃退するという「免疫食細胞説」を提唱し、免疫の働きについて研究していた。1885年に新しい研究所の設立に尽力したパスツールは、その一部門の責任者としてメチニコフを招き、そこでメチニコフは免疫理論の証明に傾注し、活発な研究活動をおこなっていた。1895年にパスツールがなくなり、その頃からメチニコフは免疫の研究から老化と腸内腐敗の研究へと転じるようになる。彼は、組織の細胞の老化が腸内にいる腐敗菌のだす毒素の影響によるものであると考えた。そこで、腸内にいる腐敗菌の働きを抑えるためには、ヨーグルトに含まれる乳酸菌が効果的であると推論し、この考えを実証するための研究を続けた。

　一方、1905年にジュネーブ大学医学部で細菌学の講座を開いていたマッソル教授のもとで、ブルガリア人学生グリゴロフ（1878〜1945）が国から持参したヨーグルトのなかから3種類の乳酸菌の存在を発見し、BacilleA（桿菌A）、MicrococcqueB（球菌B）、StoreptobacilleC（連鎖桿菌C）と名づけた。これらがヨーグルトの発酵を促進し、独特の酸味と風味をもたらしていることを報告し、その論文がスイスの医学雑誌に掲載された。そこ

で、メチニコフはグリゴロフをパスツール研究所に招待し、講演を依頼した。さらにグリゴロフが持参したヨーグルト菌の同定を部下の研究者におこなわせると同時に、腸内細菌の作る有毒な物質について調べはじめた。その結果、腐敗菌はアルカリ性の環境を好み、弱酸性の環境には住みつけないことを明らかにし、ヨーグルトの摂取は、その乳酸菌の働きによって腸内を弱酸性に保ち、腐敗菌の増殖を防ぐために有効であることが確認された。この実験結果に基づき、メチニコフは「ブルガリア桿菌」と命名された乳酸菌を摂取することが長寿につながると発表した。1907年に出版された『不老長寿論』をはじめ、学術雑誌や講演会などで発表や講演をおこなったため、フランスだけではなく、ヨーロッパ各地にブルガリア菌を使ったヨーグルトの製造業者が増えた。日本ではメチニコフの『不老長寿論』は1912年に翻訳出版されたものだが、そのなかの一段落を紹介する。

　最近のことだが、私はジュネーブ大学のマッソル教授からブルガリア製の酵乳の見本を入手することができた。また同教授の弟子であるグリゴロフ氏はこのなかから特殊な乳酸菌を分離している。一方、パスツール研究所の私の実験室では、コアンディ、ミシェルソンという二人の博士がこのなかでも「ブルガリア桿菌」と命名された乳酸菌が最も有力であることを発見した。……酸乳が寿命を延ばすことは事実だろう。そこで、各地で名高い「レーベン」、「クミス」、「ケフィール」などを取り寄せて調べてみたところ、「レーベン」と「ケフィール」には数種類の細菌と酵母が含まれており、アルコール発酵していることから飲用に適さないことがわかった。またいずれの発酵乳も雑多な微生物が混在している。酸乳として最も質の良いのはブルガリアの酸乳で、研究はこのブルガリア桿菌を中心におこなうべきであろう［メチニコフ　1912 : 218］。

　さらに、本書でメチニコフは、ブルガリア桿菌で発酵させたヨーグルトを１日300〜500gを摂取することを奨励している。生命とは何か、死とは何かを考えさせる彼の『不老長寿論』は一般人向けの健康書であるが、自然科学者だけでなく、哲学者としての一面もうかがえる。また、メチニコフが唱えた「不老長寿説」は300歳まで生きるような不老不死という幻想

的なものではなく、ヨーグルトの摂取を通じて老化という自然現象を遅らせ、健康寿命の延長を論理的に説いたものである。

　1908年に「免疫食細胞説」でノーベル賞を受賞したメチニコフは、学問の分野だけではなく、一般の人びとのなかでも、権威のある学者として名声が高かった。そのため、メチニコフのお墨つきを得た「ブルガリア桿菌」が大きな注目を集め、研究者の関心はもとより、企業家からも多くの関心をひきつけた。これまで欧米文化圏ではほとんど知られていなかったヨーグルトは、庶民の間でも長寿食として話題になり、「メチニコフ教授指定製造元」や「メチニコフ博士推奨ヨーグルト」という標語で商品化が進むと、徐々に食生活にも浸透していった。

　現在グローバルな大手ヨーグルト製造業者ダノン社の設立も、メチニコフの「不老長寿説」の西欧への波及と関係している。創業者のイサーク・カラッソ（Isaac Carasso、1874〜1939）は、1912年、バルカン戦争時期に出身地のテサロニキからスペインに亡命した後、当時、社会的関心が大いに寄せられたメチニコフの理論に着目し、バルセロナで小さなヨーグルト工房を開業した。そこで、ヨーグルトの製造に必要な「ブルガリア桿菌」は、直接メチニコフが活躍したパスツール研究所から入手していたと伝わっている。

　このように、西欧における微生物学の発展とメチニコフの「不老長寿説」は、欧州のビジネスや学界において、大きな影響を与えた。また、ブルガリア人の生活基盤に密接な関係にあったヨーグルトに歴史的な転機をもたらした。そして、「長寿食」言説の誕生は、後にブルガリアにおけるヨーグルトの研究にも大きな刺激を与えることとなった。

（2）ヨーグルトの「ブルガリア起源説」の確立

　メチニコフの「不老長寿説」を契機にヨーロッパで注目されはじめた「ブルガリア桿菌」とヨーグルトであるが、当時バルカン戦争や第一次世界大戦、国境の変化など政情不安なブルガリアでは、他の伝統的な乳製品同様、日常食以上の関心事とならなかった。ジュネーブ大学でブルガリア菌を発見したグリゴロフは、1905年に医学博士として帰国し、出身地域の

市立病院の院長に任命され、20年間院長を務めたが、ヨーグルトの研究よりも、むしろ結核の研究に没頭し、フランスやイタリアの医学雑誌などで研究成果を発表した。

　ブルガリアにおけるヨーグルトの研究は、乳加工技術専門家ポプディミトロフ［1938］や乳酸菌研究者カトランジエフ［1962］などから始まる。彼らは、1905年に自国のヨーグルトから乳酸菌を発見したグリゴロフと、この乳酸菌をブルガリア菌と命名し、その研究に基づいて「不老長寿説」を訴えたメチニコフの業績から刺激を受け、家庭で伝承される発酵方法や保存方法、職人による製造方法、その栄養価と健康への効果など、ブルガリアにおけるヨーグルトの研究の基盤を作っていく。ポプディミトロフは、ヨーグルトをブルガリア人の食生活を改善するための手段とみなし、政府機関に対してその生産と消費を促進させるよう、最優先事項として政策を考案すべきであると主張していた［Popdimitrov 1938］。カトランジエフは、ヨーグルトの微生物を研究するためにブルガリアの農村を回り、さまざまな地域の発酵技術やヨーグルトの種類、またその使用法や重要性について記述している［Katrandjiev 1962］。このような業績や乳酸菌研究の成果は、ブルガリアでは名著としての揺るぎない評価を得ている。

　カトランジエフとポプディミトロフによると、ヨーグルトはブルガリア民族の独特な生活様式から生まれ、食卓に昔から根づいている食品であるという。具体的には、ポプディミトロフは『ブルガリアヨーグルト——起源、利用、栄養』という本のなかで、20世紀初頭にヨーロッパ中で注目されはじめたヨーグルトはなぜ「ブルガリア固有」のものなのかを論じており、ヨーグルトを自らの国や地域にちなんで命名しようとするトルコ、ロシア、スイス、エジプトなどの研究者に対して異議を唱えている［Popdimitrov 1938］。著者は"ブルガリアヨーグルト"が他の地域のものと一線を画し、定住農業を営むスラブ系民族とアジア系の遊牧民族プロト・ブルガリア人（ブルガール族）の生活様式との組み合わせによって生まれた食品であると主張している。スラブ民族の原住地はカルパチア山脈周辺と推定され、その周辺で定住農業を営んでいたが、5世紀の終わり頃からスラブ民族の大量南下移住、バルカン半島への進出が始まり、長い歳月をかけて

定着していった。一方、7世紀の半ばに中央アジアから興ったプロト・ブルガリア人がこのスラブ人と連合して、681年に第一次ブルガリア王国を建設し、多数であったスラブ民族とプロト・ブルガリア人の同化によって現在のブルガリア人の祖先が誕生した。ポプディミトロフによると、プロト・ブルガリア人が戦闘の際に携えていた馬のミルクで作った発酵乳が現在のヨーグルトの起源であるとしている。搾った馬乳を皮袋に入れ、馬にくくりつけて運ばせると、馬の体温によって温められた乳が次第に発酵し、クミスができあがる[54]。このように、プロト・ブルガリア人のバルカン半島への移住によって、クミスが持ち込まれた。そして、スラブ人は羊の牧畜が盛んであったため、プロト・ブルガリア人がバルカン半島に侵入してきたことによって、その羊のミルクからクミスを作りはじめた。脂肪分が多い羊乳のなかでブルガリア菌は繁殖しやすく、次第にクミスの酵母を減少および排除させてきたため、クミス自体がヨーグルトの独特な質感や風味に変化したという。このように、羊乳のクミスは現在の"ブルガリアヨーグルト"の元祖となり、他のバルカン民族の間にも伝わったとしている。また、14世紀以降、オスマン帝国がバルカン半島を支配していた時代に小アジアへと広まったという[55]［Popdimitrov 1938：14—16］。

　このように、ブルガリア史の独自の解釈をもとに、ヨーグルトの「ブルガリア起源説」を初めて提唱したのはポプディミトロフである。彼の研究では、ヨーグルトはブルガリア人によって他のバルカン民族やスラブ民族、アジアの各地などにもたらされた食品として、ブルガリアが発祥地であると捉えられた。当時のブルガリアにおいて、全く知られていなかったグリゴロフの発見やメチニコフの「不老長寿説」も、ポプディミトロフの研究を通じて初めて紹介され、ブルガリアにおけるヨーグルト研究の発展

54　クミスから分離された微生物としては、桿菌のブルガリア菌、球菌のサーモフィラス菌、酵母があり、乳酸発酵とアルコール発酵の両方がおこなわれる。アルコール含量は2％程度である［伊藤　1996］。

55　ポプディミトロフはオスマン帝国の時代を"cherni vremena"（暗黒時代）と表現し、オスマン帝国において「奴隷」の立場であったブルガリア人がトルコ人にヨーグルトをもたらしたという。

につながった。ポプディミトロフ以降の研究者は、すべてヨーグルトの「ブルガリア起源説」から出発し、その風味や健康への効果などについて研究を進めていった。そのなかで、最も顕著なのは、カトランジエフの研究であり、それがブルガリアにおいて模範とする研究となった。

　カトランジエフは、ポプディミトロフの影響を受けながらも、若干異なる研究方法でヨーグルトの「ブルガリア起源説」を進化させ、古代トラキア文明と結びつけている[56]。つまり、彼はブルガリアの考古学的調査の成果を巧みに利用しながら、ヨーグルトが7世紀のプロト・ブルガリア人の侵略よりもさらに古い時代、紀元前3千年に古代トラキア人によって作られていたと主張した。彼らのヨーグルトは、家畜であった羊のミルクから自然発酵によって作られていたが、このヨーグルトが数千年を経て、現在のヨーグルトへと発展していったと論じている[57]。彼は、ポプディミトロフと同様に、ヨーグルトが自国からオスマン帝国支配や戦争で失われた領土を通じて、近隣のバルカン諸国の間で広まったと主張している［Katran-

---

56　紀元前3千年頃からトラキア人と呼ばれる民族は、バルカン半島の東南部で活躍していたとされている。さまざまな小部族に分かれていたが、南の古代ギリシャから影響を受けながら、独自の文化を発展させており、紀元前5世紀に国家を形成していた。近年、特にブルガリア領内でトラキア時代の遺跡発掘が進み、黄金文明と呼べるほど大量かつ精巧な金細工が発見されている。

57　その起源は、子羊などの革袋に入ったミルクに、偶然入り込んだ乳酸菌の増殖によって作られたものである。しかし、夏は生乳を自然発酵させようとすると、発酵より先に腐敗することもある。そこで、古代の人びとは生乳を沸騰させると、風味が増し、保存性もよくなることに気づいたと説明している。さらに発酵も自然発酵にまかせるのではなく、沸騰させてから一度冷却したミルクに、おいしくできた時のヨーグルトを加えると、同じおいしさのものができることも発見したという。そしてブルガリア人の祖先は、種菌の違いによって、味や香りも違うことが次第にわかってきたという。経験的に、ミルクを一度沸騰させてから放置し、指を入れて我慢できるぐらいまで温度が下がってから、種菌を入れることや、種菌を入れたときの温度を数時間保ち、そのあと徐々に冷やすとうまくいくことなど現在のヨーグルト作りの基礎を確立していったと説明している［Katrandjiev 1962］。

jiev 1962：9—10］。このように、カントランジエフは、ブルガリア人の祖先とされる古代トラキア人のヨーグルトを世界の乳食文化の中心に据え、その発酵技術発達史を考察している。今もなお引用されつづけているポプディミトロフとカトランジエフの古典的研究は、ブルガリア人のヨーグルトを他のヨーグルトと差別化し、バルカンや小アジアへの伝播をブルガリアの激動の歴史と民族の苦しみと関連づけているのである。

　ポプディミトロフとカトランジエフによって提唱されたヨーグルトの「ブルガリア起源説」は、それ以降の研究において"ブルガリアヨーグルト"の存在を裏付けるうえでは重要な役割をはたし、「長寿食」言説とともに確固たる地位を確保していった。

　ポプディミトロフとカトランジエフ以降の研究者は、ヨーグルトをめぐる「不老長寿説」と「ブルガリア起源説」を出発点として、"ブルガリアヨーグルト"の古い歴史と伝統、発酵技術と工業生産、ブルガリア菌の生理的効果と胃腸病の療法における重要性などについて多くの研究成果を蓄積してきた［たとえばDimov 1971、1984、Kondratenko 1985、Peichev and Penev 1967、Penev 1972、Simov 1989など］。研究者たちは、ヨーグルトをめぐる「不老長寿説」と「ブルガリア起源説」を単に維持するだけではなく、それぞれの研究関心から詳細なデータで裏付けようとし、次第に高度化していった。そして、自国のヨーグルトは、ブルガリア菌とサーモフィラス菌の共生作用によって特有の酸味と風味が備わっており、他の菌で発酵させたものより味覚と健康の面では優位であるという共通意識のもとで、研究を進めていった。

　このように"ブルガリアヨーグルト"の固有性と優位性を必死に主張する背景には、欧米の乳酸菌研究において、メチニコフの理論に疑問符がついたことと関係している。つまり、欧米ではヨーグルトに含まれるブルガリア菌を取り入れても、胃液の殺菌作用によって、腸内まで生きて届かないことから、結果的に健康への効果が期待できないことや、長寿の秘訣としてブルガリア桿菌を取り上げたメチニコフの理論が十分にデータで証明されていないという批判がなされていた。そして、特にアメリカでは、ブルガリア菌と長寿との結びつきが完全に否定され、研究関心がアシドフィ

ルス菌やビフィズス菌などに向けられていった[58]。

そこで、ブルガリアの研究者は、自らの研究成果に基づいて自国のヨーグルトの固有性と優位性を強調し、ブルガリア菌への外国の研究者からの疑念に対する正当性を主張する立場を貫いていった。たとえば、『ヨーグルトの治癒効果と栄養価』という著書のなかで、ペイチェフとペネフは、以下のように述べている。

> ブルガリアヨーグルトに対するアメリカやドイツの研究者らの不公平な判断に対して、これまで蓄積された業績に基づいて、われわれは反論すべきである。ブルガリア菌は他の乳酸菌と比較して優位であることを証明し、グリゴロフをはじめ、ブルガリア人パイオニア研究者の偉大な業績を継続しなければならない [Peichev and Penev 1967:8]。

本書のなかで、著者らはブルガリア菌の生理的効果に関する自らがおこなった実験の結果以外に、民間治療におけるヨーグルトの利用や種類の多様性などについて、ブルガリアの地域文化研究や考古学的研究の成果を都合よく解釈しながら、外国の研究者への反論において重要な論点として利用している。特に古代トラキア文明の人類学的研究が「ブルガリア起源説」を裏付けるうえでは、重要な役割を果たしてきた。

ヨーグルトの研究において、トラキア人と関連した典型的な記述としてよく見られるのは、古代ギリシャの叙事詩『イリアス』と『オデュセイア』(紀元前8世紀頃) からの引用である。それによるとトラキア地方は「肥沃な土地」や「羊の母」として讃えられている。そして、古代トラキア人の食についての引用は、ヘロドトス (紀元前5世紀) の『歴史』に代表される古代ギリシャの著述や、古代ローマの地理学者・歴史家ストラボ

---

58 ブルガリア菌が種であるのか、亜種であるのか、欧米の研究のなかでは対立があった。そのことから、ブルガリア菌の学術名についても *Lactobacillus bulgaricus* (ラクトバチルス・ブルガリクス) から *Lactobacillus delbrueckii* (ラクトバチルス・デルブリッキー) に変える必要があると活発に議論されていた。ブルガリア人研究者は、ブルガリア菌が種であり、学術名が *Lactobacillus bulgaricus* であるべきと主張していた。今は、*Lactobacillus delbrueckii subspecies bulgaricus* というのが、ブルガリア菌の学術名である。

ン（紀元前1世紀）などのローマ帝国の文献から登場するものもある。たとえば、古代ローマの詩人ウェルギリウスによる、「トラキア人のビザルツ族はミルクに馬の血を混ぜて飲んでいた」という記述は、"ブルガリアヨーグルト"の古い起源を強調するために利用されてきた［たとえばAtanasov and Masharov 1981、Katrandjiev 1962、Kondratenko 1985など］。

　同様に、ヨーグルトの研究者は、古代トラキア文明に関する考古学的研究を参照しながら、トラキア人は農業および牧畜に長けており、羊の大群を飼育していたと語っている。トラキア地方は豊富な作物に恵まれ、牛や羊を大量に繁殖させることが可能だったとしている。そこで、ミルクと乳製品は、古代トラキア人の食生活において、重要な地位を占めており、ブルガリア民族の伝統的な調理方法も、古代トラキアに起源をもっているという。さらに、ヨーグルトの研究者は、古代ギリシャ人が「北の野蛮人」のトラキア人に対して、"milk-eaters"および"wine-drinkers"という軽蔑的なレッテルを貼ることが多く、「ミルクを食べること」、「ワインを飲むこと」をトラキア民族の識別ラベルとして使用していたということも紹介している。そのことからミルクの発酵技術はバルカン半島東部において数千年にわたり暮らしていた古代トラキア人から伝わったと結論づけている。ヨーグルトという言葉の語源についても、現在、欧米の研究などでは最も有力であるトルコ語起源説に対して、ブルガリアの研究者はトラキア語起源説を提唱している。つまり、ヨーグルトは「硬い」を意味する「ヨグ（yog）」、「ミルク」を意味する「ウルト（urt, urdo）」の複合語であると主張している［Kondratenko 1985、Kondratenko and Simov 2003、Minkov 2002］。

〈まとめ〉"ブルガリアヨーグルト"という言説の誕生

　これまで見てきたように、ブルガリアにおけるヨーグルトの研究は、「不老長寿説」や「ブルガリア起源説」を証明しようとし、"ブルガリアヨーグルト"の正当化に懸命に努めてきた。そこでは、ヨーグルトをブルガリア固有のもの、世界の乳食文化の中心として、愛国主義に基づいて画

一的に捉えてきた点に特徴がある。そして、外国の研究者からのブルガリア菌や自国のヨーグルトに対する健康面や独自性への疑念に反論し、自らないし他分野の研究成果に基づいて自民族中心的な主張を続けてきた。それは、自国のヨーグルトの名声を守ろうとする意識的な試みであり、そのなかで"ブルガリアヨーグルト"という言説が結晶化し確固たる地位を確保することになる。

　そもそも、このような双方の議論に発展すること自体、すでにブルガリア菌や"ブルガリアヨーグルト"という言説が学界では西欧東欧を問わず、浸透していることを示している。そして、この学術的議論の背景には、メチニコフの研究から生まれたヨーグルトをめぐる「長寿食」という言説が内在しており、その大きな影響力についてヨーグルトの国際規格からもうかがえる[59]。また、ここで注目しておきたいことは、現代ブルガリアにおいて、ヨーグルトが古代トラキア人から継承されているとする「ブルガリア起源」言説や人びとの健康に大いに貢献する「長寿食」であるという言説が乳酸菌研究者の学術的議論に限定されることなく、証明された真実として正当性を持っていることである。たとえば、ヨーグルトの発酵方法や発酵過程の象徴体系を分析した民俗学者マルコヴァでさえ、"ブルガリアヨーグルト"という概念に対して疑問を持つことなく、論文の題目にするほどこの表現を違和感なく使用している[60]［Markova 2006b］。また、ヨーグルトの研究から生まれた言説はもはや学界を超えて、政治家、

59　「ヨーグルト」と称される製品は国際的に規定されており、その規格機関は、食生活と健康に関する国際組織（FAO／国連食料農業機構とWHO／世界保健機構）によって設立された政府間組織の国際食品規格委員会（コーデックス委員会）である。その国際規格によると、「ヨーグルト」と称される製品は、ブルガリア菌とサーモフィラス菌を使用した発酵乳と規定されている。任意添加物（粉乳・脱脂粉乳・ホエー粉など）の添加は随意であるが、最終製品中には、ふたつの菌が多量に生存していなければならない。つまり、国際規格はブルガリア菌とサーモフィラス菌の使用が前提であり、20世紀初頭からメチニコフの「不老長寿説」をきっかけに商品化された「ブルガリア桿菌」のヨーグルトがその基礎を築いている。

ジャーナリスト、乳業会社はもとより、消費者や酪農家など一般の人びとにも共有されているのである。

　本章では、このような影響力をもつ言説のルーツを20世紀初頭に誕生した「不老長寿説」にまでたどり、それが後にブルガリアにおけるヨーグルトの研究のなかで「ブルガリア起源」言説として発展していった経緯を見てきた。まず、メチニコフの提唱した「不老長寿説」は、西欧におけるヨーグルトの商品化につながり、後にブルガリアにおいても、ヨーグルトの研究に大きな刺激を与えたことが明らかになった。そして、それはヨーグルトの「ブルガリア起源説」を裏付けるうえでは、有益な手段として機能してきた側面があった。その一方で、欧米の乳酸菌研究における、メチニコフの「不老長寿説」が誤りであるという声に反論するために、ブルガリアの研究者は、ブルガリア菌の働きに関する独自のデータを作ることが最優先事項となった。そして、他国のヨーグルトや乳酸菌の研究が進むなかで、自国のヨーグルトの優位性や固有性を主張する必要性から、ブルガリアの研究者は歴史的・考古学的研究の成果に訴えながら、"ブルガリアヨーグルト"の古い起源や古来の伝統を強調しつづけてきた。

　その結果、ヨーグルトの歴史のなかで、古代トラキア人やプロト・ブルガリア人、メチニコフやグリゴロフなどが主役となり、中心的な存在として多くの注目を集めてきた。しかしその一方で、ヨーグルト研究の基本となるブルガリアの乳加工文化や、その担い手である一般の人びとの営みについて、ヨーグルトの公認記録の歴史はほとんど何も語らない。"ブルガリアヨーグルト"の優位性を正当化するためにあらゆる努力を尽くしてきたブルガリアの研究においては、それは研究関心の周辺に置かれているのである。

　この問題意識に基づいて、本章の冒頭では"ブルガリアヨーグルト"という言説の内実として、乳加工システムとヨーグルト文化の特徴を取り上

60　マルコヴァも古代トラキア文明の人類学的研究に基づいて、ブルガリア民族の発酵技術や調理方法は古代トラキアに起源をもっていると言及している。

げた。そのなかで、特筆すべきは、羊の移牧に支えられてきたこと、民族復興の物質的な基盤となり、独立運動においても重要な役割を果たしたこと、乳加工体系においてヨーグルトが中心的な産物であること、という三点である。また、ヨーグルトと宗教的しきたりや年中行事との関係性から生活文化におけるその重要性について指摘し、ヨーグルトがブルガリア人の伝統的価値観に深くかかわるものとして、自己対他者の意識づけに有効に機能していると結論づけた。

第二章　社会主義期における「人民食」言説と「技術ナンバーワン」言説

> 人民の食べ物を供給する仕事より崇高な仕事はない。
> D.I. 企業のトドル・ミンコフ元社長（1974年）

　本章では、「長寿食」としてメチニコフのお墨つきを得たヨーグルトが社会主義期における大量生産・大量消費という枠組のなかで、「人民食」として確立されていく様相を描写し、国家政策や生活様式の変遷との関連性からヨーグルトの新たな意味づけを明らかにする。また、後に国営企業の国際戦略のもとで、ブルガリアの誇るヨーグルトの「技術ナンバーワン」という言説が誕生した経緯を記述したうえで、それと「人民食」言説との関係性について検討する。その際、社会主義体制下において、ヨーグルトをめぐる新たな言説の生成にかかわった人びとの語りに注目しながら、ブルガリア乳業における彼らの役割、ブルガリア民族の自画像を改変しようとする試み、およびその限界について考察する。

第一節　社会主義的近代化にともなう社会変化

　ヨーグルトをめぐる「人民食」という言説の生成の背景には、①農業の集団化や工業化政策がもたらした社会変化、②乳加工システムの近代的変容、③国家の栄養政策と文化統一政策という三点が密接にかかわる。本節では、そのうちの一点目について、まず社会主義以前の政治的経済的背景について簡潔に記述し、ブルガリアの社会主義的近代化の特徴およびその社会的影響に注目する。

(1) 社会主義以前のブルガリア

　序論で触れたように、18世紀から芽生えた民族復興運動が実り、19世紀後半はギリシャ、セルビア、ブルガリアなどが独立していった。しかし、20世紀初頭では、バルカン諸国はマケドニアの領有をめぐって対立することになった。1913年の第二次バルカン戦争の結果、ブルガリアはマケドニアをセルビアに奪われ、ドブロジャ地方（黒海沿岸）をルーマニアに奪われた。さらに、第一次世界大戦後は、エーゲ海沿岸をも失った。このような大規模な領土の喪失や戦争賠償金は主要産業であった農業と羊の畜産に大きな打撃を与え、ナショナリズムに走り参戦したブルガリアは広い範囲にわたり大災害を被った。

　大戦間のブルガリア国家は、西欧をモデルとした近代化の達成を目標としていた。しかし、強い民間企業を育成することができず、金融業の管理から鉄道建設事業まで、すべてにおいて国家が経済的主導権を持ち、資本を集約する主体としての役割を果たしていた。このような政策は、農村部で暮らす人びとのさらなる貧困化につながり、社会主義イデオロギーの影響を受けやすくしていた。ロドピ山脈における農民の日常文化を研究している民俗学者のミンコフによると、伝統的な食事の中心はパン、乳製品、豆類であったが、1930年代において、これらの食品は日常的なレベルで不足しており、農民は定期的に飢餓に直面していたという［Minkov 2003：106］。1938年から1939年にかけて、ソフィア大学の農業学者が農民の食生活について、全国の127村で調査を実施した結果、食事の70%をパンが占めており、乳製品、卵、野菜、果物などが不足しているということがわかった［Mocheva 1941：154—155］。これらの食品は、家庭内で生産されていたが、小作人にとって販売価値があるため、彼ら自身は消費せずに、それを売って収入を得ていた。その背景には、労働者や公務員と比較して、農民の収入が極めて低いこと、農民が食に無知であることが関係していると指摘されていた。そこでは、農村における食糧問題は近代化の問題として捉えられており、食に関する教育レベルの向上の必要性が主張されていた。

　領土回復のために、第二次世界大戦では再びドイツと手を組んだブルガ

リアは、枢軸国側として敗戦し、第一次世界大戦と同様の大災害を経験することとなった。1944年9月、ソ連赤軍の進軍に刺激され、ブルガリア共産党（当時は労働者党）も参加する反体制連合組織「祖国戦線」が軍事クーデターを起こし、政権を掌握した。祖国戦線政府は、1946年9月に国民投票を実施し、王政を廃止して人民共和制へと移行した。以来、1989年にペレストロイカの波が押し寄せるまで、およそ45年の間、ブルガリアはソ連の指導のもとで、社会主義的近代化に取り組んだ。

（2）社会主義化していくブルガリア

　近代化の諸側面のうち、産業部門では三つの大きな変化が挙げられる。第一に都市部に存在していた民間事業が廃止され、電力生産、鉱業冶金学・化学産業、機械産業などの重工業が創設されたこと、第二に農地と家畜が集団化され、農業が機械化されたこと、第三に農村においても工業部門が創設されたことである。

　人民の「明るい未来の建設」へのベクトルを示し、経済発展の所信が表明されたのは、1948年の第5回共産党大会である。そこで、急速な工業化、農業の集団化と機械化、交通、通信、金融部門の発展、社会主義の文化革命の実施が最も重要であると指摘された［Ivanov 2008：120］。当時、スターリンの息のかかったブルガリア人主導者ゲオルギ・ディミトロフ（1882～1949）は、工業化の進展が急務であるという逼迫感を持ち、他国で100年程度かけて積みあげてきた工業化技術を10年から15年で欧州レベルまで到達する目標を掲げ、強力に電力生産、鉱業冶金学・化学産業、機械産業などの重工業発展のための舵取りをおこなった[61]。

　しかし当時、人口の80％は農村部で暮らす農民であり、工場で従事する労働者はわずか9％であった。また、GDPにおける農業と工業の割合は、70：30と農業のほうが圧倒的に多かった［Znepolski 2008：197］。このような経済・人口構造は、共産党の党員構造にも反映されており、労働者はわ

61　1948年、資本投資の80％は重工業の投資にあてられた［Znepolski 2008：197］。

ずか25％だった［Znepolski 2008：62］。そこで、共産党の工業化政策は、共産党政権の経済基盤を作るだけではなく、労働者階級そのものも形成する重要な意味をもっていた。このソーシャル・エンジニアリング事業の経済・人的資源となったのは、ブルガリアの農村である。

1948年の党大会で共産党は農民に対する強制的手法の第一段階として農業集団化を決定した[62]。この政策により、1952年までに農民の52％、農地の60％を強制的に農業協同組合に加入させた。その他の農民に対しては、協同組合への加入を促すため、耕地面積に応じて穀類、ミルク、卵、肉の強制割当ノルマが義務づけられた。国家は、低価格で農産物を買い叩き、必要とされる消費財を農民へ高く売りつけ、その差額で資本集約を狙った［Ivanov 2008：135—136］。また、COMECOM（コメコン／経済相互援助会議）による国際的分業体制をはかるソ連によって、ブルガリアには食糧供給国の地位が与えられていたため、農産物を輸出することで、重工業の発展に必要な原材料や設備などを確保していた。このように、農業で生産された国富を、重工業における巨大なプロジェクトに大量に投じていたのである。

1957年までに農地の92％が集団化され[63]、土地を奪われた農民の一部が

---

62 1944年9月のクーデターで政権を得た祖国戦線政府は、主要課題のひとつに、食糧不足の解消をかかげた。そのために、1946年に「労働所有農地法」と「不正利得防止法」を新たに制定した。労働所有農地法は、国家が20ヘクタールを超えるすべての私有地を収用し、「国家農地ファンド」によって貧しい農民に土地を分配するものであった。同時に、農業・酪農・消費者生活協同組合の設立が推進され、食料配給券という配給制度を通じて、人民へ平等に必需品が支給された。また、食糧や他の生活必需品について、不当利得行為を防ぐ「不正利得防止法」が制定され、暴利を貪ろうとする者には、死刑を宣告するなど、当初、都市・農村の貧民の間では新政権の人気は高まる一方であった。このような政策は、後にズネポルスキによって、「大衆の誘惑」と称されたが、当時の共産党の食糧政策は、非常に効果的であったと評されている［Angelova 2005、Minkov 2003、Znepolski 2008］。しかし、農業集団化が始まると、農民はこの土地を取り上げられることになり、共産党への支持が急落した。

工場労働者となり、また一部が集団農場で「農業労働者」として働くようになった。集団農場は、工業的な規模と形式を備えた労働組織を農業に移植しようとする試みであり、階層的分業および管理労働スタッフの利用とともに、これらを備えた「近代的」労働組織を作ろうとしたものである。それは合理性と大量生産に基づく工業的農業であり、農業の機械化、力作業の削減、農薬と化学肥料の利用、動植物の育種など幅広い「科学的進歩」による高い生産力が目的であった。しかし、農業労働者の給与は低く、物質的な利益がないため、働きぶりやモラルが低下していった。また、1970年代半ばから、旧来の農民が老齢化して、引退しはじめると、労働力不足が深刻化し、農業生産も激減していった。この問題の背景には、社会主義政権の工業労働者優遇策のもとで、農業と重工業に従事する労働者の賃金格差が内在していた[64]。また、ダムの建設などのために労働力が必要であったため、農民の多くは都市部の重工業プロジェクトの建設業に従事しはじめるようになった。1947年から1965年の間に、150万人が農村を離れ、都市部の工場に向かっていった［Brunnbauer and Taylor 2004：289］。人びとのこのような大移動は、農村部の生活様式を都市部に移植することとなり、都市の農村化をもたらした。

63　1953年のスターリンの死とフルシチョフのスターリン批判が、ブルガリアの政治状況にも大きな変化を引き起こした。1950年に首相に就任した、スターリン主義者であるヴァルコ・チェルヴェンコフは、スターリンの死後、第一書記の座をフルシチョフの支持を得たトドル・ジフコフに譲った。1953年9月の共産党中央委員会において、ジフコフは農業生産の減少、消費者と食品産業のための農産品不足など、農業部門の問題点について報告し、それまでの政策が初めて批判された［Baeva 1995：26］。それを乗り越えるために、個人農家の強制割当ノルマが廃止され、集団農業化のペースが一時的に抑えられるとともに、農業協同組合の農作業に必要な化学肥料や殺虫剤などの価格が引き下げられた。しかし、1956年に集団化が再開され、翌年までには農地の92％が集団化された。こうして、農業すべてが共産党の管轄下に置かれた［Ivanov 2008：137］。

64　たとえば、1955年の平均年間給与は、工業労働者が754 レヴァ、農業労働者が306 レヴァであった［Demireva 1968：53］。

一方、社会主義化の当初から若い働き盛りの労働者が農業から離れつづけていった結果、1960年代、農業において労働者不足が顕著になると、社会主義国家は工業化を分散させ、従来都市に集中していた工場の誘致を地方に向けても誘致する、という新たな政策を打ち出した。このようにして、社会主義以前、農村部に存在していなかった工業部門が創設され、農村の工業化が始まった。結果的に、この政策により、都会への移民が減少していったが[65]、農業における労働力不足は解決されなかった。そこで、収穫の繁忙期に、軍隊、工場労働者、学生、病院スタッフでさえ団体を組み、支援派遣されていた。アメリカの文化人類学者クリードが指摘するように、工業重視の社会主義国ブルガリアでは、逆説的に、いざというときに、農業がどの分野よりも優先順位が高くなっていた［Creed 1998］。なぜなら、表向きは工業重視であったが、コメコンの分担体制ではブルガリアの主な役割は農産物の輸出であったため、実際は農業が重要な位置づけであったからである。

　また、農村のもうひとつの非常に重要な役割は、生産と流通に関する国家政策が引き起こした一般の食料不足を個人用益地での生産を通じて補うことであった[66]。1967年、都市部の工場労働者の80％は農村出身であり、食糧不足や流通システムの不備を克服するためには、農村との関係は非常に重要であった。この意味では、社会主義的生活において、農村はさまざまな食料を流通させ、食料不足を緩和させるうえでは欠かせない存在で

65　この政策の背景には、都市化で人口過多状況に陥ったため、人びとの住むインフラ整備が追い付かず、また消費財も不十分であり、生活が成り立たない状況に陥っていたこともある。

66　1976年以降は、都市部の住民も、個人用益地を与えられるようになり、町の郊外部では別荘を建て、菜園を維持するようになった。そこで、金曜日の午後になると、都市部で働く人は、農村地方の菜園へと向かうため、勤務時間を犠牲にすることが一般的であった［Bokova 2008］。同様に、農村で暮らしながらも近くの工場で働く、いわば農民兼工場労働者も、収穫時期など自給自足の農園繁忙期は、工場勤務時間短縮も常識の範囲内であった［Creed 1998］。

あった[67]。また逆に、農村で暮らす人びとは、家電機器などの消費財の入手、医療サービスや教育機会という面では都市に住む親戚を通じて、都市部の生活へのアクセスを確保していた。このように、都市部と農村部との間では、相互補完的な関係が結ばれ、そこで、いわば"urban-rural extended household"（都市・農村拡大家庭）という家族形態が生まれた。自家製農作物は支援を受けた都市部の親戚や知人に対する報酬としての価値もあったため、インフォーマルなネットワークの強化や拡大をはかるうえでは、貴重な役割を担っていた。このような交換のなかで、農村と都市のつながりが維持され、個人と個人が支え合う要素として安全網のように広がっていたのである。

　最後に、社会主義的近代化がもたらした社会変化としてここで特筆すべきは、工業部門における労働力確保のために、必要不可欠となった女性の社会進出である。1951年当時の労働力人口における男女比率は、3：1であり、1948年に共産党が訴えた専業主婦の廃止と女性の「解放」はまだ実現されていなかった。そこで、食品産業の発展や給食制度の整備、幼稚園の建設などの社会福祉部門への投資を通じて、女性の家事負担を軽減させ、労働者として公的産業に参加しやすい環境を整備しようとした。つまり、女性労働が社会主義社会の建設において重要な要素とみなされたのである。

　このように、農業集団化、強制的工業化、労働者優遇や女性労働増加の社会主義政策の推進などによって多くの人びとが、農業から離れ、都市部へと移住し、工場労働者となった。農業集団化と強制割当ノルマの影響で家畜も減り、家庭内で乳製品を作る人口も少なくなっていくと、工業食品への需要が高まった。特に乳製品の作り手であった女性は、家庭内の仕事

---

[67] 個人土地用益権は、社会主義セクターの生産性と比較し、はるかに高い生産性を持っていたため、社会主義経済自体の重要な部分となった。一方、農民は個人用益地や家畜のために、農業協同組合からさまざまな援助を受けることが一般的であった。このように、「二重システム」と呼ばれる国営の大規模農場と自給自足的な生産のための小規模農場との相互補完的な連携体制が確立された。

から「解放」され、家の外で働くようになると、家庭内での乳製品の製造が減少していった。要するに、共産党主導で進められた工業化政策や農業の集団化は、労働者階級の形成、女性の社会進出、都市・農村部における生活様式の統一性など、広範囲にわたる大規模な社会変化をもたらした。そして、それが乳製品の生産と消費において劇的な変化を引き起こし、ヨーグルトをめぐる「人民食」という言説の土壌を培うこととなった。

第二節　ヨーグルトをめぐる「人民食」言説

　本節では、ヨーグルトをめぐる「人民食」という言説の生成に大きな影響を与えた要因として、乳加工システムの近代的変容、および国家の栄養政策・文化統一政策を取り上げる。それぞれを概観しながら、ヨーグルトが「人民食」として日常化していく様相を描写する。

（1）乳加工システムの近代的変容

　ここでは、「人民食」言説の基盤として、乳製品の家庭内生産から工業生産へのシフトをともなう乳業の確立を取り上げる。乳加工システムに関する近代的変容としては、第一に生乳の生産が家畜の所有とともに、農民から農業協同組合に転換されたこと、第二にミルクの加工において国営企業が中心的な存在となったこと、第三に乳製品の大量生産と流通システムが整備され、乳製品が入手しやすい食料となったこと、という三点を特筆したい。

　第一に、生乳の生産に関して、社会主義時代になると、貧しい農民の家畜を少しずつ集めて農業共同組合の所有に転換する一方、裕福な農民や修道院の家畜をまとめてそのまま農業協同組合の所有に転換した。このように、牛・羊・馬など全ての家畜が共有化され、羊の移牧も集団農場化された。夏にはそれらの所有者の住む村々から1,400～1,700mまで羊を移動させた。ひとつの集団農場は、50人以上の牧童がおり、大きな羊の畜舎で人も羊も夏を過ごしていた［漆原、ペトロフ 2008：62］。つまり社会主義体制下でも、牧童たちは羊とともに移動して歩くという性質に変わりがなかっ

たが、世話をする羊が農業集団のものであり、牧童は「動物専門技官」として農業労働者に転じた。彼らは5月1日に羊を高山地へ連れていき、夏を過ごす牧草地の畜舎では、羊乳からチーズを作っていた。また、11月上旬頃羊を連れて山から下りるという仕事があった。牧童たちは、特殊な高い技術を有する者として、他の「農業労働者」より高い給料で優遇されていた。

　しかし、国家産業として乳業確立のためには、羊乳は大量生産と安定供給には不向きと判断され、主要な乳畜として協同組合の酪農場で牛の飼育が中心となった。統計からも、原料のミルクが羊乳から牛乳へと代替が進んだことで、乳製品の生産が飛躍的に増加したことがわかる[68]。また、乳製品の大量生産が確保できるように、乳牛の品種改良や濃厚飼料の使用などといった政策が採用され、牛一頭当たりの平均的搾乳量は、社会主義以前の450リットルから3,400リットルと増加していった［Atanasov and Masharov 1981］。そこで生産された生乳は重要な原料として、都市部の乳加工工場へ搬出されるようになり、牛乳の乳製品は国内消費やコメコン市場向けとされた。一方、羊乳で作られた乳製品（主にチーズ）は、社会主義国家に必要な外貨のためにアメリカ、オーストラリア、中近東などへと輸出されていた。このように、輸出価値の高い羊乳の乳製品は、国内消費者にまで届くことはなく、結果的に、社会主義的近代化によって、乳加工システムは人びとにとっての生活様式から国家にとっての主要産業のひとつへと転換したのである。

　第二に、国営企業の設立に関して、家庭内生産から工業生産への移行の第一段階として、1948年に1,350カ所以上の乳加工場所の山小屋（マンドラ）がすべて国有化され、ミルクの買い付け、加工、卸売を目的とする中央乳加工協同組合が設立された。マンドラの職人は、本組合の州単位の陣

68　たとえば、1956年、羊乳のヨーグルトが主流時の生産量は3万トンである。1960年、羊乳から牛乳への原料切替時の生産量は7万トンを超え、2倍以上増加した。また、牛乳ヨーグルトの定着以降、さらに増加し1965年には14万トン以上、1974年には24万トン以上となっている［Atanasov and Masharov 1981］。

営のもとで労働者となり、月給以外に、作業着や食料品が給付されていた。職人の仕事は、酪農場や農民から入手した生乳を、すべからく規定量の乳製品へと加工し、組合に返納することであった。製造方法は、職人の伝統的な乳加工技術が主流であったが、1952年から1959年までに次々と建設された町の工場において、ハンガリーやドイツなどから新しい設備が導入されはじめた。

　乳業の大型化と機械化の第二段階では、1959年、中央乳加工協同組合の工場が、各州議会の管轄下で、独立採算法人として「国立乳供給工場」という名称で各州27カ所に設立された。1,350カ所の山小屋のマンドラは、この27カ所の国立乳供給工場の管理を受けることになった［Atanasov and Masharov 1981：115］。次に、さらなる集中化の試みとして、1960年に通商省のもとに乳加工部門が置かれ、各州の27カ所の国立乳供給工場を管理することとなった。しかし、乳加工部門の統制だけでは管理が行き届かないという事情もあり、各企業への裁量委譲を試みる経済改革を背景に、1962年には通商省から食品産業省へと管理が移された。そこで、国立経済体の *Dairy Industry*（以下 D.I. 企業）が独立法人として設立され、生乳の買い付け、加工、卸売を目的として、27カ所の乳加工工場およびその下にあるマンドラを統制管理することになったのである。

　1962年の創立後10年間ほどは「食肉加工」という国営経済体と合併・独立・改称を繰り返すが、1974年に独立が決まり、乳業のために製造技術開発や設備設計活動を含めた幅広い活動をおこなうことになった。こうして、D.I. 企業はブルガリア唯一の乳業企業となった。ブルガリア最大のセルディカ乳加工工場、乳業研究所、中央乳酸菌研究所が次々と D.I. 企業に集約され、D.I. 企業は各市町村へ大規模な管理指導を展開し、中心的な役割を担うようになった。このように、乳製品の生産体制における中央集権化、大型化が完了し、それによって乳業における経済活動すべてを政府が統制することとなった。

　D.I. 企業は、食品産業省管轄下の企業となり、最高権力者である総監督には本省の大臣があてられた。その下に、乳業における共産党の政策の実施、生産計画の達成を目的とする「経営委員会」が設置された。経営委員

```
                    食品産業省
                         │
                D.I.企業経営委員会              ┌─ 原料部
                         │                    ├─ 製造部
                         │                    ├─ 通商部
                        本部 ──────────────────┼─ 計画部
                         │                    ├─ 経理部
                         │                    ├─ 設備部
                         │                    ├─ 人事部
                         │                    ├─ 国際協力
                         │                    ├─ 労働組合
                         │                    └─ 党組織

    セルディカ工場   地方基盤工場   乳業研究所   中央乳酸菌研究所
     経営部          経営部        経営部       経営部
     製造部          製造部        乳加工研究    乳酸菌研究
     労働組合        労働組合      技術開発      乳製品開発
     党組織          党組織        設備管理部    品質管理部
```

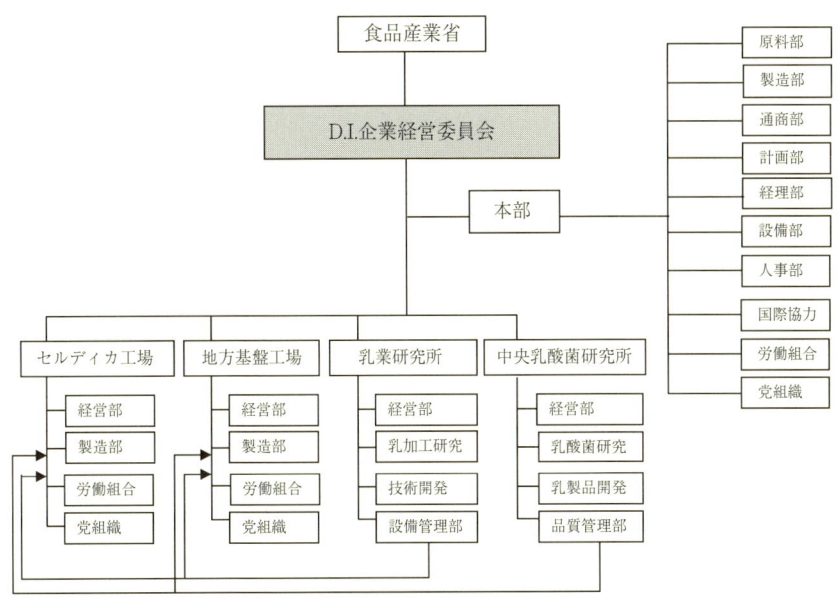

図1　D.I. 企業の組織体系（筆者作成）

会の構成は、D.I. 企業のトップ経営者（社長と副社長3人）、各乳加工工場の経営者と労働組合委員長（56人）以外に、総合製造部長、総合経理部長、総合共産党書記長、総合労働組合委員長、乳業技術研究所の所長を加えた、計65人の会員であった。主要な部署として、原料部、製造部、設備部、通商部、計画部、国際協力部などがあった（図1参照）。D.I. 企業の社長は、この経営委員会の代表者として、食品産業省および共産党との交渉をおこない、企業活動・業績にかかわる全責任を担っていた。

本委員会の責任者であるD.I. 企業の社長は、経営委員会で5カ年計画における共産党の政策方針を説明し、それにあわせてD.I. 企業からどのような成果が期待され、どのような方向で活動を拡大・強化しなければならないかについて提示していた。また、上層部から降りてくる生産計画の目標を明確にし、それを達成するための企業戦略や行動計画を提案していた。提案は議論され、決定された計画は、各乳加工工場の経営者によって実行に移された。その一方で、社長は食品産業省に対して生産能力、在庫水準など計画に必要な情報を提供し、生産ノルマの達成のために投資計画を申

請していた。D.I. 企業に対する上からの生産指令は、量的な生産目標の達成が主であったが、乳製品が人民の栄養状態・労働能力に貢献する基礎食品とされていたため、共産党からは、厳重な監視下に置かれていた。乳製品の品質や原料不足などの問題について、D.I. 企業の社長は共産党のトップから直接説明を求められることもあった。また、共産党の書記長自ら特別な配慮を示し、D.I. 企業の乳加工工場を2回訪問したという［Atanasov and Masharov 1981：123—124］。

　第三に、乳製品の大量生産と流通システムの整備に関して、製造工程の全体的管理において重要な役割を果たしたのは、1964年に制定された「規格化法」であった。それによると、生産者（国営企業）側は国家規格を遵守する義務があるとされ、それを徹底させるために「規格管理委員会」が設立された。国家規格は、製造工程や原材料のみならず、製品特性（名称、食品の場合は外見、味覚、質感、包装、賞味期限）のあらゆる面を統制していた。たとえば、ヨーグルトの場合では、原料となる生乳（牛乳、羊乳、水牛乳、それぞれの場合の乳脂肪含有指数など）、乳酸菌（菌数、ブルガリア菌とサーモフィラス菌の配合比率など）、包装（瓶、プラスチックの箱など）を詳細に規定していた。また、ヨーグルトの種類によって、異なる国家規格が設けられており、パッケージに、牛乳から作られたヨーグルトには「BDS 1262」、加糖ヨーグルト *Snejanka*（白雪姫）には「BDS 6032」といったように明記する必要があった。

　しかし、集団酪農場で生成された牛乳には衛生面と品質面で常に何らかの問題があり、D.I. 企業の乳加工工場まで届く牛乳は、国家規格の指数を満たすことがほぼ皆無であった。また、中央乳酸菌研究所が「純粋種菌」を各地方工場へ配達しても、牛乳の品質問題によって発酵が進まないことも多く、できあがったヨーグルトの味覚や質感に違和感が残ることも頻繁にあった[69]。

　当時の流通システムでは、パン、乳製品、肉類などの店舗はそれぞれ専門店として独立しており、消費者は各店を巡回し、食料を購入しなければならなかった[70]。また、消費者の来店が主に終業以降だったため、夕方の時間帯に食料品店が込み合う傾向にあった［McIntyre 1988：128—129］。

さらに、食料品店は平日しか営業していなかったため、金曜日の夜は、週末のための買い物客で、より一層行列ができた。つまり、社会主義体制の失敗の象徴となった食料品店の前の行列は、多くの場合は、生産不足よりも、むしろ小売流通の非効率から発生していた。D.I. 企業では、流通問題による貯蓄や店舗での混雑を避けるために、ミルクショップへの牛乳とヨーグルトの配達は、夜中にしていたという［Atanasov and Masharov 1981：99］。そして、「夜行流通制度」と呼ばれたこの方法で、1961年に流通問題が解消されたため、D.I. 企業は通商省およびソフィア市委員会の奨励を受けることになった[71]［Atanasov and Masharov 1981：187］。

ヨーグルトは多様性に乏しく、基本的にプレーンヨーグルトのみに限定されていたが、運搬時の品質管理上、プレーンヨーグルトは輸出対象には含まれていなかったため、人民の手元に残りやすく、量も確保されていた。そして、牛乳の乳製品は、輸出向けの羊乳よりも脂肪分が低く、人民の健康に役立つという理由で、病院、学校、軍隊の給食向けに優先的に配

69　このような問題は、D.I. 企業や食品産業に限らず、どの業種でも発生している現象であった。原材料不足という状況下で、企業は製造に使う原材料の量を減らし、代替物を検討し、別の製品を優先的に生産するなど、生産サイクルや品質面における妥協的選択を一般的におこなっていた。国家管理がいかに徹底していたとしても、また、標準化のためにいかに詳細な国家規格が制定されていたとしても、実際に大衆までに届く食品や衣類は、種類が少なく、品質にもばらつきがあった。このような実態は、政治化された経済の帰結であり、そのなかで生産活動をおこなう企業の目的は、利潤の獲得のために消費者のニーズを探索することではなく、課せられた生産計画のノルマ達成であった。そのため、消費者に選択を与えること、製品の一定した品質を保つこと、見栄えをよくすることなどは念頭になく、あくまで生産手段を確保し、量産ノルマの達成に関心が向けられていた［Avramov 2001、Verdery 1996］。

70　スーパーマーケットのような食料品が一カ所に備わった店は、*Pokazni magazini*（Show Shop、展示店）と呼ばれ、1960年代から設立されはじめたが、都会に限定されており、ソフィアでさえ3カ所しかなかった。そのため、地方の人びとは最も近い「展示店」まで出向いて購入しなければならず、利便性が改善されたというわけではなかった。

給されていた。職場の食堂の献立にも同様、D.I. 企業のヨーグルトは不可欠な食材となっており、ドリンクやデザートとしても日常的に登場していた。このように、ヨーグルトとチーズは肉製品や他の食料と比較して入手しやすく、その利便性から特に都市部で働く労働者の食生活に欠かせない食品となっていった。

以上のように、ヨーグルトが「人民食」として位置づけられるための最も重要な要因として、国営企業のもとで展開された大量生産と安定供給、インフラ整備や非輸出対象であったこと、流通面において比較的合理化されていたこと、といった実用的側面があった。

(2) 国家政策におけるヨーグルト

ここでは、国家の人民の健康状態改善への取り組みおよび文化統一政策に注目しながら、ヨーグルトを「人民食」として育成する社会主義国家の役割を取り上げる。

スターリンの死後、東欧諸国における政治的社会的混迷を背景に、ブルガリア共産党の第6回党大会(1954年)では、労働者の生活福祉制度の整備が国家の「最大の関心事」として取り上げられ、消費財の供給を充足させるために、食品分野と工業分野を優先的に発展させる政策が打ち出された[72] [Baeva 1995: 41]。その結果、1954年から1962年までに各地方におい

---

71 一方、消費者の視点から言えば、乳製品の購入は早朝に済まないと、夜は売り切れてしまう場合が多いため、その買い物を子どもに任せるか、学校が早番の場合、年金生活を送る近隣の人に買い物を依頼するなど、工夫する必要があった。また、子どもの間では、「白雪姫」という砂糖入りのヨーグルトが人気であったが、地方ではほとんど出回っていなかったため、ソフィアなどの都会に住む親戚を通じて入手する以外方法がなかった。一方で、伝統的な味である羊乳の乳製品は、ソフィアなどの都会よりも、むしろ地方で家畜を持つ親戚や知人などを通じて入手せざるを得なかった。

72 具体的には、1957年までに小売業における商品回転率を70%、人民の収入を40%まで引き上げることが決定された。この政策は、共産党政権の地盤固めに利用されると同時に、工業部門における労働力確保に不可欠な女性の社会進出を促す重要な役割を果たした。

て60カ所の食品製造工場が建設されていった［Atanasov and Masharov 1981：80］。それと同時に、都市部で生活を送る女性を支援するために、冷凍食品や缶詰食品の大量生産も始まり、1960年代までに20倍にも拡大した［Demireva 1968：53］。そして、重工業・軽工業を問わず、各工場には、人民健康省の管轄下で、労働者向けの食堂が設けられ、労働者に栄養価の高い食事を供給するための献立づくりが栄養士に委ねられた[73]。企業は、給食費用の25％から40％を負担し[74]、鉱山労働者や化学物質にさらされる労働者に対しては、ヨーグルトの健康への効果に関する最新の研究成果に基づいて、無償でヨーグルトを支給することが義務づけられていた［Atanasov and Masharov 1981：195］。

労働者の栄養・健康状態の改善への動きが第8回共産党大会開催年の1962年から1980年までの長期的発展計画においても見て取れる。そこでは、「高尚な文化的・物質的なニーズのある社会主義的人間を作り上げる」ことに重点が置かれ、食の質向上と人民の食生活の改善は、社会主義の建設において不可分であると強調された[75]［Demireva 1968：55］。このように、国家は労働者の栄養と健康状態の改善に取り組み、食に関する「近代的」習慣を植えつけようとしていた[76]。しかし、それを妨げていたのは、人びとの宗教上の慣習や伝統的価値観であった。当時の日常生活を研究する民俗学者や栄養学者は、「頑固な」宗教的しきたりや「偏狭な」考え方が、人民の消費行動において「無秩序と軽率な衝動的行動」をもたらしていると警告していた［Pesheva 1962：7―15、Pesheva 1975］。また、栄養学者デミレヴァは、社会主義体制下において、ブルガリア人の食生活

---

73 給食は、パン、スープ、メインの野菜と肉の煮込み料理、デザートの四点セットで構成されていた。食堂で食べることはもとより、予約制で購入し弁当にして持ち帰ることも可能であった。国家から義務づけたレシピブック通りに、給食を作らなければならなかった［Vukov and Ivanova 2008：50］。そのなかで、ヨーグルトは料理に欠かせない材料でもあり、ドリンクやデザートとしても、さまざまな形で労働者の献立に日常的に登場していた。
74 政令第76号で定められた農地が各工場に分け与えられ、そこで作られた食糧は給食に使われていた。

が著しく改善しているものの、伝統的食事パターンがいまだに持続し、非合理的な食生活につながるため、食に関するプロパガンダや給食制度のさらなる拡大が必要であると主張していた［Demireva 1968：97］。そこで、人民を「正しい」消費行動へと導き、一定の社会主義的な日常生活を実現するために、各町村の自治体において、生活委員会が設立された。生活委員会の活動は、社会主義の価値観と「崇高な目的」を主張し、クリスマス・イースター時期の断食のような「時代遅れ」の慣習の不合理性などに関する情報を与えていた［Elenkov 2009：92］。また、食研究所の設立とともに、人民の食生活について定期調査がおこなわれるようになり、食生活改善のため、各地域の女性組合や女性雑誌を通じて、食に関するプロパガンダが強化されていった[77]。

75　人びとのニーズを国家政策の中心に据えるこの動きは、フルシュチョフの「社会主義的消費行動の形成」という概念と一致しており［Mineva 2003：144］、個々人のニーズを平等に均すことによって、異なる社会集団や少数民族の日常生活の均質化、社会主義国家における文化的統一性を目指していた［Elenkov 2009：94］。共産党の定義した「高いニーズ」とは、「科学に基づいた合理的なものであり、人間の多面的調和的成長に貢献する」ものであった［BKP 1973：947—973］。それを充足させるために、具体的には消費財ファンドの5倍増、生活福祉制度の充実、多様性のための消費財の輸入などが決定された。また、社会主義的人間の成長を促す「食」のために、消費財ファンドの36.5％が与えられた。そして、社会主義体制の最大の特徴とされた給食制度は、1980年までに人民の75％をカバーし、料理や洗濯などの家事を完全に社会化するという目標設定がなされていた［Demireva 1968：87］。このような未来の青写真を描いた第8回共産党大会は、社会主義的な生活文化を形成していくうえでは、非常に重要な役割を果たし、「文化革命」であるとされていた［Mineva 2003：146］。

76　共産党の「食」への特別な配慮の背景には、個々における生活基盤である食を管理することができれば、同じような生活様式や社会空間から生じるニーズにおいても国家管理下で統制できるという考え方があった。

77　食の生産・流通システムおよび食事形態を物質的な側面で再編成すると同時に、給食制度や食に関するプロパガンダを通じて、人民に対して平等や生活共同体といった社会主義の価値観を助長させようとしていた。

1971年の第10回共産党大会での食品産業に関する報告では、乳製品の生産と消費の増加傾向から、人民の健康促進と生活改善において、国家政策は成功していると発表された。そして、今後も国家はヨーグルトとチーズについて、人民の健康増進に貢献する基礎食品として、さらなる設備投資、品質管理、価格統制を通して、乳製品の生産と消費を促進することを宣言した［DSO Mlechna promishlenost 1974：22―25］。当時、国家が設定していたヨーグルトの価格は、0.16 レヴァ／500g（2012年現在、1.00 レヴァ＝50円）と非常に安価であり、インフレの影響で生産コストが上がったとしても、価格調整されることがなく、D.I. 企業で発生した赤字は国家予算で補填されていた。結局、この価格維持は、経済危機に瀕するまで維持され、1984年になりようやく0.23 レヴァ／500gへと価格を上昇させたのである[78]。

　このような価格統制によるヨーグルト消費の推進政策の背景には、ヨーグルトが「完全栄養食品」であるという考え方があった。チーズもヨーグルトとともに、栄養価の高さおよび人民の健康への考慮という理由から、飲食店の料理に積極的に推奨されていた。たとえば、1969年から1973年にかけて通商大臣から飲食店に対し、複数の通達が発令された。その内容は、全国的に肉が不足しているため、飲食店では肉料理を提供しない日を導入せよ、ということであった［Ministerstvo na vatreshnata targovia 1969：12―13］。その代替食品として乳製品と魚料理の使用を増やすよう奨励されていた。しかし、1969年の通達は飲食店の間では遵守されていなかったため、その後も継続的に人民の健康に悪い影響を及ぼす肉中心的なメ

78　1989年の社会主義崩壊まで、人民に安価な必需品や福祉サービスを供給することは、共産党の正当性を訴えるうえでは、重要な役割を担っていた。このような考え方のもとで、マイナス経済成長期においても、国民の生活水準を落とさないという方針は維持され、それが1980年代における巨額の対外債務につながった。そのような政策は食品分野における共産党政権の成功を表象するプロパガンダの手段としては最適であった。その意味でも、労働者のために安価で良質な食糧を十分に供給できる食品加工産業の発展は、重要視されていた。

ニューを廃止せよ、ヨーグルトとチーズを使った料理を増やせという注意・勧告が出されることとなった［Ministerstvo na vatreshnata targovia 1970：14―15、Ministerstvo na vatreshnata targovia 1973：32―34］。

　一方、ヨーグルトを日常食品へと転換させたもうひとつの要因として、ブルガリア正教会の影響の弱体化が挙げられる。社会主義時代以前は、ブルガリア正教会の宗教上のしきたりは厳格に遵守され、断食期において、ヨーグルトを含む乳製品などの動物性食物の消費は禁止されていた。しかし、社会主義政権の宗教への政治的弾圧やプロパガンダの影響によって、宗教上のしきたりは徐々に時代遅れの習慣としてみなされるようになり、断食が栄養バランスのうえでは、悪影響を与えるという認識が広がった。こうして、断食を守る人は、高齢者の一部に限られ、乳製品が入手しやすいということもあり、日常食生活において、人民の健康栄養状態を維持するうえで、ヨーグルトとチーズは非常に重要な役割を果たす基礎食品となった。そして、D.I. 企業の最大の使命は、このように増加する需要に対して、十分な供給を満たすこととなったのである。

　結果的に、このような国家政策は、乳製品の需要を喚起することにつながり、消費は年々増加していった。1980年代の一人当たりのヨーグルト年間消費量は、64kg（175g ／日）と世界一となり、チーズの消費量もフランスに次いで世界二位であった。そうした乳製品の消費量の高さは、共産党のもとで発展してきたブルガリア乳業の大きな業績として捉えられていた［Atanasov and Masharov 1981：124］。

　また、この背景には、栄養を重視した積極的な国家政策とともに、外食産業と観光開発のなかで創造されることになった「ブルガリア料理」があると考えられる。ヨーグルトを使用したさまざまな地域料理が、洗練された体裁で「伝統的」や「典型的」ブルガリア料理として取り上げられ、数多くの料理本に紹介されていった［Vukov and Ivanova 2008：48］。また、『ブルガリアの乳食』や『ヘルシーヨーグルト料理』など一般向けのヨーグルト専門誌では、ヨーグルトを中心に乳製品の栄養に関する情報が提供されながら、ブルガリア料理の基盤として、ヨーグルトを扱うレシピが紹介されていった。そして、地域性を失ったヨーグルトは、「人民食」とし

てさまざまな料理の定番メニューとなり、「ブルガリア料理」を代表する役割を担われたのである。現在、ブルガリアの定番料理とされる「白雪姫ヨーグルトサラダ」やチーズたっぷりの「ショプスカ・サラダ」も、バルカン・ツーリストという国営企業が管理していた飲食店の献立から、人民の食生活に定着していった。

　このように、ヨーグルトは、国家政策に沿った料理本や給食の影響で、人民の健康を支えるような「完全栄養食品」として季節や地域とは関係なく、日常的に食べられるようになった。今や、ヨーグルトは何らかの形でほぼ毎日ブルガリア人の食卓に登場する基礎食品である。しかし、この日常性自体は、大量生産・栄養重視に主眼をおいた社会主義体制の産物である。そして、伝統的なミルクの加工と文化において中心的な存在であったヨーグルトは、逆説的に、社会主義国家のイデオロギーを支える「人民食」となった。つまり、国家が人民に対しヨーグルトという栄養源を与え、それを与えられた人民は工業化のために邁進し、それによって国家は国外資源を集めるという循環サイクルが成立していた。このように、社会主義体制における乳加工システムは、従来の特徴を最大限活用しながら、工業化という近代化の課題に対応し、社会主義国家を経済的に支えていたのである。

第三節　ヨーグルトの「技術ナンバーワン」言説

　本節では、「人民食」となったヨーグルトにおいて、栄養源以上の価値を見出したD.I.企業の経営者と技術専門家の活動に焦点をあて、そのなかでヨーグルトをめぐる「技術ナンバーワン」という新たな言説が生成されていく様相を描き出す。具体的には、D.I.企業におけるヨーグルトの技術開発、国内外における「技術ナンバーワン」言説の普及活動、またこの言説を"ブルガリアヨーグルト"の国際競争力の向上のために利用しようとした企業戦略に注目する。最後に、ブルガリア共産党内の抗争によって、「技術ナンバーワン」言説が肯定ないし否定されていく様相を時系列的に描写していく。

（1）「技術ナンバーワン」言説の生成経緯

ここでは、国営企業の経営者や技術専門家によるヨーグルトの生産技術をめぐる「技術ナンバーワン」という新たな言説の生成について取り上げる。その際、この言説を生み出した生産技術の開発に至る背景およびD.I. 企業における研究開発活動に注目しながら、社会主義イデオロギーの色彩を帯びた「人民食」言説や科学研究で培われた「長寿食」言説と「ブルガリア起源」言説との関係性について指摘する。

「技術ナンバーワン」言説の生成経緯に関する説明に入る前に、まずここで注目しておきたいことは、この言説は「人民食」言説とは異なり、政治家や政府関係の事務官僚たちが取り上げたものではなく、D.I. 企業の技術官僚（テクノクラート[79]）や技術専門家の活動のなかで生まれたものであるということである。D.I. 企業のテクノクラートが取り上げた「技術ナンバーワン」言説では、本企業のヨーグルトはブルガリア固有の製造技術で作られるため、西欧のヨーグルトより味覚面や生理的効果という点において優位であり、また小規模な生産しか対応できないブルガリアの職人たちの伝統的な技術と比較して品質・衛生管理面において優れているというものである。

ヨーグルトの「技術ナンバーワン」言説は、社会主義体制下においてヨーグルトの大量生産や人民への大量供給の必要性が発端であった。ソフィアでは、社会主義化の過程で民間のミルクショップは1947年までに次第に強制的に閉店させられ、民間資本で設立されたセルディカ乳加工工場の傘下に国有化された[80]。ミルクショップで働いていた職人たちは、セルディカ工場の労働者として雇用され、ソフィアの人口の急増に応じたヨーグルトの生産量の増加を求められていた。しかし、ヨーグルトの大規模な工業生産の達成には職人たちの間で伝承されてきた従来の生産技術では困難であった。当時のセルディカ工場の所長は、ドイツの肉製品製造業者で

---

[79] テクノクラートとは、高度な科学技術の専門知識を持ち、なおかつ、国家の政策決定に関与できる上級職の「技術官僚」という意味で使う。一方、ビューロクラートとは、国家の政策決定に影響力を持つ「事務官僚」という意味で使う。

働いた経験のある技術専門家トニュ・ギルギノフ（1907～1992）であった[81]。彼の主導するセルディカ工場はソフィア市民のための重要な製造拠点というだけではなく、ブルガリア乳業における技術開発センターの役割も果たしていた。彼は、大量生産に適した近代的な工場を装備するために、ドイツをはじめとする西欧諸国から新たな設備と技術の導入が必要と判断し、共産党のトップ（当時ゲオルギ・ディミトロフ書記長）と交渉を重ねた結果、高額な資金調達を仰いだという[82]。

　しかし、国からの助成金で西欧から新たな設備を導入したにもかかわらず、当時セルディカ工場で働いていた職人たちの間では、機械導入による生産方法では味が劣るという理由で抗議されていた。そこで、ギルギノフのもとでセルディカ工場の技術専門家は、西欧の最新技術で製造されたヨーグルトが、なぜ本来の風味と異なるのかを分析し、伝統的ヨーグルトの製造技術を工業的大量生産へとつなげるために、試行錯誤をしていた［Atanasov and Masharov 1981］。ブルガリアの専門家は1948年の牛乳殺菌機の導入が伝統的なヨーグルトの味覚・質感悪化の原因につながったと考えていたため、その影響について実験を重ねていた。その結果、牛乳を熱

80　社会主義以前は、町には生乳とヨーグルトを販売するミルクショップが存在しており、ヨーグルトは職人によって作られていた。生乳は、付近の村から農民が配達のために往来していた。ソフィアには、330軒のミルクショップがあり、付近の村から約44トンの生乳が配達されていた。そのうち30％から40％はミルクショップ、病院、学校、軍隊などに、残りは直接、住民に配達されていた［Atanasov and Masharov 1981：50—54］。

81　専門は獣医学であり、1937年から国立食品衛生管理研究所の所長となる。社会主義化以降、彼の知識と経験はブルガリア乳業構築のために必要とされ、ソフィアのセルディカ工場の所長として任命される。後にプロフディフ食品技術大学の教授となる。

82　ブルガリア乳業の歴史を取り上げたアタナソフとマシャロフらによると、ギルギノフ教授はディミトロフ書記長のもとに幾度となく資金調達折衝を続けた。そして最後に絞り出した「ブルガリアの子どもたちの未来のために」という落とし文句により、政府から助成金を勝ち取ったという［Atanasov and Masharov 1981：99］。

する昇温・冷却スピードの違いが味覚に大きく影響を及ぼすことを突き止め、殺菌されたミルクを30分ほど静置、冷却し、種菌を加えるという対処を施した。この発見は、問題解決となっただけではなく、ブルガリアの専門家自らの試行錯誤によって新たな技術革新を成し遂げたという自負へとつながっていった。そして、ギルギノフの功績は、製造工程の自動化を図り、保存に耐えうるヨーグルトの大量生産にこぎつけたことである。「連続発酵」と呼ばれたギルギノフの技術は、職人たちの味の再現に成功したとされており、今もなおブルガリアで高く評価されている[83]［Fondatsia Dr. Stamen Grigoroff 2005：55—56］。こうして1967年にギルギノフの技術は特許化され、西ドイツのミュンヘン乳業組合からの照会により、ブルガリアは本組合に技術ノウハウを提供することとなった。

　他方、ヨーグルト生産における「ブルガリア固有」の技術開発に大いに貢献したのは、1963年に設立されたD.I.企業所属の中央乳酸研究所であった。当時の研究者はブルガリア各地の山間部へ向かい、その農村各地の自家製ヨーグルトから乳酸菌を抽出し、製品の風味と発酵時間など工業生産適性という観点から評価し研究しつづけた。そこで、ヨーグルトの特有の酸味と風味を保つには、ブルガリア菌とサーモフィラス菌の共生関係が最も重要であることが解明され、"ブルガリアヨーグルト"の最大の特徴として発表された。そして、工業生産に最も適するブルガリア菌とサーモフィラス菌の組み合わせが複数選抜され、ヨーグルトの品質管理には欠かせない技術として、次々と各地のヨーグルト工場に導入されていった。「純粋種菌」と呼ばれた乳酸菌の製造手法は後に国の知的財産として認められ、特許を取得することができた［Centralna laboratoria za chisti kulturi 1972］。このように、ギルギノフの「連続発酵」技術とともに、ブルガリアの自然や自家製ヨーグルトから独自製法で分離された乳酸菌は、ヨーグルトの製造における「ブルガリア固有」の技術として国家レベルで高い評価を得た。D.I.企業の資料や乳酸菌研究所の報告書によると、この技術で

83　それだけではなく、それこそがブルガリアの伝統的な技術として捉えられることもある。

製造されたヨーグルトは、品質・衛生面において従来のヨーグルトをはるかに上回り、また風味や健康への効果においても、西欧の技術で作られたヨーグルトよりも優位性があると捉えられていた［DSO Mlechna promishlenost 1975：122—128、224—228］。

　以上のように、D.I. 企業において「ブルガリア固有」の技術開発がなされ、ヨーグルトをめぐる新たな自民族中心的な言説が生成されることとなった。ヨーグルトの「技術ナンバーワン」言説は、技術専門家によって取り上げられたものであり、製造技術に基づいた"ブルガリアヨーグルト"の優位性を示唆している。それは、D.I. 企業の技術専門家によって展開された技術開発活動のなかで生まれたものであるが、そこには政治的な意味合いも含まれた。つまり、ヨーグルトの技術開発の帰結として、各地方の自家製ヨーグルトは、D.I. 企業の汎用的な味に画一化されるにつれ、徐々に駆逐されていった[84]。この意味では社会主義のイデオロギーの色彩を帯びた「人民食」という政治的な言説を支えることとなった[85]。

　他方、D.I. 企業のテクノクラートが取り上げた「技術ナンバーワン」という言説は、決してブルガリアの消費者に向けられたものではなかった。それは国内における D.I. 企業の地盤固めでもあり、同時に国際レベルで科学研究において培われた「長寿食」言説や「ブルガリア起源」言説の延長線で、世界一番の"ブルガリアヨーグルト"の名声を守りながら、国際市場における競争力をもたせるための企業戦略でもあった。つまり、当時の

84　それまで、地方工場でのヨーグルトの工業製造における自家製ヨーグルトの使用は黙認されていたが、中央乳酸菌研究所の「純粋種菌」の開発以降、このような製造法は「バーバ風」と蔑まれ、使用が禁止された。

85　社会主義体制において、企業の経営者は、資源配分や設備投資、製造工程や労働管理など、あらゆる面で共産党に左右されていた。そこで、彼らは社会主義政権の正当性に貢献しながら、企業を有利な地位に押し上げるために、企業の生産能力や国家経済への貢献をアピールする必要があった。そして、企業は基本的に消費者志向ではなく、中央集権統制下で予算配分を争奪し合い、その分量を確保すればよいという生産志向であったため、市場調査を通じて消費者ニーズを把握する必要性はなく、新たなニーズを開拓するという意欲も当然なかった。

D.I. 企業のテクノクラートは、ヨーグルトの「技術ナンバーワン」言説を通じて、「人民食」以上に価値のある"ブルガリアヨーグルト"の育成に大いに貢献した[86]。彼らの主張はグリゴロフによるブルガリア菌の発見やメチニコフの理論と密接に関係しており、科学研究における「長寿食」言説および「ブルガリア起源」言説から派生したものである。このように、D.I. 企業の専門家のすべての行動や研究活動は、この二つの科学的出来事を出発点としているのである。

　ヨーグルトをめぐる「技術ナンバーワン」という言説がD.I. 企業のテクノクラートや技術専門家の間で共有されたことは、容易に想像がつく。しかし、国家レベルや国際レベルにおいては、どこまで正当性を持っていたのだろうか。ブルガリア乳業の歴史を編集したアタナソフとマシャロフによると、ヨーグルトやチーズなどの工業生産に成功したD.I. 企業の技術力は、国内外においても高く評価されていたという［Atanasov and Masharov 1981］。たとえば、国内では国立腫瘍病院や小児医療センターにおける「ヨーグルト治療法」の導入、「純粋種菌」（菌株A—5）の科学技術委員会での金メダル受賞、所属の中央乳酸菌研究所の学術的地位授与があげられる。また国外ではヨーグルトの「純粋種菌」の22カ国での特許化、ヨーグルトをテーマとしたD.I. 企業主催の国際シンポジウム開催、高活性ブルガリア菌をもとに開発された栄養補助食品「ヴィタ」のソ連青年科学技術創造委員会の金メダル授与などが取り上げられている。このように数多くの事例を通じて、著者らはヨーグルトを「人民食」以上の価値を持っているものとして提示している。また、その価値は国際レベルにおいても認められており、国家と人民との尊厳につながっていることを示そうとしている［Atanasov and Masharov 1981］。

　他方、D.I. 企業主催の国際シンポジウムでのブルガリア人専門家による報告すべてにおいて、D.I. 企業の技術面の優位性が強調されている。シン

86　当時、ギルギノフをはじめとするヨーグルトの生産技術開発に取り組んだ技術専門家は、セルディカ工場の経営者を兼務し、政策能力を持ち合わせていた。

ポジウムの議事録からは、ブルガリア人専門家による「技術ナンバーワン」という主張が繰り返されており、外国の研究者や専門家とのやりとりのなかで、"ブルガリアヨーグルト"の正当性をもとめている様相さえ見受けられる［DSO Mlechna promishlenost 1975］。そこでは、ヨーグルト製造における D.I. 企業の業績、"ブルガリアヨーグルト"の技術的特徴、ブルガリア菌の健康への効果などについて、D.I. 企業所属の乳業技術研究所および中央乳酸菌研究所の最新の研究成果が発表された。一方、シンポジウムに参加したフランス、スイス、イタリア、デンマーク、ソ連など世界一流の研究者も発表をおこない、質疑応答では彼らとブルガリアの研究者とヨーグルトの製造にかかわるさまざまな課題について議論を展開した。なかでも、最も活発に議論されたトピックスは、ヨーグルトの発酵後加熱処理という製造方法であった。当時、欧米ではヨーグルトに含まれる乳酸菌を体内に取り入れても、結局胃液が乳酸菌を殺菌してしまうという研究結果が公表されていた。そのためヨーグルトを製造する企業側は賞味期限を延長できるというメリットも享受できるため、製造工程で菌が死んだとしても研究結果からすると特に問題はないと認識され、発酵後の加熱処理はヨーロッパにおいて主流な製造方法とされていた[87]。しかし、ブルガリア人研究者はそれによって、折角の乳酸菌が体内に取り込まれる前に殺菌されてしまうという問題を提起し、自らの研究成果をもとに、異論を唱えた［DSO Mlechna promishlenost 1975：73—86、112—121］。そして、本シンポジウムにおいて、問題解決のために、乳酸菌研究の発展と新しい種菌の開発が最も効果的であるということで意見が一致した［DSO Mlechna promishlenost 1975：190、227］。こうした議論に進展したことで、ブルガリアの技術力は、国内外において高く評価されたと解釈された［Atanasov and Masharov 1981：128、Fondatsia dr. Stamen Grigoroff 2005：122—123］。また、ブルガリア人研究者の報告書において、「ヨーグルト」という言葉に、"ブルガリアヨーグルト"が使用されたこと、いくつかの諸外国の研

---

[87] 当時のこのような研究動向について、シンポジウム参加者の Korolyova 教授（ソ連）や Puhan 教授（スイス）の発表からうかがえる。

究者により、ブルガリアはヨーグルトの「発祥地」や「原産地」であると称されたこと、この二つが"ブルガリアヨーグルト"の地盤強化につながったとブルガリア側では解釈された[88]〔Atanasov and Masharov 1981：15〕。

　本シンポジウムは、国内外においてブルガリアの技術力をアピールする場として機能し、"ブルガリアヨーグルト"を世界レベルで確固たる地位へと押し上げるうえで、重要な役割を果たしたといえる。具体的には、二つの成果があげられる。ひとつは、シンポジウム終了後、D.I.企業はブリュッセルに本部を置く国際酪農連盟（IDF）に議事録などの資料を送り、国際酪農連盟の提案で、"Bulgarian yoghurt"（ブルガリアヨーグルト）を商標登録し、企業のロゴを作ったことである。もうひとつは、ブルガリア国内においても、規格委員会にヨーグルトの国家規格改正を要請し、結果として「ヨーグルトの生産規格」を「ブルガリアヨーグルトの生産規格」へと変化させたことである。この二つの成果は、"ブルガリアヨーグルト"の育成に大きく貢献し、それを支える言説としてメチニコフの「長寿説」ではなく、D.I.企業の「技術ナンバーワン」という主張が重要視された。この意味で、本シンポジウムはD.I.企業の功績を国内外へと知らしめるうえで、学術的なイベント以上の重要な役割を果たし、国際市場における"ブルガリアヨーグルト"に競争力をもたらした点で、ブルガリア乳業の歴史を飾る出来事となったのである。

---

[88]　ブルガリア人研究者のブルガリア語の報告書の文面には、balgarsko kiselo mliako（Bulgarian sour milk）という言葉が使われていた。英語訳は、Bulgarian yoghurtとされたが、ブルガリア人研究者は、Yogurt ＝ Bulgarian yogurtという共通認識を持っていた。国際シンポジウムの後、主催者のD.I.企業の社長への礼状では、イタリアのBotatsi教授（1975年6月25日付）、フランスのKazalis教授（1975年6月26日付）、スイスのBlan教授（1975年6月24日付）とPuhan教授（1975年6月13日付）らは、ブルガリア乳業や当時の社長の功績を称える祝辞を寄せていた。さらに、Puhan教授は、「本シンポジウムは、われわれが単なるヨーグルトと呼んでいた"ブルガリアヨーグルト"の知名度に大いに貢献している」と述べている。

（2）「技術ナンバーワン」言説の普及活動

ここでは、社会主義体制下において D.I. 企業が直面していたさまざまな制約のなかで、国内外における「技術ナンバーワン」言説の普及活動について取り上げ、D.I. 企業の国際戦略との関係性を示す。

資本主義社会では、企業は消費者のニーズに応えるだけでなく、あらゆる手段を講じつつ、潜在的な消費者ニーズを探りあて、それを刺激する努力を継続しておこなっている。うまく引き出されたニーズに対し、それに見合うものを顧客に訴えるためには広報活動が必要不可欠である。ところが、社会主義イデオロギーからすると、このような宣伝効果は消費者を操作・洗脳することと解釈され、否定的に捉えられていた。社会主義体制での企業の広報活動は、長期在庫を消化するために製品情報を発信する程度で、限定的であった［Mineva 2003］。企業は、寡占状態であるため、宣伝も消費者に選択肢を与えることも不要であり、企業の自己都合で出来合いの製品を消費者に配給するだけであった。そのため、大半の製品にはブランド名はなく、製品名には製品自体を記載することが一般的であった。たとえば、乳製品は「牛乳」、「牛乳のヨーグルト」、「羊乳と牛乳のヨーグルト」、「牛乳のチーズ」、「牛乳のバター」などという製品名がつけられていた[89]。その一方で、製品のラベルには製品名と企業名が同じ文字の大きさで併記されていたため、国内生産に対する国民の信頼を得るという意味で宣伝効果があったとされている［Mineva 2003］。そして、国内製品に焦点をあてたさまざまな展示会や博覧会は、国家の威信を訴える場として重要な役割を担っていた。

アタナソフとマシャロフによると、研究開発に威信をかけた D.I. 企業では、数多くの製品が開発されていたため、展示会では、ブルガリア菌ピル「ヴィタ」や「蜂蜜たっぷり」のヨーグルトなどの数々の新製品とともに、その製造を可能にした斬新的技術を紹介していたという。特に1970年

---

[89] ひとつの例外として、子ども向けの *Snejanka*「白雪姫」のヨーグルトの製品があったが、本来この製品は、イタリアとフランス輸出向けに開発された。つまり、このような「ブランド」が作られた背景には、国内消費者よりも、国際市場を視野に入れた企業戦略と密接な関係があった。

代に入ると、国家レベルで開催される博覧会への参加頻度が増し、それ以外に各州の主要都市では、D.I. 企業独自の展示会も開催されるようになった［Atanasov and Masharov 1981：126―127］。そこで D.I. 企業は、普段は製造していない開発製品も含め、全種類を取り揃えて数々の製品を展示し、「技術ナンバーワン」言説を積極的に発信する場として利用していた[90]。それは、一般の人びとよりも、展示会開会式などに来賓として迎えられていた食品産業大臣や共産党指導者に重要なメッセージとして向けられていた[91]。そのなかでも、最大行事は、毎年開かれる全国食品産業博覧会であった。社会主義体制の成功を訴える場として、共産党書記長が自ら出席していたため、D.I. 企業にとっては「技術ナンバーワン」言説を普及するうえで、絶好の機会とされていた。

　それ以外に、主にソフィアではチーズの珍味、ベビーフード、乳酸菌飲料などテーマ別の展示会もおこなわれていた。通常このような展示会の一連行事として、各テーマに合わせたシンポジウムが開催され、D.I. 企業の研究者と専門家はもとより、畜産大学や食品技術大学などの研究者も発表をおこなっていた。このような学術的なイベントも、展示会と同様、D.I. 企業の広報活動の一環として重要視され、ブルガリア乳業を代表するD.I. 企業の技術力や実績を訴えるうえでは、重要な役割を担っていた。そのため、展示会の開催、博覧会への参加、「ミルク週間[92]」の設置など、D.I. 企業のテクノクラートは初期の準備段階から直接に携わり、「技術ナンバーワン」言説の普及活動のためにそれを大いに活用していた。

90　たとえば、開発途上品を含めた23種類のヨーグルトを展示していたが、実際に製造している種類は8種類であり、またそれも全国どこでも入手できるわけではなく、一般的に入手できるのは2～3種類だけであった。

91　D.I. 企業の展示会は普段2日から3日間にわたり開催されていた。共産党指導者以外、マスメディアの参加も必須であった。一般住民は入場無料にしていた。

92　5月の下旬、数年ごとに開催された行事として、「ミルク週間」があった。それは展示会、シンポジウム、労働者のパレードなど数多くのイベントをともなっていた。

1970年代以降、共産党は、電子工業などの機械工業の進展を最優先事項とし、食品産業や農業のために投資する余裕がなかった。『ブルガリア乳業の過去と現代』からは、D.I. 企業は資源配分において共産党からの支援を得るため、企業の力強さ、実績、技術力をアピールする様相がうかがえる［Atanasov and Masharov 1981］。そして D.I. 企業は、実績を最大限アピールするために、国家レベルの博覧会に積極的に参加しながら、独自の展示会や「ミルク週間」、共産党政権の創設記念日を意識した乳業会議日程も設定し、「技術ナンバーワン」言説を主張しつつ広報活動を果敢に進めていった。また、D.I. 企業が定期的に開催していたシンポジウムの議事録から、研究成果そのものが、広報戦略として組み入れられていたことがわかる。結果的に、食品産業省、共産党の中央委員会、書記長らの支援を仰いで、酪農場の整備、徹底した品質管理、研究開発などの活動のためにそれらを利用した。たとえば、1976年、D.I. 企業は設備投資のため、1,700万レヴァの外貨建貸付認可を享受している。また、食品産業省に対し、農業支援ファンドの設立を提案し、生乳の生産・品質改善のための報奨金を確保している。生乳の低品質と不足問題に直面していた D.I. 企業は、このファンドをうまく活用し、各国営酪農場において、冷却装置などの設備導入のために、膨大な投資を講じていた［Atanasov and Masharov 1981 : 185］。投資面で優先度の低い農業や食品産業における品質改善や新設のための資金を獲得してきたという意味では、D.I. 企業の広報活動は成功し、「技術ナンバーワン」言説は正当性を持ち合わせていたといえる[93]。

　他方、D.I. 企業が主張していた「技術ナンバーワン」言説は、共産党の機嫌取りという側面を有しながらも、ブルガリア乳業を国際市場へと押し上げるという本企業の国際戦略と密接な関係を持っていた。たとえば、前項で取り上げた D.I. 企業主催のヨーグルトをテーマとした国際シンポジウムにかかわる広報活動は、食品産業大臣や事務官僚に対してではなく、

93　D.I. 企業の実績は、共産党のなかでも評価されていたことは、1974年に全国一の高い実績を達成した企業として、政府の名誉旗を授与されたことからもうかがえる。また、ブルガス、プロフディフ、パザルジックなどの地方工場は何度も食品産業省から名誉旗を与えられていた。

ヨーロッパ各国の乳業業界に向けられていた。D.I. 企業の経営者は"ブルガリアヨーグルト"の国際的反響を目指し、ブルガリア固有の技術と乳酸菌で作られるヨーグルトへの注目度を上げようとしていた。つまり、D.I. 企業の製造技術に対する関心を集めるために、ブルガリアの研究者や専門家による技術開発が世界的なレベルにあると知らしめ、「技術ナンバーワン」という言説を通して、D.I. 企業のヨーグルトに競争力をもたせようとしていた。

　筆者が収集したD.I. 企業の資料（シンポジウムの議事録、中央乳酸菌研究所の報告書、経営者の演説など）ではブルガリア乳業の技術に関して、「世界一」、「最善」、「最大」、「一流」といった表現が多くみられる。特にヨーグルトの製造においてはブルガリアが「技術ナンバーワン」であるという表現が目立つ。たとえば、中央乳酸研究所の400以上にわたるブルガリア菌種の乳酸菌コレクションの多様さは、「世界一」と称されており[94]、ブルガリア菌とサーモフィラス菌の共生作用は「ブルガリア固有」の技術で作られたヨーグルトにしか見られないという。また、社長の演説のなかで、「医者は病気を治す人、われわれはヨーグルトで病気を予防する人である」と述べられているように、ブルガリアの研究者や技術専門家はブルガリア菌の健康への「絶対的効果」を国際的に知らしめるために、「世界一流」の実績を期待されていた。"ブルガリアヨーグルト"に含まれる乳酸菌がD.I. 企業の技術力の象徴とみなされたということについては、1976年に作られた本企業のロゴマークからもうかがえる（写真7参照）。このロゴは"ブルガリアヨーグルト"の特徴とされるブルガリア菌とサーモフィラス菌の共生作用を表したものであり、デザインでこの意味が見事に伝わる商標として、世界商標登録機関のコンクールで世界二位に入賞した[95][Fondatsia dr. Stamen Grigoroff 2005：123、Minkov 2002：54］。

---

[94] そのコレクションを広げるため、植物などの自然源や自家製ヨーグルトから新たな菌株を選抜しようとする努力が継続されていた。当時の中央乳酸菌研究所の所長によると、研究者の個人旅行でさえ、乳酸菌のハンティング活動に役立ち、試験管を常に持ち歩いていたという［筆者とのインタビュー、2008年3月15日］。

ヨーグルトに関して「技術ナンバーワン」であるという自民族中心的な言説は、D.I. 企業の国際戦略として、非常に重要なものであったと考えられる。なぜなら、ヨーグルトを国際市場へと押し上げるためには、D.I. 企業の国内消費者向けの「牛乳のヨーグルト」という製品は役に立たず、"ブル

写真7　D.I. 企業のロゴマーク

ガリアヨーグルト"の製造を可能にした中央乳酸菌研究所の「純粋種菌」とギルギノフの技術ノウハウが「世界一」であるという主張が必要であったからである。そのために、ヨーグルトはチーズなどの輸出対象の食品とは一線を画し、知的財産として扱われ、その輸出は、国外企業とライセンス契約を締結する形式でおこなわれていた。その際に、相手企業のブランド名として「ブルガリア」が付加されていたのは、D.I. 企業の確かな技術で作られた製品であったからである。また、国名の利用は、メチニコフの理論やブルガリア人研究者・技術専門家の成果が土台となった「長寿食」言説、「ブルガリア起源」言説、「技術ナンバーワン」言説と密接にかかわり、ヨーグルトの高品質や生理的効果への保証としても有効に働いていたと考えられる。

　ここで強調したいことは、D.I. 企業の国際戦略では、国内で流通している製品そのものをあえて輸出対象としなかったことである。その理由は、社会主義体制下において、徹底した品質管理は困難であり、長期にわたり

95　当時の社長は、一流の芸術家を集め、乳酸菌研究所でブルガリア菌と共存しているサーモフィラス菌を顕微鏡で覗かせたうえで下絵を描かせ、最も適切なものを選定したという。顕微鏡で見るとブルガリア棒菌と丸いサーモフィラス球菌との組み合わせは "Lactobacillus"（ラクトバチルス菌）を省略した（LB）という文字に見える（写真7参照）。最後にこの「文字」の下に、当時の社長は、Bulgaricum と記載し、LB Bulgaricum というロゴを作成した［Minkov 2002 : 54］。D.I. 企業の後継者である LB 社のロゴとして、現在でも使用されている。

第二章　社会主義期における「人民食」言説と「技術ナンバーワン」言説　127

一定した品質を確保することは不可能であったからである。衛生管理が酪農場での生乳生産から工場での加工まで、あらゆる段階において完璧に実施されていれば、ヨーグルトの賞味期限は、最長で21日間確保できるはずであった［Kondratenko and Simov 2003］。しかし、それは理想の条件であり、現実的にはD.I.企業の製品の賞味期限は3日間のみであった。ヨーグルトのような繊細な食品について、国内における「人民食」としての位置を離れ、国際舞台へ躍進していくためには、品質保証できる「純粋種菌」と国の知的財産となったギルギノフの生産技術に賭けるしかないと、D.I.企業の経営者は理解していたのであろう[96]。

　そこでD.I.企業は、国外企業とのライセンス契約締結を目指し、"ブルガリアヨーグルト"用の「純粋種菌」と「技術ノウハウ」といった知的産物を高く評価してもらうべく、積極的に取り組んだ。その第一段階では、食品産業省の承認を得て、D.I.企業の社長、共産党中央委員会の技術専門家、フランスとの貿易を担当していた外交官、退職前アメリカで勤務していた商務官の4人で構成されるグループが結成され、フランス、アメリカ、フィンランド、スイスなどを訪問することになった［Minkov 2002］。その商談では、"ブルガリアヨーグルト"の健康効果と味覚面における優位性を裏付けるべく、訪問先の会社の技術で作られたヨーグルトとギルギノフの技術で作られたヨーグルトを目隠しテストで試食させるという手法がとられた。結果として、22カ国の企業との間でヨーグルト技術のライセンス契約が結ばれたという［Atanasov and Masharov 1981：146］。

　ヨーグルトは、ブルガリアだけではなく、バルカン諸国の共通食品である。しかし、技術開発や科学研究の成果を最大限利用しながら、ヨーグルトをめぐる「長寿食」や「技術ナンバーワン」といった言説を取り上げ、国家ブランドとして築き上げていったのは、ブルガリアのD.I.企業だけであった。それは"ブルガリアヨーグルト"が国家の生産規格であるという

---

[96] 1960年代においてD.I.企業は「白雪姫」ヨーグルトの輸出をフランスやイタリアへと試みたが、品質管理の問題でこの試みは失敗に終わった。当時セルディカ工場で製造部長を務めていたT社長にとって、それはいい教訓となったという［筆者とのインタビュー、2007年11月7日］。

形式上の問題にとどまらず、ヨーグルトに対するブルガリア人の意識や、ヨーグルトをめぐる自民族中心的な言説の展開につながっているものと理解できる。

(3)「人民食」言説と「技術ナンバーワン」言説の対立

ここでは、D.I. 企業の技術専門家が取り上げた「技術ナンバーワン」言説と社会主義のイデオロギーそのものが生み出した「人民食」言説の対立を、D.I. 企業の技術官僚（テクノクラート）と食品産業省などの事務官僚（ビューロクラート）の対立として捉え、D.I. 企業の経営者によるこの二つの言説の両立への試みとその限界について検討する。そして、ソビエト共産党に左右されるブルガリア共産党内の抗争によって、「技術ナンバーワン」言説が肯定ないし否定されていく様相を時系列的に描写していく。

社会主義体制では、国営企業は政府の計画機関の決定に依存していたため、最終目的が利潤追求ではなく、課せられた生産計画量を達成することであった。そのため、経営者の間では、生産手段改善や労働節減は考慮されず、生産ノルマの達成を容易にするために過大な投資計画を申請することが慣習化していた。労働者も上からの指令に従うだけであり、創意工夫や労働意欲を刺激する仕組みは整備されていなかった。生産計画に要求される量的拡大の重視、費用節約への無関心、労働者のモラル・ハザードなどは、社会主義諸国の経済全体に労働の非効率と企業の赤字体質を常態化させていた [Verdery 1996]。このようにブルガリアにおいても、1950年代後半は経済が生き詰まると、共産党は科学技術に基づいたコスト削減、品質向上、生産性の改善を訴え、経済改革を試みた。また、集約型経済の発展にはハイテク産業進展や科学技術進歩が最重要と主張され、研究開発促進のため、1960年代以降、科学技術ファンドを急激に増加させた。

他方、このような背景には、ブルガリアがソ連主導のコメコンにおいて、食品供給国以上の優位な地位を獲得する狙いがあった。そのため、電子工業、ハイテク産業、周辺機器分野への莫大な投資に重点が置かれ、農業分野や食品産業の進展などは視野に入っていなかった。農業分野はブルガリア本来の強みであるが、コメコン内での他国との覇権争いにより、非

現実的な強大なプロジェクトへの投資に傾倒していった。1970年代になると、科学技術の発展は国家の最優先課題とされ、電子工業や機械産業の基盤作りのため、日本や西ドイツなどから最先端技術が導入されはじめ、技術提携・ライセンス事業が活性化していった［Kandilarov 2004：28—29］。

　日本との技術提携は、日本・ブルガリア外交関係が再開して以来初めて、ブルガリアの国家評議会議長（元首）トドル・ジフコフ書記長（任期1962〜1989）の大阪万博への訪日が契機であった。そこで彼は日本の目覚ましい経済発展に強い感銘を受け、帰国後、ソ連共産党の書記長ブレジネフに対し、ソ連圏の後進性を指摘した報告をおこなった［Kandilarov 2004］。ジフコフは、ブレジネフと近い関係にあったが、同時に親日感情が強く、高度な経済と科学技術を持つ国として、日本に強い尊敬の念を抱いていた。彼はソ連と先進国との技術移転の架け橋として、ブルガリアの姿を理想化し、「バルカン半島に第二の日本を築く」という野心のもと、大阪万博終了後も二度訪日した。また、彼は有力者を次々に訪日させ、親日ロビイストまで形成していった。その一人は、オグニャン・ドイノフ政治局員であり、若いころにバルカンカー社のフォークリフトの対日輸出関係者として日本に駐在し、その際に日本、西欧、米国などの技術情報入手に努め、情報をジフコフにまで上げていた。1970年に帰国後は政治局員まで出世して、ブルガリアの産業政策を主導した。

　このような政治的な動きを背景に、同時期の1970年にD.I.企業の経営者に、共産党中央委員会の食品産業担当者として活躍していたトドル・ミンコフ（以下T社長）が任命された。本ポストに就任以前、ギルギノフ所長のもとで、セルディカ工場において製造技師、製造課長・部長、副社長を歴任した。1967年に西ドイツのミュンヘン乳業組合をギルギノフとともに訪問し、技術ノウハウの提供に直接かかわった。翌1968年、共産党ソフィア市委員会・中央委員会において食品産業担当となった。その職に従事しつつ、ソフィアのカール・マルクス経済大学で国際貿易を専攻し、経営者としての専門知識を蓄積していた。その後、1970年にはついに、D.I.企業の社長としてブルガリア乳業のトップに君臨することになった。

　T社長は、ギルギノフ教授の弟子としてセルディカ工場時代から、国際

市場を視野に入れた「技術ナンバーワン」言説の提唱者の一人であった。1984年にコメコンの食品産業担当者として任命されるまで、14年間 D.I. 企業のトップ経営者を努めることとなった。『ブルガリア乳業の過去と現在』のなかで、T 社長は労働勲章の「赤旗」(1977年) や「ブルガリア人民共和国1号」(1979年) などの勲章を受章しており、技術専門家としても、経営者としても評価が非常に高かったと記されている[97]〔Atanasov and Masharov 1981：126—127〕。また、ブルガリア菌発見の100周年を記念に出版された書籍のなかで、「ブルガリア乳業に新たな時代を築き上げた人物」という名目で彼の実績が紹介され、「ブルガリアヨーグルトを世界的に知らしめた」という彼の貢献について大きく取り上げられている〔Fondatsia dr. Stamen Grigoroff 2005：119—132〕。

　T 社長が D.I. 企業の指導者になる以前からもヨーグルトをめぐる「技術ナンバーワン」言説が芽生えていたが、それを国内外においてアピールするための一定の普及活動を展開したのは、T 社長である。この意味で、「技術ナンバーワン」言説の提唱者としての役割が大きいといえよう。彼のもとで、D.I. 企業は展示会や国際シンポジウムなどの主催者として、独自の技術開発や研究成果を主張することにより、メチニコフのお墨つきを得たブルガリア菌の潜在能力を開花させようとしていた。つまり、ブルガリア人の「長寿食」として、「世界一の技術」で作られるヨーグルトに付加価値を付与しようとしていた。T 社長は、国内の消費者ではなく、コメコン市場でもなく、国際市場に焦点をあて、ギルギノフの技術ノウハウに基づいた国外企業との技術提携およびブルガリア製の「純粋種菌」の輸出を目指していた。そして、ブルガリアの生産技術が国際的に認められれば、そこで得られた外貨を国内へ還元することによって、国内でも「人民食」を供給する以上に乳業の発展に貢献したと、そのトップ経営者は評価されることとなる。

　97　T 社長は1978年に博士号を取得し、チーズの製造技術をテーマとした数多くの論文発表をおこなっている。なお、プロフディフ食品技術大学で非常勤講師として、食品産業における経営方法論を教えていた〔Fondatsia dr. Stamen Grigoroff 2005：125〕。

前項で論じたように、ヨーグルトをめぐる「人民食」言説は社会主義のイデオロギーを支えつつ、支配体制を正当化する機能を持ち合わせていた。そのため、共産党のトップや食品産業省などの事務官僚（ビューロクラート）にとっては、ヨーグルトはあくまでも「人民食」であり、田舎のおばあさんでも作れるものとして、外貨還元も期待できず、投資先として重要視されていなかった。したがって、ヨーグルトの科学研究で培われた「長寿食」言説や「ブルガリア起源」言説、またその延長線上の「技術ナンバーワン」言説は「人民食」言説とは全く異なる次元にあり、むしろ対立的であった。D.I. 企業の T 社長はその対立構造のなかで、"ブルガリアヨーグルト"に象徴されるような優位性や技術レベルの高さを主張すべく、共産党への折衝を通じて、巧みに立ち回る必要があった。そこで、D.I. 企業の技術力と国際市場におけるヨーグルトの潜在力を証明するために展示会の開催や特許の取得などを通じて広報活動に取り組み、共産党内や食品産業省の官僚との交渉カードを増やしていった。そして、前項で明らかにしたように、D.I. 企業のこのような動きが功を奏しており、乳製品の品質改善に必要な資金を確保し、国際戦略を実施するために食品産業省の乳業担当者や共産党の食品担当者の承認を得ることができた。1970年代においてそれが可能であった背景には、西欧とソ連間の技術移転の仲介役というジフコフ書記長の理想があったこと、および当時ブルガリア産業の指導者ドイノフの日本・西欧志向があげられる。このような環境下において、D.I. 企業は国内消費者向けに安価で栄養価のある「人民食」を大量生産しつづけると同時に、先進国の企業向けに「世界一」の技術で作られた"ブルガリアヨーグルト"を、「長寿食」としてアピールしていた。つまり、1970年代においては「人民食」言説と「技術ナンバーワン」言説の両立が可能であった。

　しかし、1980年代になると、共産党内部における反ソ連派と親ソ連派との勢力図の変化により、D.I. 企業の経営者にとって、この両立が徐々に困難になっていった。1982年のブレジネフの死後、ブルガリア共産党のジフコフ書記長はソ連の指導者と親しい関係を築けず、ブルガリア共産党内においても、ソ連育ちの若い官僚の間で「古い社会主義者」と見なされはじ

めた。特にゴルバチョフの登場以降、西欧や日本などの技術導入に走ったジフコフの政策は、ソ連の政策とは程遠く、乖離が生じていた。このようにますます不安定になったジフコフは保身のため、ブルガリア共産党内の反ソ連ないし、西欧系列のリベラル派閥の政治局員を排除しはじめた。ドイノフは日本や西側との提携に傾斜していたため、駐ブルガリアソ連大使の否定的な報告の影響で、ゴルバチョフから睨まれるようになると、ジフコフの支援を失い、ソ連育ちのグリシャ・フィリポフ（首相）やアンドレイ・ルカーノフ（産業担当）らが新たな政権を担うようになった。

　このような再編により、従来から西欧への技術提携を活発におこなってきた D.I. 企業の T 社長はデンマークの最新技術を導入したことが共産党への反抗と捉えられ、ブルガリア乳業から退かざるを得なくなった。技術専門家としての T 社長は、D.I. 企業の技術力向上のために、西欧からの高い技術導入で良品を製造し、国際市場においてブルガリア乳業向上に努めた。しかし、共産党トップの政治的操作に巻き込まれた結果、ブルガリア乳業を離れ、皮肉にもコメコンの食品産業担当者として事務官僚の立場を余儀なくされた。

　後任の社長は、乳業に従事した経験もなく、生産計画達成に主眼を置いた典型的な社会主義的な経営者であった。そのため、メチニコフの「不老長寿説」やギルギノフの技術開発など D.I. 企業の技術専門家と研究者の活動のなかで生成された言説の維持には興味を示さず、国際市場において"ブルガリアヨーグルト"を広める意欲も持ち合わせていなかった。このように、「技術ナンバーワン」言説を主張する機会は激減し、D.I. 企業内の技術専門家や乳酸菌研究者の声が徐々に薄れていった。結果的に、社会主義体制下において、ブルガリア乳業も他の産業と同様に、政局に依存していたため、時勢の派閥に左右されることとなり、ヨーグルトをめぐる「人民食」という政治的な言説とテクノクラートの「技術ナンバーワン」言説の対立が避けられなかった。

　本来、共産党独裁体制下では、他の国営企業と同様、基礎的生活必需品を供給すること以上の研究・技術開発に注力する必要はない。したがって、「人民生活水準向上」という国家政策に沿って「人民食」の生産計画

を達成し、共産党の機嫌さえ損なわなければ、十分であったと考えられる。しかし、T社長らは「技術ナンバーワン」言説を提唱し、研究・技術開発を中心とした社会主義らしからぬ経営方針をなぜとったのか。

その背景には、1970年代の共産党内部の西欧志向や「科学技術の進歩」を金科玉条とする国家指針があった[98]。また、ブルガリア乳業の指導者としてのT社長の個人的な野心や抱負が内在していたと考えられる。一方、現地調査中に出会ったD.I.企業の元社員（主に技術専門家と研究者）との交流や彼らへのインタビューからすると、「技術ナンバーワン」言説は、T社長の自己主張よりも、むしろ彼らがブルガリア乳業の世界レベルへの向上という意識のもとで、一丸となり共同の努力を重ねていく過程のなかで生成されたものであるといえる。つまり、この言説はT社長の自我意識が働いていたという側面があったにせよ、それにとどまらず、D.I.企業の技術専門家や研究者間で共有されたものと捉えることができる。

次の第四節では、ヨーグルトの技術開発やブルガリア乳業の構築に携わった人びとの声に耳を傾けながら、「技術ナンバーワン」言説の提唱者としての彼らの主観的な見方を取り上げる。そして、現時点でテクノクラートたちが回顧する「技術ナンバーワン」言説がストーリー性のある"ブルガリアヨーグルト"の「成功物語」としていかに展開しているかを示していく。

第四節　テクノクラートが回顧する「技術ナンバーワン」言説

本節では、社会主義が崩壊した現在、D.I.企業のテクノクラートたちの記憶のなかにいまだに生きている「技術ナンバーワン」言説について、当時の技術開発や国際戦略を振り返るT社長の語りを中心に紹介する。それは、"ブルガリアヨーグルト"関連の出来事を論理的につなげた統一性

98　1971年に新しく制定された「ジフコフ憲法」として知られるブルガリアの最高法によると、科学的社会の管理、科学技術の進歩、文化・経済の全面的発展のために、国家は科学技術を進展する義務があるという。

のある話として展開されており、国際舞台におけるヨーグルトの成功物語を語るものである。そこには、T社長の歴史観や人生観が根付いており、経営者（あるいは技術専門家）だけにとどまらない、ブルガリアの民族性を考察する思想家・指導者としてのT社長の姿が浮かび上がっている。最後に、テクノクラートたちにとってのT社長の存在意義や彼らが回顧する「技術ナンバーワン」言説の潜在的な意味について検討する。

（1）"ブルガリアヨーグルト"の成功物語

ここでは、T社長を中心とするテクノクラートたちの定期的懇談会で語られる"ブルガリアヨーグルト"の「成功物語」に注目する。それは、「技術ナンバーワン」言説の国内外における普及活動を中心に展開されており、共産党との駆け引きやスイスなどの先進国の企業との折衝において収めた成功を強調している。その回顧を具体的に示す前に、彼らの定期会合や社会活動について簡潔に紹介する。

D.I.企業において中心的な役割を果たしていた経営者や地方工場の所長、所属の乳業技術研究所および中央乳酸菌研究所の研究者や技術専門家は退職後も関係を絶つことなく、毎月の第一水曜日に懇談会をおこなっており、現在もなお定期会合の場を設けている。そこでは、各々が昔の仕事のエピソードや冗談を交わしながら、仲間たちと昔の思い出をともにしている（写真8参照）。また、現代ブルガリアの乳業問題についても活発に議論し、それらの改善策や解決方法について意見交換もおこなっている。平均年齢は75歳前後であるが、ブルガリア乳業に関する大会やセミナーなどの行事に積極的に参加しつつ、同時にイニシアチブをとり、政府への乳業・畜産産業政策に関する提案書や、マスメディアへの公開書簡を提出している。たとえば、ブルガリアにおいて深刻な金融経済危機となった1996年に、ブルガリア首相と会合の機会をもち、乳業や畜産に対する国家政策について意見交換をしている。また、社会主義の崩壊後、1990年に彼らの主導で乳加工協会が設立され、今もなお政府と乳業業界とを媒介する機能を果たしている。T社長[99]を含め技術専門家の何人かは、本協会の顧問として活躍している。なかには、民間会社の顧問を務める人もおり、乳酸菌

写真8　ベテラン会合の様子（2009年2月）

生産会社や乳業会社の設立に携わった人もいる。

　毎月一回のペースで「ベテラン」と自らを称する人びとは定期懇談会をおこなうほか、誕生日パーティーやネームデーの祝いなど個人的なイベントにも参加し、ギフト交換や食事会をおこなっている（写真9、10参照）。その会合では、乳業におけるEU基準やブルガリア政府の立場、現在の乳業の将来展望、酪農家や中小企業の抱えている問題、その解決方法について現役時代と同様に議論を進めつつ、仲間たちと昔の感覚を共有している。

　「ベテラン会合」の参加者は、15人〜20人程度であり、1975年の国際シンポジウムが開催された科学技術会館に集合している。彼らへの個別インタビューの際も、ほとんどの場合、彼らの提案により、この定期懇談会で実施した。科学技術会館は、ソフィアの中心部の便利な場所にあると同時に、彼らにとっては、ブルガリア乳業の成果を世界へ波及させたという象徴的な場でもあるため、今もなお活用されている。また、ベテラン社員の一人は、「科学技術会館は、ブルガリアヨーグルトの優位性が世界に認められ、ブルガリアがヨーロッパの科学業界に受け入れられる舞台を作り上

99　D.I.企業の元社員である経営者・研究者・技術専門家は、彼のことを今もなお「社長」と呼んでいることから、本書では「T元社長」ではなく、「T社長」と称することにした。

写真9・10　T社長の傘寿（80歳）の祝い

げた場所」であると筆者に説明したように、「技術ナンバーワン」言説の普及において本シンポジウムが重要な役割を果たしたということが彼らの共通意識である。テクノクラートたちの代表者として、T社長は本シンポジウムを含めた"ブルガリアヨーグルト"の商品化から国際舞台における成功への道について、以下のように回顧している。

　　ブルガリアヨーグルトの歴史を考える際、私にとって三人の偉大な存在があります。ヨーグルトと長寿の関係性を明らかにしたメチニコフ、ヨーグルトに含まれる乳酸菌を発見したグリゴロフ、ブルガリア固有の技術ノウハウを開発したギルギノフです。彼らは、ブルガリアヨーグルトの優位性を科学的に証明しました。しかし、ヨーロッパの研究やビジネス業界はわれわれの優位性を簡単に認めたわけではありません。ご存じのとおり、ヨーロッパは、ブルガリアのことが好きではありません。それは、歴史によって立証されたことであり、説明するまでもありません[100]。しかし、ヨーロッパの隅に追いやられながらも、われわれは草を食うわけではなく[101]、強い乳業を築き上げました。あなたは若くて知らないかもしれませんが、ブルガリア乳業は現在と異なり、ヨーロッパで主導的地位にまで昇りつめました。乳酸菌研究においても一流で、ヨーグルトの生産技術も世界一で、ヨーロッパの科学業界と乳業業界にそれを認知させることができました。1975年の国際シンポジウムでブルガリアヨーグルトが味覚・健康・技

術あらゆる側面において優位であることは、世界一流の科学者によって認められました。ボタツィ、ブラン、プハン、カザリスなどの教授らは帰国後、われわれの技術で作られたヨーグルトの優位性を西欧諸国で知らしめてくれまた。……ブルガリア乳業は、ヨーロッパ最大の乳業のひとつとして、確固たる地位まで昇りつめました。それはデータによって容易に証明できます。われわれは、三大陸の22カ国に種菌を輸出し、世界大手企業にギルギノフの技術を売り込んできました。傲慢なスイス乳業会社との折衝をも乗り越え、見事にライセンス契約を決めました。彼らは、「チーズの神」だという自負心を示してきましたが、われわれは「ヨーグルトの神」だと対抗しました。スイス駐在のブルガリア大使館の官僚らは、われわれの折衝が失敗に終わると予測していました。しかし、われわれには勝つ自信があったので、スイスとブルガリアの技術で作られたヨーグルトの目隠しテストを提案することにしました。するとわれわれの目論み通り、彼らは全員一致でブルガリアヨーグルの優位性を認めました。このように、スイスにさえギルギノフの技術とブルガリア菌を売り込みました。……ヨーグルト以外に、羊乳のチーズも各国から最高品質と認められ、西欧へ9,000トン、米国へ2,600トン、オーストラリアへ3,800トンを輸出し、ヨーグルト消費量では世界一位、チーズの消費量ではフランスに次ぐ

100　1878年にオスマン帝国から独立を果たしたブルガリアは、サン・ステファノ条約により広大な領土を取り戻したが、西欧列強の圧力に屈し、同年のベルリン会議で大ブルガリア公国の領土は大幅に縮小された。領土回復のため、第一次、第二次バルカン戦争および第一次、第二次世界大戦に参戦するが、敗戦でさらに領土は縮小され、民族復興期において国民の理想として取り上げられたシメオン王（在位893〜927年）時代の領土を取り戻すことはできなかった。

101　ブルガリア語では *Kato sme ot selo, da ne pasem treva*（Peasants don't eat grass、田舎ものは草を食わない）という言い習わしがある。この文脈において、ブルガリアの技術専門家は、ヨーロッパの研究者や専門家と同様に高度な能力をもち、ブルガリア乳業は決して下位の地位ではないという意味である。

二位となりました。世界トップレベルで整備されたセルディカ工場は、ヨーグルトの日間生産量は350トンを超え、1979年に訪問した米国の工場よりも斬新でした。セルディカはブルガリア乳業の真珠であり、ジフコフ書記長も自ら訪問しました。彼は乳業に対して特別に配慮し、われわれの国際活動を支援していました。……このように、われわれは黄金時代を築き上げました。これはいかに大きいことなのか、あなたはブルガリア人なのでおわかりでしょう。

　種菌の輸出やヨーグルトの生産技術関連のライセンス契約締結において、肉類や乳製品などの輸出専門企業のR.I.企業が存在していたにもかかわらず[102]、なぜT社長らは"ブルガリアヨーグルト"担当のグループを結成し、欧米の国外企業へと進出を試みたかということについて質問したところ、彼は以下のように説明した。

　R.I.企業にはかつて「ヨーグルト輸出」という部署がありました。当初1967年に、彼らの紹介によってギルギノフ先生とともに、ミュンヘンの協同組合を訪問しました。しかしそれ以降、ヨーグルトに関してはR.I.企業の運営任せでは輸出実績が伸びませんでした。彼らは、ヨーグルトの専門家でもなく、またその見通しも立てておらず、輸出は外貨単位で考えていたのです。要するに、「神は助けるが、羊小屋まで羊を追わない」と言われているように、われわれは率先して何か行動を起こす必要がありました。実は、欧米駐在ブルガリアの官僚たちは、非協力的であり、誰にでも作れるヨーグルトだと言って、技術やライセンスなんぞ意味がないと私に向かって言ったこともあります。……このような状況下では、R.I.企業のモチベーションが上がるはずはないでしょう。ただし、われわれはジフコフ書記長や食品産業担当者の支援がありましたので、特に邪魔されることなく、必要なときにR.I.企業などに協力してもらっていました。

102　筆者は肉類や乳製品など輸出商社である独占的国営企業 *Rodopa Impex*（略称R.I.）が、D.I.企業の国際市場進出志向に対して良い印象はもたないことを予想していた。このことから、ヨーグルトの輸出についてR.I.企業との関係について尋ねた。

第二章　社会主義期における「人民食」言説と「技術ナンバーワン」言説　139

T社長のこのナラティブは、D.I.企業で従事した彼自身やベテラン社員たちの活動に焦点をあてている。彼らの海外への「技術ナンバーワン」言説の普及活動を通じて、ブルガリア乳業の近代化の過程や"ブルガリアヨーグルト"の商品化が見えてくる。それは一見、D.I.企業（＝ブルガリア乳業）の業績、テクノクラートたちの国際舞台で収めた成功、経営者としてのT社長自身の偉業の物語を一本の糸で紡ぐようである。しかし、彼が抱く理念や信念、それらに基づく国際戦略、テクノクラートたちの行動様式には、表には表れることのない潜在意識が内在している。すなわち、T社長らに共有される"ブルガリアヨーグルト"の成功物語にはブルガリアの「黄金時代」を語る隠れた筋書きがある。このストーリー性は、D.I.企業の経営者としてだけではなく、思想家としてのT社長の歴史観に基づいており、ブルガリアの民族性を強く彩る人生観でもある。
　次項では、ベテラン社員主役のヨーグルトの「成功物語」において描写される「黄金時代」の意味について考察をおこなうことにしたい。

（2）ブルガリア乳業の「黄金時代」
　ここでは、T社長のいう「黄金時代」をブルガリア史に位置づける。そのうえで、テクノクラートたちが回顧する「技術ナンバーワン」言説について、"ブルガリアヨーグルト"を通した肯定的な自画像を提示しようとする試みとして捉え、彼らの語りにおける当時の国際戦略の潜在的な意味について検討する。
　古代ギリシャ神話での黄金時代は、かつてクロノスという絶対神が神々を支配する時期で、世界は調和と平和に満ち溢れ、争いも犯罪もない時代であった。人間は、不死ではないものの、不老長寿であり神々とともに安らかに暮らしていた。その後、ゼウスがクロノスに取って代わると、黄金時代は終わりを告げた。現在、この「黄金時代」という言葉は各国の世界史を語るうえで、よく用いられる。西欧においては、ルネサンスの動きが中世の終焉を告げるきっかけとなり、諸国において古代の黄金時代が復興されていった。それは芸術や建築を媒介として15世紀のイタリアのフィレンツェからヨーロッパ全土へと広がっていった。ところが、ヨーロッパの

一部でありながらも、ブルガリアの黄金時代は、古代ギリシャの神話が描く平和の世界ではない。ヨーロッパで表現されるルネサンスとも全く異なる。ブルガリアの黄金時代は、序論で触れたように、9〜10世紀の第一次ブルガリア王国のシメオン一世の時代を指す。

　ブルガリアの歴史の始まりは、681年に中央アジアから興った遊牧民族プロト・ブルガリア人（ブルガール族）が、5世紀の終わり頃から定着していた農耕民族のスラブ族を征服し、第一次ブルガリア王国を建国した頃とされている。この王国はビザンチン文化の影響で9世紀にギリシャ正教に改宗したが、シメオン王（在位893〜927年）のもとで対ビザンチン協調を打ち切り、894年からの開戦で大勝を収めた。シメオン一世は政治家としての才覚に優れ、疲れを知らぬ軍事指揮官であり、敵に回すと恐ろしい存在として、ブルガリア史では描かれている。また、自らも高い教養の持ち主であったシメオンのもとで、ブルガリア正教会がビザンチン教会から独立し、文化的にも発展し、キリル文字の伝播など他のスラブ諸国にも大きな影響を与えたといわれている。シメオン王の治政期に、第一次ブルガリア王国は最盛期を迎え、現在のセルビア、マケドニアからアルバニアまで、地中海、アドリア海、黒海の三つの海に接する大帝国となった[103]。シメオン一世の時代は現在でもブルガリアの歴史教科書に大きく取り上げられており、ブルガリア王国の *Zlaten vek*（黄金時代）と名付けられている。これは、民族復興期において自民族中心的な主張として作り上げられたものであり、オスマン帝国の独立から現在まで、政治的背景を問わず維持されてきたため、ブルガリア人の自画像に深く根付いている。

　社会主義時代において、T社長は、D.I.企業主催の展示会やシンポジウムなどで共産党のプロパガンダ・レトリックを取り入れながらも、乳業の指導者として「ブルガリア乳業をヨーロッパのなかで優位な立場にする。ブルガリアのヨーグルトとチーズを国際市場へと押し上げる」という理念

103　序論で述べたように、*Velika Bulgaria*（Great Bulgaria）とも呼ばれるシメオン時代の広域な領土の回復は、後にブルガリア近代国家における国民の理想とされ、その追求が国家のイデオロギーに組み入れられ、参戦への裏付けとして利用されていた。

第二章　社会主義期における「人民食」言説と「技術ナンバーワン」言説　141

を明確に表現していた［DSO Mlechna promishlenost 1974：4］。D.I. 企業における研究開発、「技術ナンバーワン言説」の普及活動、国際シンポジウムの開催、国外企業とのライセンス提携、種菌の輸出などはすべて、この理念に基づいている。その業績を振り返る際、現在のT社長の語りのなかには、数多くの過去のエピソードや出来事が散りばめられている。「チーズの神」であるスイスにいかに"ブルガリアヨーグルト"の技術的優位性を認めさせ、ギルギノフの技術を売り込んだか、またいかに多種多様な乳製品や種菌を輸出し、"ブルガリアヨーグルト"を広めたか、さらにD.I. 企業の研究者と専門家がいかに世界一流の科学者に認められたかなど、ブルガリア乳業の最盛期について語っている。歴史上のシメオン王国時代と同様に、D.I. 企業の経営者、研究者、技術専門家は一体となり「技術ナンバーワン」言説を主張しながら、生産技術と種菌の輸出を通じて、自国の知名度を上げ、ブルガリアを乳業大国へと押し上げようとしていた。そして、国際シンポジウムの開催によって、世界一の技術で作られた「長寿食」としての"ブルガリアヨーグルト"について世界のなかで不動の地位を築きあげることを目指し、乳業大国としてのブルガリア像を国外に伝えようとしていた。つまり、当時の活動を回想する現在のT社長は黄金時代をシメオンに託して語っているのである。

　その際、T社長は「田舎者は草を食わない」という暗喩を通じて、ブルガリアはヨーロッパの周縁ではないと主張している。ブルガリア語の「田舎者」という言葉は、教養やマナーが身についておらず、野蛮で頭が悪いなどといった軽蔑的なニュアンスをもつ。一方、「都会人」はその対極にあり、教養もマナーもあり、おしゃれでスマートな意味合いをもつ。つまり、これは都会と田舎との対立を表すものとして伝承されてきた言い習わしである。山口昌男の「中心－周縁」理論を用いると、自分の価値を「正」のものとして考える都会は、文化の「中心」を形成し、自分とは異なる田舎の価値は「負」のものとして、文化構造の「周縁」に追いやる、ということになる［山口 1975］。従来の西欧中心の歴史観では、文化の「中心」は常に西欧であり、バルカン地域のブルガリアは中心とはかけ離れた「周縁」として見下される傾向があった。メチニコフの「長寿説」の延長線で

「技術ナンバーワン」言説を提唱しながら、ブルガリアをヨーグルトの大国として知らしめることで、T社長はこのような構図を見直させる必要性を示唆する。そして、あらゆる側面において"ブルガリアヨーグルト"を世界の中心に位置づけようとする自民族中心的な立場から、硬直化した価値観や秩序を破壊しようとし、ブルガリアの地位を周縁から中心へと転換させたいという希望を今でも抱いている。彼は、シメオンの偉業を象徴的に再現することによって、ブルガリアの「黄金時代」を再来させ、それを彷彿とさせる国際戦略を展開していった。

　T社長自身、シメオンの偉業に比する貢献をしたという自負がある。2008年、80歳の誕生日をきっかけに出版した彼の詩集では、彼の名前の下に「私は世界中にブルガリアヨーグルトを普及させた。われわれブルガリア人も、世界の人びとにもたらしたものがある。ブルガリアヨーグルトである」と書いている。また、グリゴロフの姪にあたるグリゴロフ基金の会長は、T社長への祝辞で、彼のことを民族復興期の国民的英雄であるヴァシル・レフスキーにたとえた[104]。同様に本行事において、ベテラン社員の代表者は、彼は「世界を回り、ブルガリアヨーグルトを普及させた使徒そのものである[105]」と祝辞を述べた。

　ヨーグルトを通じて、ブルガリアの黄金時代を復興させること、シメオン時代の偉大なブルガリアの栄光を取り戻すということは、多くのブルガリア人に相通じている。序論で論じたように、ブルガリアは近代国家の成立以降、バルカン諸国間でも常に「負け組」であった。ヨーグルトが「ブルガリア固有」のものとして、国際舞台に登場するまで、ブルガリア人はバルカン諸国や西欧に対して自国の独自性を提示できるようなものがなかった。現在では、ヨーグルトはブルガリアの固有性を主張できる重要な資産となっており、国民的威信の回帰へとつながっている。このような意

104　オスマン帝国支配時のブルガリア独立運動の指導者（1837～1873）。
105　ブルガリア語では *Apostol*（使徒）という言葉は、狭義にはイエス・キリストの12人の高弟を指し、広義には、重要な役割を果たしたキリスト教の宣教者の称号である。また、比喩的には、ある理念に基づいて熱心に活躍する人にもこの語が用いられることがある。

識に基づいて、"ブルガリアヨーグルト"の育成にかかわった T 社長およびベテラン社員は「技術ナンバーワン」言説を振り返り、ヨーグルトの成功を語っているのである。

(3) ブルガリア乳業の「晩年」

ここでは、当時の T 社長の演説におけるヨーグルトの伝統文化とブルガリア民族性との関係性を取り上げたうえで、現在の彼の視点で見たブルガリア乳業の好ましくない状態について紹介する。最後に、彼のいう乳業の「晩年」と、英雄としての彼自身の運命との関係性について示唆する。

T 社長の視点では、ブルガリアのヨーグルト文化は昔ながらの生活様式や歴史・民族性と密接にかかわっている。そのことは、社会主義時代の D.I. 企業の経営者就任中におこなった T 社長の演説からもうかがえる。たとえば、1974年、共産党政権設立30周年に D.I. 企業主催の乳業会議の演説のなかで、以下のように述べている。

> つらいトルコ屈服時代、乳製品の生産は各家庭の生活基盤であり、そこで民族的精神が守られた。畜産に最適なわれわれの山脈と気候のなかで、ヨーグルト、スィレネ、カシュカバルというブルガリア民族固有の乳製品が形成された。ブルガリアには偉大な共産党指導者ディミトロフ、ヨーグルト、バラという三つのシンボルがある。これは偶然ではない。ご存じのとおり、人間は、空気、水、食物を通して自然とつながり、このつながりこそが、人間を形成している。また、歴史は人間の社会的・文化的側面の形成に大いに貢献している。ブルガリアの自然と歴史のなかで、ヨーグルトは特別な地位を占めている。それを通して、われわれは自然とつながり、長きにわたる激動の歴史のなかで、民族として生存してきたわけである [DSO Mlechna promishlenost 1974 : 2]。

T 社長が考えるヨーグルト文化はブルガリアの歴史や自然と密接にかかわり、ある意味では、彼の人生観でもそのつながりはある。その関係については、先述の80歳の誕生日をきっかけに出版した詩集においても、「ブルガリア民族がこれまで生き残った理由のひとつに、ヨーグルトがある」

と表現している。彼がヨーグルトを中心に、ブルガリアの民族性を考察している理由は、羊の飼育や酪農業が古くから伝わるブルガリアの伝統の一部として、ブルガリア人の生活文化に深くかかわっているからである[106]。Ｔ社長自身がバルカン山脈の山村で生まれ育ったこともあり、彼が思い描くブルガリア乳業の将来発展は、羊の畜産と羊乳で作られた乳製品がその原点にある[107]。

　ブルガリアの予言者ババ・ヴァンガ[108]に由来する民間信仰のひとつに、ブルガリアは宇宙から受けるエネルギーが特に強く、地球のなかでも自然に恵まれた特別な場所であるというものがある。この信仰の影響からか、ヨーグルトに含まれるブルガリア菌がこのような恵まれた自然環境以外には存在しないと信じている人は意外に多い。また、乳畜の飼料となるハーブや草に特別で強力な治癒力が備わっているからこそ、"ブルガリアヨーグルト"ができるのであり、逆にブルガリア菌、ひいてはブルガリアの自然環境でないかぎり、本来のヨーグルトができないと解釈されている。こ

---

[106] Ｔ社長が生まれたバルカン山脈の山村では、穀類や野菜の栽培よりも羊の畜産が盛んであり、数多くの小さな乳加工場所（マンドラ）があった。子どものころから羊の群れに慣れ親しんでおり、マンドラで職人の仕事を手伝いながら、乳製品の製造技術を習っていた。

[107] Ｔ社長の考えでは、ブルガリアは、気候、土壌、土地の起伏のどれをとっても、羊の生育にとって最適な条件であり、飼育にかかる経済的な費用負担も少ない。そのため、Ｔ社長は生飼料だけで飼育できる羊を「田舎の女性」のようであるとたとえている。一方、手間が非常にかかる乳畜として、牛は「都会の女性」のようであると表現している。牛は一頭あたり8,000m^{2}の土地が必要であり、生飼料だけで飼育できないため、羊と比べ費用も労力も必要とされる。

[108] ババ・ヴァンガとして知られているヴァンゲリア・グシュテロヴァ（1911～1996）はブルガリアの予言者の一人である。12歳のときに強力な竜巻に吹き飛ばされ、土石に覆われ眼に砂が入った結果、失明した。16歳から予言を始め、父親が群れから盗まれた羊を見つけるのを助けた。30歳になってから予知能力が具現化し、国内外を問わず共産党のトップなど多くの政治家が彼女を訪ねた。また、彼女には薬草療法に関する優れた知識があったため、心配事や病気について彼女の助言を求める人が多かった。

のような自民族中心的な思想が、"ブルガリアヨーグルト"をめぐるT社長の確固たる信条に根付いている。彼によると、ブルガリアのなかでも、最も生命力の強いヨーグルト菌のある地域のひとつが、出身地でもあるバルカン山脈であるという。T社長の「乳業進展において昔の人びとの知恵から学ぶべき」という主張や、伝統的な乳製品が世界市場への突破口になるという考え方などには、この生い立ちが強く影響を与えている。この考え方は、政府への提案書や、マスメディアへの公開書簡からも伝わっている。そこでT社長およびベテラン社員は、現在のブルガリア乳業は昔からの伝統に従い、羊の育成を発展させ、伝統的な羊乳の乳製品に力を入れるべきであると主張している。それによって、国際市場におけるブルガリアの乳製品の優位性を発揮することが可能となり、その名声を守ることができるという。このように、ヨーグルトをはじめとする乳製品は、ブルガリアの民族文化を代表し、歴史のなかで民族的精神を支えるうえで特別な役割を果たしてきたため、国家の支援を受けながら、常に守る必要がある、というのが彼の基本思想である。

　しかし、前節で述べたように、1980年代の共産党の政治局再編の影響により、従来から西欧との技術提携を活発におこなってきたT社長の言動は、ソ連系列の官僚の不信感を招くこととなる。ヨーグルトをあくまでも人民の栄養源として見ていた彼らは、ブルガリア人の積極的な自画像を提供する「長寿食」としての"ブルガリアヨーグルト"の必要性を必ずしも理解していたとはいえない。むしろ、先進国との技術提携に重点を置いたD.I.企業の西欧志向を、共産党の指針への反抗と捉えたのであろう。T社長によると、ブルガリア乳業は伝統的な羊乳のチーズに専念すべきという彼の考え方は、チェダーチーズやロックフェラーチーズなどの生産を通じて、乳製品の多様化を取り上げた共産党中央委員会の新たな食品産業担当者とはあつれきの原因となったという。T社長はヨーロッパを模倣し、他国に優位性のあるチーズの必要性や、そのための新たな建設プロジェクトや設備導入に対して懐疑的な姿勢をとっていた。製品の多様化のためには、西欧からの輸入が予算削減には効果があると、当時の食品産業担当者に提言したという。ブルガリアはイギリスやスイスなどと同様に、伝統的

な乳製品に絞り、ブランド形成をすることによって、国際市場を凌駕できるという提案であったという。また、T社長は共産党との駆け引きにおいて、高級チーズや他の乳製品の開発をめぐり、牛乳と豆乳の混合原料で乳製品を作るという共産党中央委員会の食品産業担当者の考え方に対しても、ブルガリアの乳製品の伝統的な味からかけ離れるという観点から抵抗を示していた。その批判的な姿勢によって、彼は共産党から「後進的」と見なされ、ブルガリア乳業の指導者には適切ではないと捉えられたという。このようにT社長の考え方は、共産党の乳業政策とは合致せず、1984年に彼はコメコンにおける食品産業担当者としてモスクワへと左遷され、1988年に退職するまでブルガリア乳業を離れることとなった。その更迭人事について彼は以下のように説明している。

　　彼らは従順な人を必要としていました。残念ながら、ジフコフ書記長は多くの場合、誤った情報で、惑わされることもありました。私としては、ブルガリア乳業の構築に携わったこともあり、今後とも何か貢献できると考えていましたが、共産党中央委員会で決められたことで、交渉の余地はなかったのです。私の周辺の人は、現在の収入やポストがワンランク上になるならよかろうと言っておりましたが、それは私が望んでいることではありませんでした。……モスクワへの出発を前にして、ジフコフ書記長から敬意の意味で、コーヒーとチョコレートを渡されました。どういう気持ちで受け取ったことか、私と妻しか知りえないことでしょう。……コメコンでは、世界諸国の統計データを扱いながら政策を立案する仕事でしたが、世界はどこ、コメコンはどこ、という刺激のない仕事内容でした。まじめに仕事はしてはいましたが、心ここにあらず、といった感じでした。

　社会主義体制下において、政治主導の経済活動のなかで、共産党の政策に対して疑問をもつことや、独自の経営手法を取ることは許されない。当時、東欧諸国のなかで、35年間に及ぶ最長の支配体制を維持したジフコフ書記長のスタイルでは、考え方が合わなくなった高級官僚に対しては、社会的地位や高い生活基準は維持するが、実質の権限をもたないポストへ更迭することが一般的であった［Chakarov 1990：87—89］。そこで、T社長

も、ブルガリア乳業から梯子を外され、収入や社会的地位の高いコメコンの仕事に赴任させられることとなった。

　現在ではT社長は、ベテラン社員の英雄となっている。それは、80歳の誕生祝いで、民族復興運動の主導者の一人、ブルガリア民族の解放のために自己犠牲をしたとされるレフスキーにたとえられたことからもうかがえる。ブルガリア史に名を刻んだ英雄たちは、オスマン帝国支配以前のシメオン時代のブルガリア王国の再建を理想化し、武装闘争の必要性を訴えていた。彼らはオスマン帝国に命を狙われていたが、この理念のもとで民族のために自己犠牲の道を歩み、殺されるまで戦いつづけていたと、ブルガリアの文学と歴史のなかで語られている。つまり、ブルガリア民族のために自らの命を捧げるという姿勢や悲劇的な結末こそが、近代国家において、彼らを国民的英雄に押し上げる要素として必要なのだ。ベテラン社員からすると、T社長は、乳業の指導者として共産党の政策に異を唱えながら「技術ナンバーワン」言説の普及に取り組み、彼らとともに不動の地位にまでブルガリア乳業を押し上げようとしていた。「黄金時代」という理想へと向かっていたT社長であるが、D.I.企業のトップからはずされるという彼にとって悲劇的な結末が用意されていた。結果的に、コメコンの食品産業担当者として、モスクワで軟禁状態に追い込まれたのである。この意味では、T社長は国民的英雄の行動や運命と重なる部分があり、それが彼のカリスマ性につながっているのかもしれない。

　しかし、T社長にとって、それ以上に大きな悲劇が待ち構えていた。彼が築きあげようとした「黄金時代」の終焉である。T社長は1984年から1988年までコメコンの仕事に従事したが、その同時期にゴルバチョフ主導のペレストロイカが発動され、ブルガリアにも民主化が加速度的に波及しはじめた。その流れでジフコフ共産党書記長は辞任し、ブルガリアの社会主義体制に終止符が打たれた。それ以降の市場経済への転換期では、赤字企業の閉鎖・リストラ、土地の非集散化、民営化など痛みをともなう構造改革が次々と実施された。社会主義崩壊以降の乳業は、D.I.企業の崩壊、家畜の非集団化による畜産の減退、乳製品生産の急落など、T社長の理想からはかけ離れた状態になった。ブルガリア乳業が直面しているこのよう

な状況について、彼は以下のように考えている。

　国家は乳業に対してかつてのように政策もなく、管理もなく支援もないまま乳業を放置しています。ヨーグルトなどは、品質にかかわるスキャンダルは日常的に横行していますが、政府が乳業から完全に撤退しているので、対策なんか取れるはずがない。ヨーグルトに関して、われわれは22カ国とライセンス契約を締結していましたが、現在では２カ所しかありません。チーズの輸出においても、国際市場を次々に喪失してしまいました。前に比べて、家畜数が４分の１にまで激減し、乳業のための原料がないため、ドイツなど西欧から粉乳を輸入せざるを得ない状況となってしまいました。かつてフランスやスイス、ドイツなどにヨーグルトの生産技術を売り込んだ西欧諸国から、現在は彼らの余剰ミルクを輸入しています。EU基準を満たさないブルガリアの酪農家が窒息状態になると、西欧諸国にとって、乳製品の市場が広がります。これはブルガリア乳業の衰退を意味し、この悲惨な状況を見てはいられないです。

　ブルガリアの歴史同様に、乳業は「黄金時代」の終焉を迎えた。10世紀にヨーロッパ東部で最大強国となった第一次ブルガリア王国は、その後11世紀にはビザンチンにより壊滅し、200年にわたる支配を受けることになった。12世紀末には中央地方のタルノヴォ蜂起が成功し、第二次ブルガリア王国が再建され再び最盛期を迎えたが、14世紀オスマン帝国の北上により崩壊し、500年にわたる「暗黒時代」を迎えることとなった。要するに、比較的短い「黄金時代」のあとに、長い「暗黒時代」が続くという流れがブルガリア史においてみて取れる。Ｔ社長の語るブルガリア乳業の「黄金時代」と「晩年」は、ブルガリアという国の歩みが重なっているようにみえる。彼は「暗黒時代」という言葉を使用していないが、「衰退」、「喪失」、「悲惨な状況」と表現しているように、乳業をオスマン帝国支配のような暗い時代に突入したように考えている。彼の悲観的な捉え方はマスメディアとの取材や、彼の書いた詩や新聞記事からもうかがえる[109]。ブルガリアの「黄金時代」を自ら築きあげたという意識のもとで、Ｔ社長をはじめとするベテラン社員にとっては、その喪失が悲劇なのである。そ

して、T社長自身はブルガリア乳業の栄枯盛衰を自ら体現し、ヨーグルトの成功物語において光り輝きつつも、悲劇的な存在なのである。

〈まとめ〉"ブルガリアヨーグルト"という言説の確立

　これまで見てきたように、20世紀初頭の西欧で「長寿食」として注目されたヨーグルトが、ブルガリアの社会主義期において、「人民食」として確立されていき、後に国営企業の国際戦略のもとで、「技術ナンバーワン」という言説が成立していった。

　社会主義イデオロギーの色彩を帯びた「人民食」言説の背景には、農業の集団化や工業化政策がもたらした社会変化、乳加工システムの近代的変容、国家の栄養政策や文化統一政策という主要な要因が内在していることを明らかにした。共産党主導で進められた工業化政策や農業の集団化は、労働者階級の形成、女性の社会進出、都市・農村部における生活様式の統一性など、広範囲にわたる大規模な社会変化をもたらした。そして、それが乳製品の生産と消費において劇的な変化を引き起こし、ヨーグルトをめぐる「人民食」という言説の土壌を培うこととなった。次に、乳加工システムに関する近代的変容としては、生乳の生産が家畜の所有とともに、農民から農業協同組合に転換されたこと、乳製品が家庭内生産から工業生産へとシフトしたこと、乳製品の大量生産と流通システムが整備され、乳製品が入手しやすい食料となったこと、という三点が「人民食」言説の基盤を固めていったことを示した。最後に、国家の栄養政策や文化統一政策、外食産業の発展や給食制度の整備などの影響で、ヨーグルトが「完全栄養食品」として、季節や地域とは関係なく、人民の日常食生活において必要不可欠な食品となっていった過程をたどった。今や、ヨーグルトは何らかの形でほぼ毎日ブルガリア人の食卓に登場する基礎食品である。しかし、

109　2008年3月15日の*Mliako plyus*という月刊誌では、T社長は現在のブルガリア乳業を分析し、否定的に評価している。彼の悲観的な見方は印象的であり、その現状に対する彼の大きな失望と、そのなかで生まれる孤独感が鮮明に伝わる。

この日常性自体は、大量生産・栄養重視に主眼を置いた社会主義体制の産物であることが明らかになった。

その一方で、乳業において独占地位を占めた D.I. 企業の国際戦略のもとでヨーグルトの「技術ナンバーワン」という新たな言説が成立していった経緯に注目しながら、それと社会主義イデオロギーそのものが生み出した「人民食」言説との複雑な関係を明らかにした。「技術ナンバーワン」言説は、社会主義体制下においてヨーグルトの大量生産や人民への大量供給の必要性が発端であった。しかし、「人民食」言説とは異なり、政治家や政府関係の事務官僚たち（ビューロクラート）の政策のなかで生成されたものではなかった。それは、科学研究において培われた「長寿食」言説や「ブルガリア起源」言説の延長線で、D.I. 企業の技術官僚（テクノクラート）や技術専門家の言説として成立したという特徴があった。「技術ナンバーワン」言説は、研究・技術開発に基づいた国営企業のヨーグルトの優位性を主張しており、西欧のヨーグルトより味覚面や健康への効果という点において優れているとしていた。この自民族中心的な主張は国内における D.I. 企業の地盤固めとともに、国際レベルでは"ブルガリアヨーグルト"に競争力をもたせる重要な機能を担っていた。

他方、それは共産党内や食品産業省の政治家と官僚の抗争に左右される側面があった。そして、1970年代において正当性をもっていた「技術ナンバーワン」言説は、1980年代の政治局再編の影響により「人民食」言説との対立構造が目立つようになり、徐々に権威を失墜することとなった。社会主義体制下における「人民食」言説と「技術ナンバーワン」言説のダイナミズムのなかで、「人民の栄養源」という枠を越えようとした D.I. 企業のテクノクラートたちの限界が見えてきた。

社会主義が崩壊した現在、「技術ナンバーワン」言説の提唱者の語りから、当時の権力者からの寵愛を失った言説が、T 社長のナラティブのなかでストーリー性のある"ブルガリアヨーグルト"の「成功物語」として展開していることがわかる。そこに、決して表に出ることのない構想として、ブルガリア史における民族の栄光（シメオンの「黄金時代」に託した自民族中心的な主張）と苦しみ（強国の支配下に置かれ、ヨーロッパにおいて周

辺的な地位に落ちること）というモチーフが繰り返し組み入れられている。"ブルガリアヨーグルト"を世界の中心に位置づけ、乳業大国としてのブルガリア像を国外に伝えようとしていた D.I. 企業のテクノクラートは、現在の立場から「技術ナンバーワン」言説を回顧する際、ブルガリアの地位を周縁から中心へと転換させようとし、それをブルガリア民族の自画像を改変しようとする試みとして捉えることができる。当時、「技術ナンバーワン」言説を提唱し、抑圧された T 社長は、現在ではベテラン社員の英雄として復活し、ヨーグルトの「成功物語」を語っているのである。

　以上、見てきたように、支配的な地位を占めた「人民食」言説は、社会主義のイデオロギーと体制そのものを支えるうえでは、重要な役割を果たしていた。それとは別の次元において"ブルガリアヨーグルト"の優位性を主張するものとして、「技術ナンバーワン」言説が国営企業の技術開発や広報活動のなかで結晶化していった。そして、ここで強調したいことは、「人民食」言説と「技術ナンバーワン」言説の高揚によって、各家庭のヨーグルトが「人民食」の汎用的な味に画一化され、ヨーグルトの伝承を担ってきた人びとの姿が権威のあるビューロクラートやテクノクラートの陰に隠れていったことである。

第三章　日本における「聖地ブルガリア」言説と「企業ブランド」言説

> 近所のみなさま、おはようございます。
> 青い空のもとで育ててもらいました。
> 黒海を渡って、お嫁に来ました。
> 私の名前はヨーグルトです。
>
> 　　　　　　　　ヨーグルトの賛美歌（1969年）

　本章では、社会主義国ブルガリアから経済成長の真只中にある日本へと舞台を移し、国際市場を狙う D.I. 企業の「技術ナンバーワン」言説の国際的な展開をたどる。特に重要な役割を果たしたのは、1970年、日本の高度成長期を象徴する大阪万博である。そこでブルガリア館で明治乳業によって「発見」されたヨーグルトの商品化に注目しながら、ヨーグルトをめぐる「企業ブランド」言説が普及していく様相を描き出していく。また、その誕生に先立って1960年代半ば、両国間の文化的関係の強化に大きく貢献した園田天光光の人生観や活動から生まれた「聖地ブルガリア」言説をも取り上げ、それと明治乳業の「ブルガリアヨーグルト」のブランド言説との関係性について考察する。そのうえで、"ブルガリアヨーグルト"をめぐる諸言説の国際的展開において「日本」という舞台の重要性について論じる。

第一節　日本における乳食文化の歴史

　世界におけるミルクの利用と文化を考察した石毛直道によると、日本において、乳製品は昔から嗜好品、あるいは薬品として扱われてきたが、それは第二次世界大戦以降まで大衆の食生活に重要な位置を占めることはなかった［石毛 1989］。日本で牛乳が初めて利用されたのは、5世紀頃に百

済からの帰化人智聡によって搾乳法が伝授されたのが最初とされている。6世紀には日本中に国営の牧場が作られ、ここで加工された乳製品が朝廷に献上されていた。主な乳製品としては、「酪」と呼ばれたヨーグルトのようなものや「醍醐」といったチーズのようなものが製造されていた。朝廷で珍重されていたこの乳製品も、13世紀半ばには忘れ去られ、その後18世紀の江戸時代まで、ミルクの加工はほとんどおこなわれることはなかった［石毛 1989、伊藤 1996］。

　牛乳や乳製品が一般庶民にまで届くようになったのは、明治の半ば頃からである。明治の終わり頃に初めて市販されたヨーグルトは、糖尿病の治療食として利用された。大正の初めに三島海雲が、モンゴルの発酵乳からヒントを得て、1919年に現在のカルピスのもとになる乳酸菌飲料を販売しはじめた。砂糖を大量に含み、飲むときに薄めるタイプの発酵乳は、日本独特の形態とされている。1935年には、生きた乳酸菌飲料として、ヤクルトの販売が始まった。それを小容器に配分して販売するといった形態の発酵乳も、日本独特のものとされている［伊藤 1996：89—91］。

　ヨーグルトの製造が本格的に始まった時期は、1950年からであり、同年、明治乳業の「ハネーヨーグルト」に代表されるハードタイプのヨーグルトが発売された。1960年代半ばからデザートとしての果肉入りヨーグルトが相次いで開発され、好調な売れ行きを見せていた。つまり、当時のヨーグルトはあくまでもデザートとして認識されており、少量の甘口製品が消費者の間でも、馴染みのあるものとされていたのである。このように、1960年代に広がりをみせる日本のヨーグルト市場であったが、ブルガリアに一般的であった素朴な味のヨーグルトは存在していなかった。

第二節　愛好者間における「聖地ブルガリア」言説

　本節では、日本における新たなヨーグルト文化として、ブルガリアの手作りヨーグルトを導入した政治家の園田直の妻、園田天光光の社会活動に着目する。彼女は、「明治ブルガリアヨーグルト」の公認記録やブランド言説には決して現れてこない存在であるが、その前史において重要な役割

を果たした。D.I. 企業のベテラン社員にとっては伝説的な存在であると同時に、ブルガリアのマスメディアに取り上げられることも少なくない。本節では、園田の独自の人生観と解釈から生まれた「聖地ブルガリア」言説に言及し、日本的ヨーグルトの体験を掘り下げていく。

(1) 園田天光光と"ブルガリアヨーグルト"との出会い

ここでは、園田天光光の政治的活動やブルガリアとのかかわりを紹介したうえで、彼女と「長寿食」としてのヨーグルトとの出会いについて取り上げる。

日本・ブルガリアの外交関係再開から50周年記念の2009年、かつて女性初の衆院議員の一人として活躍した園田天光光は90歳の誕生日を迎えた[110]。それをきっかけに、同年5月、日本とブルガリアの文化交流に貢献した人物として、ブルガリアの最高位の勲章である「スタラ・プラニナ」勲一等を授与された。このことは、ブルガリアのマスメディアではニュースとなり、「ブルガリアヨーグルトの広報に対する功績としての勲章」や「90歳の日本人女性、ブルガリアヨーグルトの宣伝広報で最高位勲章受章」といった見出しで紹介された[111]。今回の紹介のみならず、「ブルガリアヨーグルトを知らしめた日本人女性」として以前にも新聞に取り上げられたことがある[112]。また、ブルガリアの外交官や乳業関係者の間では、「ブルガリアヨーグルトの開拓者」や「日本にブルガリアヨーグルト

---

110 1919年東京生まれ。東京女子大学、早稲田大学法学部卒業。1946年の第22回衆議院議員総選挙で当選、日本初の女性代議士の一人である。1949年に衆議院議員園田直と結婚。後に、政治的キャリアをやめ、当時外務政務次官を務めていた夫の園田直の支援に専念するようになる。現在、日本・ラテンアメリカ婦人協会名誉会長、在日の「ソフィアクラブ」会長、アジア福祉教育財団評議員など、多くの団体の役員を務める。著書には、『女は胆力』[2008] などがある。

111 2009年4月1日ブルガリア電報情報通信社によって発信され、マスメディアや電子新聞などにおいて取り上げられた。ここで紹介した見出しは、日刊紙 Standard News の電子版 [2009年4月1日]、ニュースサイト Topnews [2009年4月1日] から引用したものである。

を導入した人物」とされている[113]。D.I. 企業のベテラン社員の会合に筆者が参加する際、彼女は元気にしているか、ヨーグルト作りを続けているかなど、彼女の話題が必ず上がり、種菌や土産、昔の写真などを彼女に渡すために、何度も預かったことがある。つまり、彼女とかかわりのあった外交官、ジャーナリスト、ベテラン社員たちは、彼女の存在を忘れておらず、日本におけるヨーグルトの普及に多大な貢献をした人物として敬意を表している。

　日本ではあまり知られていないが、1960年代半ば、「明治ブルガリアヨーグルト」の誕生より数年先立って、"ブルガリアヨーグルト"はブルガリア人の「長寿の秘訣」として、すでに日本に上陸し、上流クラスの主婦層では自家製用の種菌が出回っていた。その原点は日本駐在ブルガリア大使館で作られたヨーグルトである。前述のように、当時日本では砂糖や香料などを添加していないプレーンヨーグルトのような製品は存在せず、ゼリー加工を施したハードヨーグルトと果肉を加えたソフトヨーグルトが主流であった。そのため、ブルガリア大使館ではプレーンヨーグルトを作る必要があった。園田天光光は、ブルガリア大使の妻からヨーグルトの製法を教わったという。「本場」のヨーグルトとの出会いについて、園田は以下のように回想している。

　　全国大使のレセプションで背が高く、顔色のよい丈夫そうな男性が目立っていました。主人に聞いてみると、ブルガリアの大使であるとわかりました。紹介のとき、なぜこのように元気そうなのかを質問いた

112　たとえば日刊紙 *Standard News* の電子版の2003年7月25日や2005年5月27日などがある。

113　日本駐在元ブルガリア大使トドル・ディチェフ（任期1979～1982）やルーメン・セルベゾフ（任期1974～1978）へのインタビューによる（2009年2月11日、2007年11月9日）。また、筆者が初めて園田天光光と出会った2002年10月、日本駐在元ブルガリア大使ペタール・バシクタロフ（任期1986～1991）は同様の言葉で園田を紹介した。「お元気ですか」という大使のあいさつに対し、園田（当時83歳）の「ええ、ブルガリアヨーグルトのおかげで、元気です」という応答はとても印象的であった。

しました。大使が笑って、「特に何もしていないですよ」と言いましたが、私としては何か食べていないか、何か努力していないかと、もう一度おうかがいしました。すると、大使は「日本にないただひとつのものを毎日食べています。ブルガリアヨーグルトです。ブルガリア人は128歳まで元気で長生きしているのは、ヨーグルトのおかげですよ」と答えてくださいました。食べさせていただけるように頼んでみたところ、大使館へ招待されました。

　その後、園田はブルガリア大使の妻からヨーグルトの作り方を習いはじめ、当初は失敗を繰り返したが、徐々に慣れて自分でもおいしいヨーグルトが作れるようになり、毎日家の食卓に出す習慣を続けていったという。しばらくするうちに夫の顔色も良くなり、自分の精神面にも活力が湧き、ヨーグルトの健康への効果を実感しはじめたそうである。そこで、園田夫妻は、ヨーグルトを毎日食べつづけると、本当に128歳まで元気で長生きするものなのか、検証するために日本の研究者の二人をブルガリアへ調査に派遣させることにした。派遣された専門家らは、「ここでは、100歳以上の長寿者が多いだけではなく、野原で元気よく働きつづけており、誇りをもって社会貢献している」と報告したという。園田にとって、彼らの報告はとても印象的であり、今なお強く記憶に残っている。このように、本報告はヨーグルトの「長寿の秘訣」や「元気の源」という彼女の解釈を裏付けることとなり、日本社会にヨーグルトを広く知らしめるための広報活動につながったのである。

（2）「聖地ブルガリア」言説の誕生
　ここでは、園田の社会活動の結果として、ヨーグルト愛好者会の結成や、ヨーグルトをめぐる「聖地ブルガリア」言説の誕生に注目しながら、日本におけるヨーグルトの非公認記録の理解に努める。
　前項で述べたように、園田はブルガリア人の「長寿食」とされたヨーグルトに非常に感銘を受けていた。そして、次第に自分の家族だけが享受するのは惜しい、多くの人びとに是非紹介したい、という強い思いが込み上げてきたという。そこでまず、彼女は政界の間で、自家製ヨーグルトの製

造方法を教えながら、種菌を自分が作ったものから分けて、配布しはじめた。ほどなくして、ほとんどの経済官僚の家庭で、ヨーグルトを作ることがブームとなったという。また、園田の自家製ヨーグルトの好評は天皇陛下にまで及び、その味や健康への効果は大変高く評価されていたといわれている。その様子について、当時日本駐在ブルガリア大使の妻ルミャナ・ポポヴァは以下のように表現している。

　　本当にすごいことになっていたよ。通産省の職員全員が家でヨーグルトを作っていたのよ。もちろん、その原動力は園田だったわ。彼女は、ブルガリアヨーグルトには特別なパワーがあると確信して、みなさんに種菌を配りつづけ、天皇陛下にまで、ヨーグルトを届けたそうよ。天皇陛下が大阪万博のブルガリア館を訪れた背景には、ヨーグルトへの強い関心があると私は思うね。このことも、大きな話題になり、一時的だけだったかもしれないけど、ブルガリアヨーグルトは本当のブームを起こしたのよ。このブームで、先を見越した東芝がヨーグルト発酵器を開発発表するというニュースまで取り上げられていたわ。実は、私もこの発酵器をプレゼントされて、今も持っているけど、使ったことはない。まあ、私たちなら、必要ないわよね。

　このように、1960年代後半、手作りの"ブルガリアヨーグルト"はエリート層の食べ物として日本に浸透していった。しかし、園田の活動はこれにとどまらず、テレビ番組への出演や新聞掲載によって"ブルガリアヨーグルト"の健康への効果を全国に知らしめるための活動に専念したという。それは大阪万博のブルガリア館で出品されたヨーグルトへの興味と相まって[114]、自家製用の種菌は一般の家庭層にまで大きく広がりをみせた。このことについては、筆者は長野出身インフォーマントの一人（女性、40歳代）に確認できた。1960年後半、子どもであった彼女は、母親がブルガリアのヨーグルトを作っていたと記憶している。当時、市販品ではこのようなタイプのヨーグルトがなく、母親はおばさんから種菌をもら

114　大阪万博のブルガリア館でのヨーグルトの試飲と反響について、次の節で紹介する。

い、牛乳が苦手だった二人の子どもに食べさせるために、家で作っていた。彼女はもともと酸味が好きであり、母親のヨーグルトを好んでよく食べていたという[115]。

　園田によると、マスメディアからの取材が多く、露出度が非常に高かったため、自家製の"ブルガリアヨーグルト"はたちまちに全国に広まったという[116]。その影響で、種菌の入手希望者から毎日数多くの手紙や電話が園田に寄せられたそうである。一日10人分のヨーグルト用の種菌を準備することとなり、それに見合うスケジュールを組みながら、手作りのヨーグルトに興味のある人びとすべてに種菌を送っていた。そして、「病気が治った」、「子どもができた」、「元気が出た」、「食欲が戻った」、「ヨーグルトはわが家に幸せをくれた」など数多くの手紙が園田へと寄せられたという。このようにして、彼女の紹介で広がりはじめた"ブルガリアヨーグルト"は、身体的・精神的健康を整え、体力・気力ともに維持・強化できる食品として話題を呼び、ヨーグルトの不思議な体験が相次いで報告されていった。「私自身もブルガリアヨーグルトは命の恩人です」と、癌を克服した園田は筆者に語った。

　一般家庭層では、ブルガリアヨーグルトに関するこのような体験の情報共有を目的として、園田を中心に、幸せを作る「竹幸会」というヨーグルト愛好会が結成された。参加者は徐々に増加し300人程度にまで及んだ。総会は毎年一回ブルガリア大使館で開催され、一大イベントとなっていた。会員は毎月一回ほどの頻度で集合し、それぞれ自家製の"ブルガリアヨーグルト"を持参し、試食会をおこなっていた。また、ブルガリア文化がもたらしたヨーグルトへの感謝の気持ちを表すために、民族舞踊や歌、挨拶の言葉など、ブルガリアのさまざまな文化を積極的に学んだのである。さらに、この会ではヨーグルトの賛美歌も作詞され、その合唱によっ

115　しかし、「明治ブルガリアヨーグルト」が発売されて以降、母親は手間をかけて自分で作る必要はないと判断し、明治乳業の商品を買うようになったという。

116　ただし、筆者が調べた範囲では、当時の新聞や雑誌において園田の活動に関する記載や記録は見つからなかった。

第三章　日本における「聖地ブルガリア」言説と「企業ブランド」言説

て開会されたという。ブルガリア大使夫人ポポヴァによると、ヨーグルトの賛美歌の反復句は以下のとおりである。

　　近所のみなさま、おはようございます。
　　青い空のもとで育ててもらいました。
　　黒海を渡って、お嫁に来ました。
　　私の名前はヨーグルトです[117]。

　会員は、日本にヨーグルトをもたらしたブルガリアの文化と自然に本場で触れ合う機会を作り、感謝の気持ちを込めて、巡礼地のように全員でブルガリアを訪れた。「竹幸会」のこのような活動のなかで、「聖地ブルガリア」言説が生まれるわけだが、1970年代後半から浸透しはじめた「明治ブルガリアヨーグルト」の大量生産や1980年代初頭に開発されたビフィズス菌を用いたプレーンヨーグルトの発売の影響で、家庭内でヨーグルトを作る人は少なくなっていった。さらに、ヨーグルトの効用や乳酸菌の働きに関する知識の普及とともに、「竹幸会」の会員にとって"ブルガリアヨーグルト"の聖なる力は徐々に弱まっていくこととなった。5～6年前から参加者の加齢とともに、会合数は年に2～3回までに減少してきている[118]。ただし、園田を含めた元気なメンバーは、今もなおヨーグルト作りを続けており、種菌を分け合うこともあるという。

　園田に「明治ブルガリアヨーグルト」のネーミングの段階で明治乳業から何か相談を受けたか、という質問を筆者は投げてみた。すると、彼女は以下のように返答をした。

　　……全く何もなかったですよ。あまりいいお話ではありませんが、ポポヴァさんと話をすると、もし私たちは特許を取っていたら、もっとお金持ちになれたのに、と彼女に言われます。正直、私はヨーグルトに対して純粋な気持ちで人の幸せ、健康のために接していただけなのに。明治乳業はブルガリア政府から8千万円で販売権をもらいまし

---

[117] 歌の歌詞は園田天光光と日本駐在の元ブルガリア大使の妻ポポヴァの記憶では、少し異なる部分もあるが、反復句については一致している。

[118] 筆者は2008年6月28日に「竹幸会」の会合に参加する予定だったが、園田の入院のため、会は中止となった。

た。……私はこの状況で無償のヨーグルトを配布しつづけていいのかどうか悩みました。ブルガリア大使館に相談してみたところ、許可をいただいたのでそれ以降もヨーグルトをたくさんの人に届けました。

　また、園田は、自分のヨーグルト広報活動によって、明治乳業のトップ経営者層の家庭にまで波及したことが、彼らの関心を引き寄せ、大阪万博のブルガリア館来訪のきっかけへとつながったのではないかと推察している。しかし、明治乳業側から彼女に関心を寄せたことは一切なかったようである。

（3）「聖地ブルガリア」言説の意味
　ここでは、ヨーグルトで表現される園田の人生観に注目しながら、当時の「聖地ブルガリアの大自然からの贈り物」としてのヨーグルトの意味について考察をおこなう。
　前項で触れたように、園田は"ブルガリアヨーグルト"に対し、他のヨーグルトと異なる癒しの力があり、一人ひとりの人生を変えることができる、という強い信念をもっている。彼女によると、ヨーグルトのなかで生きているブルガリア菌は自然の力を預かる聖なるものであり、それを自分の体と心に届けるためには、特別な扱い、注意、思いやりが必要であるという。たとえば、ヨーグルトを作る際は毎晩空気が動かないよう、その部屋には誰も入れず種菌のみを保管し、寝る前には菌を牛乳に入れて、夜寝かしておく。朝、冷蔵庫にしまい、環境を整える時も調和と均整のとれた動作が必要であり、感謝の気持ちで優しく扱う。また、発酵させたヨーグルトについては、毎朝自然の味を楽しみながら食べることもあり、きなこなどをかけて食べることもある。ただし、ブルガリア人と同様、絶対甘くはせずに、自然の味へのこだわりをもっている。作成時に固形分と水分が分離した場合、上澄み液を貴重なエキスとして扱い、ブルガリア菌が生成しやすい43〜44℃の風呂に入れ、美肌効果を期待するなど、日常生活においても繊細な生き物を大切に最後まで使い切るという方針を貫いている。
　このように、聖なるものとして"ブルガリアヨーグルト"は彼女の日常

第三章　日本における「聖地ブルガリア」言説と「企業ブランド」言説　161

生活に深く根ざしている。そのため、1990年代から手渡しで分け合うことによって日本全国に広まっていったカスピ海ヨーグルトや「ヨーグルトのきのこ」として知られるコーカサス地域の発酵乳ケフィアには一切手を染めなかったという。カスピ海ヨーグルトも、ケフィアも室内で放置するだけで発酵できるという楽な製法であるが、それは何の配慮も必要とせず、精神統一につながらないため、興味を抱かなかったという。一方、ブルガリア菌が含まれた"ブルガリアヨーグルト"は彼女にとって非常に繊細なものとして扱われ、心を込めて穏やかにしていないと、おいしいヨーグルトができないという。実際、園田の"ブルガリアヨーグルト"の作り方は、彼女の祖母の教えに根付いていると語る。

 おばあさまは「台所に立つ人は心をおだやかにしないと、食事に毒が入ってしまう。それは家族の健康や幸せにすぐ現れるものだ」とおっしゃっていました。そのとき、10歳だった私には、おばあさまのこの言葉はよく理解できませんでしたが、ヨーグルトを作り出して初めて、その意味がよくわかりました。心の乱れがあれば、おいしいヨーグルトは作れない。上手にできたら、心もきれいだ、ということです。……単にヨーグルトを作るだけではなく、ヨーグルトは私にとって、精神状態のバロメーターです。

 また、前述のように、彼女にとってヨーグルトは「ブルガリア人への神様からの贈り物」あるいは「ブルガリアの宝物」であり、自然と共存して生きることがブルガリア人の知恵であると受け止めている。そのため、園田は毎年ブルガリアの大自然に感謝を表すためにブルガリア本土へ巡礼地のように訪問を重ねている。それは2006年まで継続し、ブルガリアへの訪問の際は毎回、種菌を現地の友人から譲り受け、ブルガリアからの最も貴重なものとして大切にしている。ヨーグルトとともに自分が歩んできた人生について、園田は以下のように表現している。

 私は70年も能をやってきました。能のおかげで、言葉は区切って発音することと、相手と調和をとることを身につけました。また、ヨーグルトを41年ずっと自分で作ってきました。ヨーグルトは、いつまでも誇りを持って、社会貢献することを教えてくれました。能とヨーグル

トはともに、私の人生を作ってくれました。

　園田は、ヨーグルト作りそのものをひとつの生き方として捉えており、「自然」、「調和」、「社会貢献」を中心に彼女の人生の信条を表象する手段として使用している。彼女にとっては、自然と一体となり暮らすこと、人のために生きていること、これが人間の人生を幸せにする原則となっている。多くの研究者が指摘してきたように、モノの価値は交換自体から生まれるものである。しかし伝統的社会においては、交換禁止のもの、もしくは制御されているものもなかにあるとされている［Appadurai 1986］。園田にとって、これはまさに今もなお続くヨーグルト作りなのである。

　1960年代後半、園田がブルガリアヨーグルトと出会ったころ、日本は経済的には高度成長の真只中にあった。しかし同時に、故郷から都会へと向かい伝統離れが進む傾向や生活のゆとりの喪失、工業化促進にともなう森林伐採と自然破壊、核家族の増加や孤立化の進行という状況にもあった。このような状況で園田は顔色がよく、内側からエネルギーあふれるブルガリア人大使と出会い、彼女の夫にはないゆとりを感じたのである。当時、園田直は政治的権力のある地位にあったが、彼女はこの日本のゆとりのない状況は、政治的権力を行使しても変えられないことを理解していた。そこで、独自の解釈により、"ブルガリアヨーグルト"を健康回帰、自然共生、家族団欒、生活改善といったシンボルに置き換え、日本社会の負の部分を浄化していくものとして、広報活動に専念していった。彼女にとって、自らの人生観の一部である"ブルガリアヨーグルト"は、金銭や物で交換できないもののひとつであった。「神からの授かりもの」や「ブルガリア大自然の恵」をヨーグルト信者に与える仲介者の役割を担った園田はいったい何を求めていたのか。単なる幻想の失楽園を追い求めていたのだろうか、それとも指導者としての精神的な力を望んでいたのだろうか。彼女の積極的な社会活動や波乱の政治的キャリアは、この疑問を紐解くための手がかりになるかもしれない。

　1946年、彼女は父親の支援で、飢餓で苦しむ人びとを救助するための「餓死防衛同盟」を結成し、日本初の女性代議士として、食料調達ルートの開拓や、政府への陳情運動を展開した[119]［園田 2008：2］。しかし、妻子

あった園田直との結婚以降は、社会的に激しい批判にさらされ、何度も選挙で落選を繰り返し、政治的キャリアに終止符が打たれた。政治活動を通じて社会支援活動に積極的に取り組んでいた野心の高い園田は、日本初の女性代議士就任など、この上ない成功体験をするが、その後、政治家の夫人という控えめな立場へと急変することになる。このような急激な人生の流れのなかで、"ブルガリアヨーグルト"との出会いは、園田にとってまたとない機会の到来であった。それは、ブルガリアへ調査に派遣された研究者の報告にもあるように、「自然のなかで長生きするだけではなく、誇りをもって、社会貢献しながら生きている」という本質に根ざすものであった。このヨーグルトの特別な力を広げ、多くの人に分け与えることによって、人の幸せを作るということに専念する。それは園田にとって、ヨーグルトを通じて、弱まった社会的地位と評判、個人の尊厳と威信を取り戻し、社会復帰の道へとつながったのである。

　しかし、ビジネスの世界では、彼女がヨーグルトにみた生活改善、健康回復、自然との共生などといった価値観は、ブランド力を生み出すための最大の武器となった。園田は金銭による交換をタブー視していたが、皮肉にも企業の市場拡大戦略に利用されてしまったのである。明治乳業の社史において、「ブルガリアヨーグルト」の導入における彼女の役割については何も書かれていない。園田がそういった理念を持っていたことは、全く知られないまま、彼女の存在は忘却へと追いやられたのである。そして、今日、多くの人びとにとってヨーグルトといえば「明治ブルガリアヨーグルト」という図式へと取って代わっている。しかし、園田にとっては、ヨーグルトは今もなお商品ではなく、彼女の人生観の具体的表現なのである。

---

119 「天光光」は本名であり、父親の松谷正一がつけたそうである。園田によると、「天」は宇宙を表し、光は世の中を創っているさまざまな要素のなかで最も大切なものとして、「光」の字がつけられたという。最初の「光」は宇宙の光、次の「光」は世の中の光になるように生きてほしいという父親の願いを込めたものだと説明している。

第三節　大阪万博におけるヨーグルトの「発見」

　本節では、「明治ブルガリアヨーグルト」の商品化のきっかけとなった大阪万博に焦点をあて、関連資料や当事者への聞き取り調査に基づいて、ブルガリア館の展示の工夫や広報戦略について、ヨーグルトをめぐる言説の国際的展開との関係性という観点から考察する。

（1）ブルガリア館の展示方法

　ここでは、大阪万博における国家の参加目的やブルガリア館の展示内容に着目し、ブルガリアの古代文化と豊富な自然をアピールすると同時に、科学的進歩や機械産業の発展を中心に社会主義国家の成功を主張しようとする努力について取り上げる。また、ここで注目しておきたいことは、ブルガリア館の展示において社会主義の建設に尽くす労働者がビデオや写真の一部に登場しているものの、「人民食」とされていたヨーグルトについては一切取り上げられなかったことである。

　1970年に大阪で開催された万国博覧会は「人類の進歩と調和」というテーマを掲げ、当時史上最高の77カ国が出展し、博覧会来訪者人数も6,400万人を越え、史上最高の来訪者数を記録した。大阪万博は、最先端の技術と世界の多彩な文化が交わる見本市であり、缶コーヒーやファーストフードの普及など日本人の食生活に大きな変化をもたらした。今では健康維持のため、朝食などでは日常風景になった「明治ブルガリアヨーグルト」も、大阪万博を契機に商品化され、洋風化していく日本人の食生活に浸透していった。そして、第二章にも触れたように、大阪万博は日本ブルガリア両国間の文化・経済交流の最初の場を提供したのである。

　ブルガリアにとって、大阪万博は世界博覧会への初参加の舞台となり、ソ連とチェコスロバキアとともに、東欧社会主義国の代表として、さまざまな展示に力を注いだ[120]。ブルガリア館は、会場の北西部でソ連館に面

---

[120] 1967年、モントリオール万博を訪問したジフコフ書記長は、強い印象を受け、その場で即時に大阪万博への参加を決定したといわれている。

しており、バルカン山脈を象徴した四つの三角錐を組み合わせた建物と、その基部を形づくる平野部分の素朴なデザインで構成されていた[121]。当時のブルガリア館担当のトドル・ディチェフ（日本駐在で1979～1982年までブルガリア大使就任）によると、ブルガリア館は長蛇の列で数時間待ちのソ連館と横並びに位置していたため、そこを見学した多くの人びとはピラミッド式の変わったデザインのブルガリア館にも興味を持ち、足を運んでいたという。

　そもそもブルガリアが本万博へ参加する目的は、ブルガリアの古代文化と社会主義体制下における経済発展を知らしめ、互恵的な経済関係を築く価値がある国としてアピールすることにあったと、ディチェフ元大使は説明している。5月20日のブルガリアのナショナルデーでは、東欧社会主義諸国の共産党トップのなかで唯一大阪万博を来訪したジフコフ書記長は「サクラやバラを通じての親善関係が進んでいる」と挨拶し、「力を合わせ世界平和への努力を進めていく」と主張したという[122]。式典の後、お祭り広場ではブルガリア自慢のバラを日本製ロボットにささげ、親日関係強化を強調した。催し物としては、国立民族舞踊合唱団、国立男性合唱団、世界大会で金メダルを総なめにした「ゴールデン・ガール[123]」による新体操の実演が展開され、ナショナル式典を盛り上げたという。

　ブルガリア館の展示テーマは「母なるバルカンの山々」であり、館内では古代トラキア文明の黄金遺品や中世の宗教画イコンなどが展示されていた。館内入口付近もバルカン山脈のイメージで、登山を連想させるように

　121　ブルガリア科学アカデミーの建築研究所のアントン・グゴフは、「社会主義期におけるブルガリア建築」という報告のなかで、大阪万博のブルガリア館は、労働者大衆に感銘を抱かせるために、装飾的で権威的な社会主義リアリズムという当時の社会主義建築スタイルとは異なり、素朴な様式で、高い技術を用いた前衛的な建築であったと評価している［Gugov 2009］。

　122　大阪万博のイベントを紹介するパンフレットによる。

　123　1969年の世界大会でマリア・ギゾヴァ選手は4つの金メダルを取得し、また彼女以外の選手も数多くの金メダルを取得するようになり、彼女たちは通称「ゴールデン・ガール」と呼ばれるようになった。

仕立てられており、独創的な工夫が凝らされていた。また、石畳みの小道の両側に、ゼラニウム、ツゲ、バラなど、国を代表する色とりどりの草花が植え込まれており、観光国として名高い美しい国土という印象を与えようとしていた。「バルカン山脈」をイメージした館内では、来訪者に対して穏やかな気候に恵まれた環境を理解してもらえるよう、北にドナウ川、東に黒海など位置関係が一目でわかるような大きなブルガリア地図を配置していた。一階の展示は、古代文化の伝承者としてのブルガリアおよび民族独立にいたる紆余曲折の歴史について、紀元前4世紀のトラキア人の墓の模型や遺跡、古代のレリーフ銅版画、書籍や絵画パネルの展示や遺品などを展示していた。またそのなかに、社会主義国へ転じ、近代化に勤しむ人びとの姿も描かれていた。そして、人民の豊かな生活ぶりや四季の自然の移り変わりの美しさなどを紹介するビデオが繰り返し上映されていた。エスカレーターで二階に上ると、電力産業や、全輸出の30％を占める機械工業など、現代の産業の歩みを紹介する展示となり、農工業、科学、医学などあらゆる分野で社会主義圏の繁栄に貢献した実績が取り上げられていた。展示室の一画には特設舞台が設けられ、民族芸能が紹介されていた。また、ブルガリアの国情のパンフレットでは、新体操や民族舞踊、機械化された農業や灌漑施設、黒海沿岸の避暑地、スキーリゾートなど、年間200万人以上の外国人観光客を迎える観光スポットなど、さまざまな視点でブルガリア事情が紹介されていた。つまり、ブルガリア館の展示や関連資料においては、ある程度国際的な成功を収めた分野しか取り上げられていなかった。そのなかに、社会主義国家の高級官僚によって「人民食」とみなされていたヨーグルトは、一切登場することはなかった。なぜなら、1960年代後半からD.I.企業のテクノクラートによって提唱されはじめた「技術ナンバーワン」言説が国際舞台においていまだに認められていなかったからである。

（2）ブルガリア館の広報活動

　ここでは、ブルガリア館の担当者が関心を集めることに邁進した活動に焦点をあて、公式な広報戦略に組み込まれていなかったヨーグルトが注目

されたきっかけについて取り上げる。

　ブルガリア館担当のディチェフ大使（当時外務省におけるアジア担当）によると、当初共産党の高級官僚たちはブルガリア館において、社会主義的なプログラムに沿って運営させようとしており、ブルガリア国内イベントの「社会主義労働者の日の祝い」や「社会主義詩を読む会」など、日本では全く縁もゆかりもない行事の開催を指示していたという。しかし、モスクワ大学で日本語・日本文化学を専攻し、後にソフィア大学で日本語学科を設立した彼は、いかに日本との文化経済交流を促進するかということのほうが得策であると考え、社会主義国家の発展を主張しながらも、日本のメディアでも紹介されるほど楽しいプログラムや行事を企画していった。ブルガリア館が肯定的に注目されていたため、共産党上層部は、このような運営方法への理解を見せ、イデオロギー部分に関して妥協したという。たとえば、社会主義建国の父と呼ばれるゲオルギ・ディミトロフの業績を祝う日を設ける代わりに、ブルガリア民族舞踊を伝えるための定期的な民族舞踊教室の開催や、ブルガリアの有名な歌手を招いて歌を披露させるなど、日本との交流を深める活動を試みていた。また、日本の風習や記念日に合わせ、来訪100人目の子どもにブルガリア民族衣装をまとった人形をプレゼントし、5月5日のこどもの日に合わせてすべての子どもにブルガリアのチョコレートを配布するなど、日本のマスメディアで取り上げられるほどさまざまな行事を盛り込み好評を得ていたという。さらに、館内の食堂とバーにおいては、バイオリンやアコーデオンの演奏が毎日催され、その好評は口コミで広がっていくと、日本の電力館の従業員の結婚式までブルガリア館の食堂で開催されたという。また、食堂のウェートレスや展示を案内するガイドは人形のように綺麗であると評され、日本人の来訪者はよく彼女たちと写真を撮りたがっていた。このことも、ブルガリア館の人気につながったという。

　食堂のメニューではブルガリアの郷土料理が紹介され、日本の食卓でご飯のサイドメニューとして味噌汁がついてくるように、ここでは塩味のある冷たいヨーグルトドリンクが食事に添えられていた。これは、ブルガリアでは食堂やレストランのメニューにおいても、同様の位置づけであった

ため、ヨーグルトを特にアピールするような努力がなされていなかった。第二章で明らかにしたように、ヨーグルトは、栄養価の高い人民の日常食ではあったが、ブルガリアの代表料理としては紹介されず、特別な展示もなかった。ブルガリア館の展示や紹介パンフレットからもみて取ることができるように、社会主義国家の発展を告げる大規模な農工業については大きく取り上げられていたが、酪農の伝統について伝えることはなかった。要するに、大阪万博開催時は、ヨーグルトが国家レベルで「人民食」以上の価値があるものとはみなされていない時期でもあったため、取り立てて大きな紹介はなされていなかった。D.I. 企業のテクノクラートが国内外における「技術ナンバーワン」言説の広報活動に積極的に取り組んだのは、同年T社長の就任以降のことである。したがって、ヨーグルトは戦略的に展示されたというわけではなく、むしろ万博のひとつの「発見」として位置づけられる。その日本企業による"ブルガリアヨーグルト"の「発見」につながる大きなきっかけとしては、天皇陛下のブルガリア館への訪問が特筆される。

　ディチェフ元大使によると、彼は天皇陛下が4日間にわたる大阪万博来訪中に、ソ連館を見学されることを聞きつけ、宮内庁へ連絡をとり、隣にあるブルガリア館へ10分程度でも足を運んでいただけるよう時間を調整してほしいと熱意を込めて懇願し、そのスケジュール枠を確保したという[124]。そして、天皇陛下来訪の当日、彼はまず、ブルガリア式のもてなしにおいて不可欠であるパンとハーブ塩で天皇陛下を出迎え、館内の展示の案内終了後、応接室で少量の酒が入ったヨーグルトドリンクとハーブのかかったヨーグルトを提供し、メチニコフの「不老長寿」説に触れながら、ブルガリア人の食生活に欠かせない「長寿食」としてのヨーグルトや

124　前節で述べたように、当時、園田天光光が"ブルガリアヨーグルト"の効能に関する情報を、すでに日本の上流階級層へ浸透させており、昭和天皇もこの情報は耳にしていたといわれている。このことから、天皇陛下がブルガリア館を訪問した背景には、園田の社会活動が関係していると考えられる。この意味でも彼女が取り上げた「聖地ブルガリア」言説の意味は大きい。

ブルガリアの自然の美しさなどについて熱心に説明し、天皇陛下もその説明に対して熱心に耳を傾けていたという。

天皇陛下来訪からしばらく経過し、ディチェフのもとへ宮内庁の秘書から、一本の電話連絡が入った。内容は宮内庁のトップが彼と面会したいということであった。彼は40分ほどの天皇陛下のスケジュール枠遅延による失敗が関係しているのではないかと早合点し、この任務から外される運命に深い落胆を感じたという。しかし、宮内庁トップからは「実は天皇陛下は応接室で出されたヨーグルトに大変感銘を受けており、是非皇太子にも同様のプログラムを組み、ヨーグルトを出してほしい」と依頼された。彼は快諾し、皇太子にも天皇陛下と同じプログラムでヨーグルトを提供し、大変喜ばれたそうである。

天皇陛下と皇太子の訪問によって、ブルガリア館はさらに話題を呼び、広報活動のなかでも威力を発揮したという。その後も、ブルガリア館ではヨーグルトについて、特に何も企画されなかったが、大阪万博側が作成したポスターのひとつに、珍しい外来文化としてブルガリア館のヨーグルトが取り上げられたこともあり、一般の来訪者からも乳業界からも多くの関心が寄せられた。

このように、天皇陛下の来訪は、当初ブルガリア側の意図していなかったヨーグルトに焦点が集まり、「ブルガリア人民の食べ物」としてではなく、「聖地ブルガリアの長寿食」としてのヨーグルトの新たな展開を告げることとなった。結果的に、大阪万博は、ブルガリア国内においても、国家レベルでほとんど注目されていなかった"ブルガリアヨーグルト"に対する意識の高まりにつながり、「技術ナンバーワン」言説を開花させる歴史的な場を提供することとなったのである。

第四節　明治乳業による「企業ブランド」言説

本節では、日本の民間企業による「ブルガリアヨーグルト」の商品化にともなう新たな言説の形成と浸透について取り上げる。それは、他のヨーグルトとは明らかに差異化された「本場の味」を主張する「企業ブラン

ド」言説である。この言説は、企業の市場拡大という要素を取り入れながらも、日本の人びとの食生活とヨーグルト文化に大きな変化をもたらした側面も有している。また、ここでは詳しく述べないが、日本における「企業ブランド」言説が、日本の消費者にとどまらず、現代ブルガリアにおいても、ヨーグルトをめぐる緒言説の展開に大きな影響を与えている。本節ではその誕生から浸透に至るまでの経緯について掘り下げていく。

（1）「本場の味」の誕生

ここでは、日本初のプレーンヨーグルトの商品開発に注目しながら、明治乳業が「本場の味」を保証する「ブルガリア」という商品名の必要性から、ブルガリア側と交渉を重ねていく過程を取り上げ、「本物志向」に基づいた「企業ブランド」言説の土台作りを描き出していく。

ヨーグルトを食べるという文化は、数十年前まで日本にはほとんどなかった。一般的に、東アジアなど稲作を中心とした農業社会では、牧畜社会と違い、乳製品は大衆の食生活に重要な位置を占めることはない。しかし現在では、日本のどのスーパーやコンビニエンスストアにおいても、多種多様なヨーグルトが陳列されており、競争はますます激しくなっている。日本のヨーグルト市場は、1995年〜2007年まで、市場規模2,000億円弱から3,000億円（生産ベース）に拡大し、今後もさらなる成長が見込まれている[125]。

ヨーグルトは今やほとんどの家庭の冷蔵庫に置かれているほど普及しており、朝食ではご飯と味噌汁に取って替わるほど日本の食文化に大きな変化をもたらしている。言うまでもなく、その過程において、明治乳業は大きな役割を果たしてきた。今やヨーグルトといえば、明治乳業の定番商品「ブルガリアヨーグルト」が圧倒的に浸透している。売上は2007年3月期に673億円、ブランド認知率は9割以上で、ヨーグルトのトップブランドである。

しかし、日本初のプレーンヨーグルトは、画期的な味だけではなく、ブ

125　明治乳業の経営戦略本部、海外事業部から確保したデータによる。

ルガリア国名にもかかわる商品として、その誕生と成長の背景には、さまざまな困難があった。「明治ブルガリアヨーグルト」の開発から普及までの過程を筆者に語った経営者や研究者など明治乳業の社員は、トップブランドへの昇進、輝かしい成功とは裏腹な苦難のスタートや、当時の開発チームの強い意志や信念を主張している。それこそが「ブルガリアヨーグルト」のブランド物語であり、今や社内・社外という二つの次元において、「本物志向」や「イノベーション」などに重点を置いた明治乳業らしさを伝える主要材料として機能している。その意味では、明治ブルガリアヨーグルトをめぐる「企業ブランド」言説は経済効果を生み出すとともに、精神的な社内統制や、乳業業界における地位や消費者からの信頼性など、企業イメージにも直結している。

　そもそも、ブランドとは、ひとつの製品を別の製品から区別する役割を果たし、市場における生産者の指紋のようなものとして理解されている［Kravets and Orge 2010、Manning and Uplisashvili 2007］。市場経済において、ブランドは競合他社との差別化を図り、自社製品の品質を保証する働きがある。ブランド名の評価から商業的価値が生じるため、ブランドは企業にとって大きな資産であるとともに、消費を促進するための重要なツールである。この意味では、1970年の大阪万博のブルガリア館で出品されたヨーグルトの「発見」は、明治乳業にとって非常に重要な出来事である。特に1960年代後半、デザート向けの果肉入りヨーグルト市場は競合他社がひしめく状況であり、明治乳業は他社との差別化のため、新製品投入が課題となっていた。

　当時、研究開発部で技術専門家を務めた K.M. によると、開催中に出展していた明治チーズサロンの担当者から、明治乳業本社に、ブルガリア館に興味深いヨーグルトがあるとの速報が入った[126]。ただちに、藤見敬讓常務のもとで[127]、技術、生産、販売、工務などの全部門から数人の社員

126　K.M. は当時30歳代であり、後に明治乳業の研究開発所の所長となる。K.M. の部下によると、彼は「ブルガリアヨーグルト」に対して特別な愛着があり、常に研究活動の中心に据えていたという。

が選抜され、万博会場へ送り出されたという。そこから持ち帰ったヨーグルトのサンプルは添加物を含まないコクのある味であったものの、酸味が強く、それまで菓子類の延長線上で甘いヨーグルトに慣れていた日本の消費者に受け入れられるものか、大きな疑問が生じたという。しかし、藤見常務の「本物はいつかわかってもらえる」という決断のもとで、商品開発が進められていった。

　明治乳業は、日本で初めてヨーグルトの工業的製造を開始し、1950年のハネーヨーグルトの発売以降、ファージ菌に感染しないファージ耐性菌の発見[128]、連続発酵技術の開発など実績をあげていたため、「ブルガリアヨーグルト」の開発は技術的にそれほどハードルが高くはなかったという。そして、研究所が保管していたブルガリア菌から、芳香性、酸味度、組織性など、えりすぐった菌株を用いながら、「本場の味」に近づける努力と試作を重ねていった。

　容器については、日本初のプレーンヨーグルトであったため、販売量の見通しを立てることが難しく、予算の関係で、新たな開発はおこなわず、牛乳で使われていた紙容器で販売することとなった［明治乳業株式会社 1987：74—75］。ヨーグルトをこの容器に入れ、運搬の際、揺れによる形崩れがあるかどうかを検査するテストも繰り返し、徹底した品質管理を目指した。このように、開発に取り組んでから約一年後、開発チームは「本場の味」を再現した商品を完成し、日本で初めて500g、全乳タイプで発売されることとなった。

　開発チームは、大阪万博のブルガリア館で入手したサンプルをもとに開発したヨーグルトであったため、新製品の名称について、開発段階から「明治ブルガリアヨーグルト」というネーミングを検討していたという[129]。ところが、発売に先立ち、名称使用の承諾を取り付けるために、

127　1977年に社長に任命され、後に代表取締役会長となる。1981年にジフコフ書記長から、ブルガリアとの経済関係に大きな貢献をしたものに贈られる最高の栄誉「マダルスキ・コンニック勲1等」を授与された。

128　ファージは、ヨーグルト製造に用いる乳酸菌のなかで繁殖して菌を溶かしてしまうウィルスのようなものである。

宣伝部長がブルガリア大使館に赴いたところ、予想外の反応に直面した。大使館側は、ブルガリアで作られていないヨーグルトに対して、「ブルガリアヨーグルト」という商品名はあり得ないと、完全に拒否したのである。1987年に出版された明治乳業70年史では、当時のブルガリア大使館の言葉は以下のように記されている。

> ブルガリア国民は、虐げられつづけた歴史を持っています。しかし最後まで守り続けてきたものがあり、それを誇りとしています。それは民族の心と、ブルガリアヨーグルトなのです。数千年の歴史を持つヨーグルトは、ブルガリアにとって国の宝。他国民が作ったものにその名を貸すわけにはいかない［明治乳業株式会社 1987：76］。

このように、ブルガリア国名の使用を却下された結果、開発チームは、新商品の名称を「明治プレーンヨーグルト」とし、1971年3月に発売に踏み切った。翌月の発売記念試食会で、本物らしさを作り出すために、ブルガリアの民族衣装を身につけた女性や製造部の社員が、馬車風のワゴンの前で、販売促進に最大限の努力をしていたという。しかし、甘いヨーグルトが常識であった当時、無糖プレーンヨーグルトゆえに「酸っぱい」、「まずい！」、「もう、いらない」、なかには「このヨーグルト、腐っていますよ」と、消費者は拒絶反応を見せる結果となった[130]。酸っぱいヨーグルトの味と食感が消費者に受け入れられず、明治乳業の新製品を扱う販売店は、30軒に1軒程度であり、売上は発売直後全国で300個しか売れない日も続いていたという。それまではヨーグルトと言えば、デザートとして大きくても100g容器であり、無糖で500gというのは当時の常識に反するも

---

[129] 明治乳業の社史によると、1963年、ブルガリア大使館の代表者が本企業の市川工場へ見学のために来訪し、当時ブルガリア菌が話題になったそうである。その縁で、大使館から凍結乾燥した種菌をもらったこともあり、新製品開発に着手してからも、同大使館の役人に開発中のヨーグルトを試食してもらうなど協力を得ていたという［明治乳業株式会社 1987：75］。このような経緯から、開発チームは、名称使用の了解は問題なく得られるものと考えていた。

[130] 明治乳業の新入社員向けのビデオによる。

のであった。つまり、日本初のプレーンヨーグルトはあまりにも前衛的な商品であったため、明治乳業の新製品の売上は伸び悩んでいたのである[131]。

　日本における伝統的な食事形態をみると、朝食と昼食はご飯・味噌汁・つけもの・おかずが一般的であり、夕食は朝食や昼食におかず数品を足したものである。このような食卓では、ヨーグルトは登場しにくいため、最後にデザートの代わりか、食事のあいまにおやつとして食べるといった、限られた選択肢しかなかったのである。1970年代の初め、ヨーグルトがデザートという形をとっていたのは、日本の食文化のひとつの適応である。また、日本独特の形態とされている甘口の乳酸菌飲料も、食事のあとに、口直しとして入りやすいため、ヤクルトなどのような発酵乳が浸透していた。いずれの場合も、それを小容器に配分して販売するといった形態が定着していた。明治乳業は、このような日本文化とぶつかり合い、それを優れた技術では変えることはできないと実感したのである。

　そこで、プレーンヨーグルトの潜在力を発揮させるために、その酸っぱさこそが「本場の味」であると消費者に伝える必要があった。つまり、新

---

[131] それは、当事者の視点では、技術の問題ではなく、文化の問題として捉えられていた。たとえば、当時の技術担当者K.M.は次のように述べている。「プレーンヨーグルトの開発は大変じゃなかったのですよ。われわれには十分な技術力がありました。しかし、だからといって、それで新しい文化を浸透できるわけではありません。英語のCultureという言葉には二つの意味があります。それは、われわれ乳酸菌研究分野でよく使うスターター菌と、一般的に使われている文化です。ヨーグルトの製造において最もいいスターター菌を選抜するのは技術の問題であり、研究努力を重ねれば乗り越えることができます。しかし、ヨーグルトを食べることは、味や食事の組み合わせにかかわる問題であり、それはまさに文化です。いくら優れた技術を発揮したとしても、それでは文化が変えられないのです。だから、営業の人たちはとても苦労していました。まさに辛抱と我慢の時期でした」。このように、当時の苦難を回顧する技術専門家は、新たな文化の育成において、「ブルガリア」というネーミングの重要性、技術そのものの限界を意識していた。

製品の運命をブルガリアの文化や伝統に託し、「本物」の証としてのブルガリア国名を商品名に冠すれば、それが製品の品質保証となり、消費者にも説得力があると考えた。明治乳業の新入社員の研修で使われるビデオによると、当時、何人かの医師から、電話やはがきで、プレーンヨーグルトを初めて商品化したことに強い共感と支持が寄せられたという[132]。商品開発担当者は、このような反応に励まされ、消費者に「本場の味」をアピールできるような強いブランドを築きあげるためにも、「ブルガリア」という名称が必要不可欠だと判断して、ブルガリア大使館との折衝を再開し、「本場の味」に非常に近い新製品の味を再現したサンプルを供試し、アピールしつづけていた。

　その間、ブルガリア側は、D.I. 企業へ明治乳業からのサンプル品を送付し、品質検査をおこなっていた。そのサンプルの品質や味が認められはじめると、明治乳業に対する姿勢を緩和させていった。その結果、ブルガリア側にロイヤリティーを支払いながら、品質保証のため D.I. 企業から毎月種菌を買い取り、技術指導をこの先10年間受け入れるという内容の技術援助契約が結ばれた。「ブルガリア」という商品名と "Licensed by Bulgaria" という商標を確保することで、明治乳業のヨーグルトが D.I. 企業の製品と同じ風味をもつこと、添加物のない状態で一定の品質を保つこと、健康上の効果をもつこと、などが保証されることになった。このように、1973年12月、「本場の味」であると主張できる「明治ブルガリアヨーグルト」が発売されたのである。

　ここで注目しておきたいことは、本ブランドの誕生は、日本の民間企業のみならず、ブルガリアの国営企業にとっても、非常に重要な出来事となったことである。明治乳業との契約は D.I. 企業にとって、1967年の独

---

[132] 医師などからの手紙の具体的な内容について、明治乳業の社史からうかがえることができる。たとえば、「よいものを出してくれた。これを開発するには勇気がいっただろうと思う。これからの日本人の健康のためには、こういう食品がもっと広まっていかなくてはね。」というような内容が記されている［明治乳業株式会社 1987］。その手紙のメッセージが、開発チームを力づけ、熱意を取り戻した、と明治乳業では今もなお伝えられている。

ミュンヘンの乳業組合とのライセンス契約以来、国際舞台における初めての実績となった。この意味では、D.I. 企業の経営者や技術専門家にとって、貴重な経験として後押し材料にもなったと考えられる。なぜなら、日本で成功を収めた"ブルガリアヨーグルト"が、ブルガリア国内においても、国際市場においても D.I. 企業の「技術ナンバーワン」言説を裏付けることとなったからである。そして、ギルギノフ教授や T 社長をはじめとする D.I. 企業の研究者や専門家は定期的に明治乳業の研究所と製造工場を訪問し、ヨーグルト製造の見学、意見交換や技術指導をおこなうようになった。

　他方、明治乳業は十分な技術力を備えていたため、D.I. 企業の「世界一」の技術ではなく、説得力のあるヨーグルトの「ブランド」言説を作り上げるために、ブルガリアの国名使用許可を必要としていた。それを実現するために、D.I. 企業との技術援助契約のもとで、毎月ブルガリアから「純粋種菌」を空輸し、ギルギノフの技術で「本場のヨーグルト」を製造するようになった。その証として、発売の1973年から容器革新の1981年まで、ヨーグルトのパックに、ギルギノフのサインと祖父の写真を掲載していた。「明治ブルガリアヨーグルト」のパッケージそのものは、「技術ナンバーワン」言説で国際市場を狙う D.I. 企業と「本場の味」をブランド言説の中心に据えた明治乳業の両社のベクトルが交差しあい、相互補完の表象となったのである。

　以上のように、明治乳業の新製品は、ブルガリアの国名使用許可を得て、「明治ブルガリアヨーグルト」としての新しい出発が決まった。そして、その個性的な味こそが「本場の味」であるという標語のもとで、ブランド創造への取り組みが始まることになった。次項では、その本物らしさの演出につとめる明治乳業の取り組みを取り上げ、消費者への影響について検討する。

（2）本物らしさの演出
　ここでは、明治乳業のブランド戦略の中心に据えた「本場の味」という言説について、商品のパッケージや宣伝などから何をいかなる形で伝えよ

うとし、またそれが消費者側でいかに受け止められているかということに焦点をあてる。

　前項で明らかになったように、日本初のプレーンヨーグルトは、添加物を含まないため、酸味が強く、消費者側に受け入れられ難いものであった。当初から明治乳業の宣伝は、その個性を「ひたすらさわやか」や「本場ブルガリアの味」であると主張しつづけてきた。そして、ブルガリア関連情報を、ヨーグルトの「なるほど豆知識」として、製品の中蓋に記載しつづけている。筆者が収集した中蓋（約35種類）のなかで、ヨーグルトはなぜ「ブルガリア」のものであるか、「明治ブルガリアヨーグルト」はなぜ正統派であるか、ヨーグルトはブルガリアから世界にどのように広まったか、といった題目で本製品を「日本で唯一、本場ブルガリアから認められたヨーグルト」として提示されている。そして、それは「本場」の素朴な味であるからこそ、明治ブルガリアヨーグルトが正真正銘、あるいは本格派であると説いている。ブランド名自体はその保証となり、"Licensed by Bulgaria"というパッケージの商標もその正当化に寄与している。また、宣伝などで示唆される「ヨーグルトの本場ブルガリア」という言説も、同様の機能を担っており、明治乳業の製品が「本物」であると主張している。それは、日本の消費者に対して、プレーンヨーグルトの個性的な味への抵抗感を緩和させ、ヨーグルトへの新しい認識を浸透させようとするものである。そこで、数千年の歴史をもつブルガリアのヨーグルト文化を伝える必要性から豊かな自然のなかで、平和な暮らしを送るブルガリアの人びとの姿も登場している。

　「明治ブルガリアヨーグルト」の本物らしさをどのように演出するかによって、ブランドの成功度合が異なる。ノルウェーの文化人類学者のマリアン・リエンによると、企業は海外食品を商品化する際に、舶来さと、ある程度の親しみとのバランスは非常に重要であるという。たとえば、ニューギニアの食品の場合、ノルウェーへの浸透は困難であり、その理由としてノルウェーの消費者にとって、ニューギニアは「重要な他者」ではないからであるとしている［Lien 2003］。日本で当時、全くなじみのなかった社会主義国家ブルガリアは、リエンが言うような親近感を日本の消

費者にもたらしえたものであったのか。

　当初からこれまでの「明治ブルガリアヨーグルト」の宣伝を見ると、製品の健康への効果という側面や味覚や食べ方に関する新たな提案に加え、必ず、遠い国ブルガリアの民族的様相を視覚的に反映させている。そこには民族衣装をまとった女性、バグパイプなどの民族楽器を演奏する若い人びと、ご馳走とともにヨーグルトをおいしそうに食べている家族団欒の姿、古い町並みのなかを歩く元気な老人、牛や羊の群れを率いる酪農家などの牧歌的な生活が浮かび上がる。それらの背景には、広大なロドピ山脈の景色が広がり、平和で美しい「ヨーグルトの本場ブルガリア」が描写されている。また、ナレーションでは「風が違う。光が違う。水が違う。この風土のなかで、おいしいヨーグルトが生まれる」や「人びとはヨーグルトとともに生きていた。ブルガリアで生まれた私たちのヨーグルト。ヨーグルトの聖地ブルガリア」と語られる。なかにはメチニコフが登場することもあり、長寿食としてのブルガリアヨーグルトに焦点があてられる[133]。このように、明治乳業の宣伝のなかでヨーグルトの本場ブルガリアがロマンチックに描かれているのである。

　このような自然風景自体、ブルガリアだけではなく、スイスやデンマークなどおいしい乳製品のイメージが強いヨーロッパに酷似しているという意味において、消費者側ではなじみのあるヨーロッパの風景とブルガリアを連想しやすい。筆者は、毎年東京で開催される世界旅行博のブルガリア館でのクイズやヨーグルト試食会を通じて、多くの来訪者にブルガリアの何が知られているかをうかがう機会があった。「ブルガリアはどこですか」という質問に対しては、あいまいな回答者もなかにはいたが、ほぼ全員が「ヨーロッパ」と答えた。つまり、ブルガリア自体は日本で「重要な他者」ではないかもしれないが、間違いなく「重要な他者」であるヨーロッパに所属するという地理的な認知からすると、「本場ブルガリアの

---

[133] そのナレーションは、「イリヤ・メチニコフ博士。寿命と食事の関係を紐解いたのは、ブルガリアのヨーグルトだった。この力は今も私たちを支えている」という。

味」に懸けた明治乳業のブランド戦略は成功しているといえる。そこで展開された「明治ブルガリアヨーグルト」をめぐる本物らしさの演出は、看板商品としての育成において非常に効果的であった。

　他方、ブルガリアの風土のなかで生まれたヨーグルトは大量生産品ではなく、現代の人びとの個々のニーズに応え、健康価値の高い天然食品として提示される[134]。その背景には、宣伝効果以外にも、スーパーマーケットでの販売促進やマスメディアへの研究データの提供など、明治乳業によるヨーグルトの知識普及活動があった[135]。また、社会的な動きとして、1970年代後半からの生活改善運動の始まり、ジョギングや体操の流行とともに、自然食への人びとの関心の高まりなどがあった。そのなかで、パイオニア的な食品として、「明治ブルガリアヨーグルト」は消費者の自然志向や健康志向といった強い潮流の追い風を受けることとなった。それは、数字に明確に表れるようになり[136]、「明治ブルガリアヨーグルト」にとっても、日本のヨーグルト文化にとっても、新たな幕開けを告げていた。このように、ヨーグルトの酸味自体、健康にいいものとして、消費者に受け入れられるような兆しが現れ、1980年代初頭から日本人の食生活において確実に定着しはじめたのである。

134　明治乳業は消費者のニーズに応えるために、1977年には「飲むヨーグルト」、1980年にはフルーツヨーグルトなどを発売し、「明治ブルガリアヨーグルト」の延長線上でシリーズの充実に取り組んだ。今なお飲むヨーグルト市場で大きなシェアを獲得しつづけており、2006年の占有率は55.5％である。

135　たとえば、店頭では、ブルガリアの民族衣装を身につけた若い女性が、フルーツと混ぜ合わされたヨーグルトのドリンクを飲むことや蜂蜜をかけて食べることなどさまざまな食べ方を提案し、そのおいしさを伝えようとしていた。また、製品の手書きのタグで、イチゴやブルーベリーなどの果物とヨーグルトとの組み合わせ、シリアル食品との組み合わせの提案、ブルガリアに関係した独特な景品をつけるなど、「本物」としての商品を知らせることに重点が置かれた。

136　「明治ブルガリアヨーグルト」について、1974年の販売量と比較した場合、1975年は33％増、1976年は51％増、1977年は71％増と着実に伸びていた［明治乳業株式会社　1987：79］。

「明治ブルガリアヨーグルト」のコマーシャルは、社会的にも、個人的レベルにおいても、このような健康意識の高まりを反映している。そこではブルガリア人のヨーグルトは、「長寿食」として強調されており、現代の日本の人びとの日常食生活において必要不可欠な食品として「今も私たちを支えている」と主張されている。一方、本研究にとって興味深いことは、企業側で作り上げられてきたこのようなブランド言説が、消費者側でどのように受け止められているかということである。実際のところ、消費者への聞き取り調査の結果から、多くのブランドが浸透しているなかで、さまざまな意見がうかがえる。たとえば、「小さな子どもに食べさせるにはやはり明治だ」「ずっと以前から販売しているもの」というブランド志向を持つ人びとや反対にスーパーの特売で最も安価な製品を選定するといったブランド志向を持たない人びともいる。また、味の嗜好に関しても強烈に酸っぱいと感じる人もいれば、酸味があるからこそ好きな人もいる。たとえば、埼玉県のインフォーマントのA.H.（男性、76歳）は本製品について以下のように表現している。

　　おいしいと思わないよ。何よりすっぱい！　砂糖を入れても、なかなかおいしくならない。考えてみると、納豆など日本の発酵食品がいくらでもあるから食べなくてもかまわないものだ。でもヨーグルトは胃腸に効くといわれているし、私は胃が弱いので、妻がいつも冷蔵庫において毎日食べさせてくれている。薬を飲むくらいなら、ヨーグルトの方がいいでしょう。

　一方、このインフォーマントの孫（女性、16歳）によると、酸っぱいと思わないだけではなく、本製品についている砂糖を入れずに、そのままの味が好きであるという[137]。つまり、ヨーグルトの嗜好において世代、性別、地域ごとに、また同じ家族であっても個人レベルで差がある[138]。特に高齢者は、酸味のある「ブルガリアヨーグルト」の味自体に対しては、

137　興味深いことに、A.H.は現在、自家製用のヨーグルト種菌（ブルガリアから輸入されているもの）を買うようになり、家庭で"ブルガリアヨーグルト"を作っている。

抵抗感があるものの、「長寿」につながる健康維持に欠かせない食品として、日常食生活に取り入れるように努力している。インフォーマントの一人が「本場の味だからこんなもんだ！」と表現したように、一般的に、この素朴な味だからこそ健康的な天然食品と受け止められている。

　日本におけるプレーンヨーグルトの受容の背景には、時代の流れとして自然志向や健康ブームの到来がある。しかしその一方で、明治乳業の作り出した「企業ブランド」言説の影響力は非常に大きく、それが大いに貢献していることも事実である。"ブルガリアヨーグルト"をめぐる「企業ブランド」という言説は、明治乳業の看板商品を生み出したと同時に、日本の食卓と消費者の意識を大きく変えたものである。

138　帯広畜産大学の佐々木市夫（代表）の調査報告では、北海道ではプレーンヨーグルトとハード（ゼラチン）タイプのヨーグルト、関西ではフルーツヨーグルトとドリンクヨーグルトと好みに傾向がある［佐々木 1999］。日本では、ヨーグルトはもはや「ブルガリア」から飛躍し、コーカサス地域の伝統的な発酵乳であるケフィアやカスピ海ヨーグルト、「デンマークヨーグルト」なども注目されはじめている。最近は特に「ホームメードケフィア」がはやっており、複数の乳酸菌と酵母との組み合わせのため、「ヨーグルトを越えた発酵乳」とも呼ばれている。また、栄養補助食品としても、通信販売などもおこなわれている。さらに、カスピ海ヨーグルトは、酸味がなく、とろとろ感があるため、主婦の間で人気を呼び、ヨーグルトの種菌を手渡しで分け合うことによって、日本全国に広まっている。京都のインフォーマントの一人によると、自分で作るのは楽しいだけではなく、10年以上前から食べはじめて以来、免疫力が高まり、風邪などをひきにくくなったという。現在では、健康意識の非常に高い日本の人びとは、消費者としてヨーグルトをさまざまな機能性の高い製品から選択し、健康のために日常食生活に取り入れるというだけではなく、ヨーグルトの作り手として「菌を育てる」、「自らの味を楽しむ」、「菌を分け合い他人と共有する」という新たなステージへと移行している。日本の人びとのこの「手渡し文化」は他国では見られない、日本社会が生み出した独自のヨーグルト食文化の展開でもある。日本のヨーグルトはもはや「商品」という枠組みを越え、社会的ネットワークや人間関係の強化につながるという側面も有している。

（3）ブランド言説の拡大

　ここでは、ますます「情報化」が進む日本の食文化を背景に、ヨーグルト市場の競争激化において、「明治ブルガリアヨーグルト」をめぐる「企業ブランド」言説が拡大していく様相に注目しながら、それがブルガリア大使館のイメージ戦略にいかに取り組まれているかを示す。

　1980年代後半は、ヨーグルト市場の成熟化によって、消費者志向の多様化やニーズの細分化が進んだ時代である。人びとの生活スタイルの変化によって、大きな流れとして食のさらなる簡便化と一方では、グルメ志向や食のファッション化・趣味化が同時並行で進行していった。食の嗜好は高級化が進むと同時に健康志向も顕著になり、食の物質的・栄養的な側面よりも、健康への効果やおしゃれなどの「情報」という付加価値が重視されるようになった［井上 1999］。そして、食の文化が多様化するにつれて、食物の情報価値はますます高まり[139]、人びとは消費者としてよりも、一生活者として、より個性的な生活様式を取り入れるようになった。このようなニーズに積極的に応え、また他の乳業会社との激しい競争に勝ち残るためには、明治乳業は既存商品の改良や新製品開発のために最大限注力す

---

[139] 高田公理は、人間が色、形、味、香りなど五感で受ける食べ物の「感覚情報」と、食に関する多様なメッセージを伝える「知識情報」を区別し、食とそこに付与される情報について考察をおこなっている［高田 1999：243—259］。ヨーグルトを五感で楽しむという商品群で、最も顕著な商品は、食のファッション化の現れでもあるフローズンヨーグルトである。この10年間、それを扱う専門店が非常に増加しており、いわば「フローズン・ヨーグルト・バー」は、都市部では若年層のひとつの流行となっている。たとえば、大阪・神戸を中心に関西では、「ミルクの旅」というヨーグルトの専門店は、買い物の休憩場所として特に若い女性に人気がある。「ミルクの旅」のフローズンヨーグルトのために、「明治ブルガリアヨーグルト」が使用されている。伝票の裏側に The Lovers of Yogurt という英語題目で、「ヨーグルトの愛好者」ブルガリア人について次のように紹介されている。「ブルガリア人は、ヨーグルトが好きだ。3度の食事はもちろん、ティータイムにも、子どものおやつにも、ヨーグルトが食卓を飾る。日本人の30倍もヨーグルトを食べるとのこと」。

る必要があった。

　1980年代初頭、ビフィズス菌を用いた森永乳業のヨーグルトが商品の差別化を明確に押し出した。明治乳業は、このような競合他社の新規参入の動きに対して、ヨーグルトの効用に関する商品知識の普及活動にとどまらず、競合商品に決定的な優位差をつけることが急務となっていた。そこで、「明治ブルガリアヨーグルト」の商品力を強化するためには、ブルガリアの国営企業と築いてきた協力関係を補強することが重要な課題となった。当時、ブルガリアにおいて特に注目されていた菌株LB51は、ブルガリア菌のなかでも、特に優れた生理活性作用をもち、免疫力の促進や癌に対する治癒効果が期待できるという点で、乳酸菌の研究者らの間では大きな話題となっていた[140]。D.I. 企業での菌株LB51の発見は、明治乳業にとって商品力強化の絶好の機会となり、その研究成果に基づいて、1984年にこの菌を含む「明治ブルガリアヨーグルトLB51」が発売された。発売当初はLB51菌の生理的効果という訴求点と、明治ブルガリアヨーグルトのもつ「本物感」が強調されていた。本製品の宣伝には、大阪万博のブルガリア館の開会式にも活躍したブルガリアの「ゴールデン・ガール」新体操選手が起用され、「体よ、LB51」をキーワードに、ブルガリアらしさとともに、都会的なイメージや美的感覚が打ち出された。ヨーグルト市場への各社参入や購入世帯層の売上頭打ちなどの影響により、「明治ブルガリアヨーグルト」の伸び率は一時的に鈍化したが、1984年のLB51の登場によって、持ち直されたのである[141]。

　1990年代以降も、ヨーグルト市場のさらなる競争激化のなかで、「明治ブルガリアヨーグルト」のトップブランドとしての地位を守るための自助努力は続いた。本節の第一項で紹介した本製品の開発チームの技術担当者のK.M.はその頃、すでに明治乳業の研究所のトップに就任していたが、彼はテレビ出演や一般消費者向けの出版物を通じて広報活動を継続してい

140　後に菌株LB51を含むDeodanという薬が癌治療のために開発された[Bogdanov 1982]。

141　明治乳業のデータによると、発売直後の1984年5～6月は前年同期を1.5倍近く上回る伸びを示した。

た[142]。1993年に、K.M. の主導のもとで、健康効果促進と風味改良を目的に、整腸作用の高い菌株 LB81 が採用され、「明治ブルガリアヨーグルト LB81」が商品化されていった。また、1996年にプレーンヨーグルトとして初めて厚生労働省の「特定保健用食品」の表示許可を獲得したことにより[143]、「健康に役立つ食品」としての認知が大きく広がることとなった。このように、「特定保健用食品」というお墨つきの獲得によって、20世紀初頭、ブルガリアのロドピ山脈地方の長寿性に着目し、ヨーグルトの「不老長寿説」を発表したメチニコフの理論が、科学的に裏付けられたのである[144]。

現在、明治乳業の LB81 や LG21 以外にも、数多くのヨーグルト製品が

142　1992年1月22日の「おもいっきりテレビ」の放映の翌日、「明治ブルガリアヨーグルト」の売り上げが急上昇。明治乳業の新入社員向けのビデオによると、生産が追いつかないほどの反響であったという。

143　1991年に厚生労働省は世界に先んじて特定保健用食品制度を導入し、外部公的機関による健康効果への保証と裏付けを消費者へ伝達するという重要な仕組みを確立した。明治乳業は、特定保健用食品制度が制定される前から交流のあった病院の協力を得て、70〜80歳の老人60人に半年間、毎日「明治ブルガリアヨーグルト」を食べてもらい、その便を毎日集めるという作業がおこなわれた。便性が改善されているか、腸内で有害物質が減ってきているか、腸内の菌叢が改善されてきているかといった面から検証し、ヨーグルトの「整腸作用」を立証したのである。

144　明治乳業が主宰したヨーグルト・フォーラムでは、研究史において偉大な足跡を残した科学者として、「不老長寿説」を唱えたメチニコフ、ブルガリア菌を発見したグリゴロフ、ヨーグルトの工業的生産技術を開発したギルギノフ、日本の腸内細菌の研究において第一人者である光岡知足、という四人の学者の実績が大きく取り上げられている。そのなかでも、メチニコフはヨーグルトの宣伝広告に起用されるほど、「明治ブルガリアヨーグルト」のブランド形成において、重要な役割を果たす人物である。明治乳業では彼の誕生日5月15日は「ヨーグルトの日」として同社の記念日にもなっている。会社の食堂では、その記念日にヨーグルトを扱ったブルガリア料理が出されることもある。また、これを契機に、消費者向けのキャンペーンや販売促進などさまざまな行事がおこなわれている。

存在している。パッケージには、BB536、FK120、BE80、FC、SPなどのように符号化された菌株名が、商品名と併記されていることが目立つようになった。日本のヨーグルトは明らかに「情報化」されており、競合企業間の勝敗は、その健康への効果に関するメッセージをいかに消費者に最も適切な方法で伝えるか、ということにかかっている。この競争のなかで、プレーンヨーグルトは日本の食卓において「長寿」や「健康」をキーワードに着実に定着し、消費者にとって非常に身近で簡便な商品になった。

多種多様なヨーグルトブランドのなかで、2009年現在「明治ブルガリアヨーグルトLB81」は認知率95％、購入経験率70％、再購入意向64％など、すべてのランキングにおいて、トップの地位を占めている。その背景には、健康ブームの追い風とともに、本製品の本物らしさを入念に演出する企業の取り組みがある。「ブルガリアヨーグルト」は明治乳業の看板商品として、高い企業イメージに貢献している[145]。そのため、ブルガリアとの関係が非常に重要なものとみなされている。明治乳業は、ブルガリア大使館主催のイベントや文化祭などには必ずといっていいほど、何らかの形でかかわっている。同様に、明治乳業の支援で、ブルガリアのオペラや民族舞踊団が日本で出演することも頻繁にある。また、ブルガリア前大使ブラゴヴェスト・センドフ（2003年～2009年）の依頼で、2006年に明治乳業の支援により、日本唯一のブルガリア料理店「ソフィア」が開店された[146]。ブルガリア首相や大統領などが訪日の際、代表取締役や社長など

---

[145] ブルガリア出身の琴欧州大関は、幅広い層に好感度が高く、実力と人気を兼ね備えているため、明治乳業のイメージ戦略の重要な一部となっている。彼は明治乳業の宣伝広告にも登場しており、ヨーグルトを「神様からの贈り物」と主張している。また、琴欧州の応援キャンペーンなどもおこなわれており、「ソフィア」レストラン同様に、明治乳業本社の受付付近にも、琴欧州の等身大のマネキンが置かれている。しかし、筆者が明治乳業本社を来訪した際、彼の調子があまり良くない時期と重なっていたせいか、意図的かどうかは不明だが、その受付付近から琴欧州のマネキンが外されている時期があった。偶発的なことかもしれないが、この措置は競争の激しい環境において、企業イメージに影響を与えないように、配慮している可能性も考えられなくはない。

明治乳業のトップと必ず面会するということからも、明治乳業とブルガリアとの深いかかわりを垣間みることができる。

一方、現在ブルガリア人力士琴欧州とヨーグルトは、日本で展開されるブルガリア国家のイメージ戦略において、特別な地位を占めている。東京で毎年おこなわれる世界旅行博やブルガリア・フェアなどの行事の際に、琴欧州自身、もしくは彼の等身大のマネキンが会場に必ず登場する。同様に、国家の広報戦略においてヨーグルトが欠かせないものとみなされており、その一環として明治乳業は「明治ブルガリアヨーグルト」の無償提供をおこなっている。日本人向けのブルガリア観光局のパンフレットにも、ブルガリアの文化的歴史的遺産とともに、バラ祭り、ヨーグルト、琴欧州の出身地が重点的に紹介されている[147]。筆者は、ブルガリア関連の行事で、明治乳業の提供でヨーグルトの配布、ブルガリア製のワインやバラジュースなどの試飲会をおこない、琴欧州、ヨーグルト、バラというこの三点セットが、ブルガリアの美しい光彩を放つものとして、いかに重視されているかを実感できた。それは、日本にとどまらず、現在では韓国のブルガリア大使館でヨーグルトとバラを中心に展開される戦略でもある[148]。このように、ブルガリア国家は、日本で浸透している「ヨーグルトの本場」や「バラの国」といった美しいブルガリア像を、観光促進や経済効果を狙い、利用しているのである。

〈まとめ〉"ブルガリアヨーグルト"の国際化

本章では、社会主義国ブルガリアから経済成長の真只中にある日本へと

---

146 また、「ソフィア」レストランのすぐ隣にヨーグルトバーが開店されている。そこでは「明治ブルガリアヨーグルト」のトッピングとして、サクランボ、ニンジン、サツマイモ、ホウレンソウ、ゴマなど、さまざまな珍しいソースから選ぶことができる。

147 琴欧洲の化粧まわしは、明治乳業の提供で作られたものであり、そこに明治ブルガリアヨーグルトとブルガリアの有名なバラ(ダマスク・ローズ)の装飾が施されている。

舞台を移し、ヨーグルトをめぐる「聖地ブルガリア」言説と「企業ブランド」言説が日本社会において浸透していく過程を明らかにした。この二つの言説の成立によって、"ブルガリアヨーグルト"という言説が国際的なレベルで広がりを見せ、後に韓国と中国のヨーグルト商品化につながるほど東アジアにおいて大きな影響を与えた。

　日本における「ブルガリアヨーグルト」の導入段階では、園田天光光の役割が大きい。彼女は、独自の解釈を加えて、ヨーグルトを自然との共生、長寿の秘訣、家庭内の幸福というシンボルに置き換え、日本社会の負の部分を浄化するものとして、自家製用の種菌を広めようとした。それはヨーグルト愛好者会の結成につながり、会員を中心におこなわれたヨーグルトの儀式では、ヨーグルトが聖なる力をもつものとして扱われていた。会員の定期的会合、ヨーグルトの賛美歌の作詞やブルガリアへの視察・巡礼の旅などの活動のなかで、ヨーグルトをめぐる「聖地ブルガリア」言説が成立していった。ブルガリアの手作りヨーグルトを初めて日本に導入した人物として、ヨーグルトの前史で園田は重要な役割を果たした。しかし、現在では彼女は「明治ブルガリアヨーグルト」の企業史からは姿を消しており、その存在は忘却へと追いやられている。なぜなら、彼女がヨーグルトに見た自然との共生、家族団欒、健康、長寿といった価値観は、後に企業の利益を生み出すための最大の武器となり、「企業ブランド」言説へと吸収されていったからである。

　「明治ブルガリアヨーグルト」の商品化のきっかけとなったのは、大阪万博である。ブルガリア館の展示方法と広報戦略の検討から、ヨーグルトが社会主義国家の高級官僚にとってあくまでも「人民食」であったため、

148　明治乳業が作り上げた「企業ブランド」言説は日本の国境を超え、韓国や中国の乳業会社の模倣によって、韓国や中国の消費者へと展開されている。たとえば、韓国の大手乳業会社 Maeil Dairy Industry は2004年、日本における「明治ブルガリアヨーグルト」の成功事例を参考にしつつ、ブルガリアの国営企業とのライセンス契約をもとに、新製品として「ブルガリア」という製品名で、飲むヨーグルトを発売し、明治乳業と同様のブランド戦略を展開している［ヨトヴァ　2009］。

国際的な成功が期待されていなかったことは明らかになった。しかし、ブルガリア館のヨーグルトに感銘を受けた天皇陛下の来訪とその波及は、ブルガリア国内では「人民食」以上に価値のあるヨーグルトへの意識の高まりにつながり、国家レベルにおいても、国際的にも「技術ナンバーワン」言説の正当化へ大いに貢献した出来事となったのである。また、それは明治乳業によるヨーグルトの商品開発および「企業ブランド」言説と密接な関係がある。

　高い技術力を誇る明治乳業であったが、新発売商品に文化的価値を吹き込む必要性から、社会主義国家ブルガリアの国営企業から毎月「純粋種菌」を買い取り、技術指導を受け入れることとなった。明治乳業は、新商品にブルガリアの国名を冠したことによって、消費者に提示できる「本場の味」を保証できるようになった。それは「企業ブランド」言説の強固な土台作りとなり、日本の食卓と消費者の意識を変えるほど、広い社会的影響を及ぼす結果となった。日本におけるプレーンヨーグルトの受容の背景には、時代の流れとして健康志向の高まりがあった。その一方で、そこには企業による本物らしさの入念な演出の影響が見られた。ヨーグルトをめぐる「企業ブランド」言説は、常に拡大しながら、企業イメージ戦略を支える重要な手段として機能しつづけているのである。

　以上、見てきたように、ヨーグルトの「企業ブランド」言説は、明治乳業の看板商品の育成に大いに貢献し、日本社会において今なお権威あるものである。他方、1960年代後半において、企業の利益とは異なる価値観を主張しようとした「聖地ブルガリア」言説が存在し、園田の主導のもとで、家庭のヨーグルトが手作りという形式で主婦の間で広まっていた。今日、ヨーグルトといえば、多くの人びとにとって、明治乳業の定番商品「明治ブルガリアヨーグルト」に取って代わっている。しかし、明治乳業が再現した「本場の味」は家庭の味ではなく、D.I.企業の社会主義的消費者向けの味でもなかった。競争市場において彼らが作り出したものは、健康意識の高い消費者のために「情報化」された資本主義的ブランドの味である。と同時に、自然豊かで美しいブルガリア像、およびそのなかで永遠に輝くヨーグルトの成功物語なのであった。

第四章　ポスト社会主義期における
　　　　　ヨーグルトの諸言説

> 2,400万の日本人がブルガリアのヨーグルトで新たな一日を迎える。
> D.I 企業の後継会社のホームページ（2010年）

　本章では、舞台を再びブルガリアに戻し、ポスト社会主義期におけるヨーグルトの新たな意味づけをめぐるグローバルとローカルの対立に注目しながら、これまで生成されてきた諸言説の展開、ならびに自由市場における新たな言説の成立、さらにそれぞれの社会的影響を明らかにする。その際、ここで取り上げるアクターとは、まず、ヨーグルトの意味づけに大きな影響を与え、象徴的な役割を果たしている D.I. 企業の後継会社 LB ブルガリクム（以下 LB 社）と多国籍企業ダノン社という二つの企業である。それぞれの企業が競争激化のなかで、生き残りをかけて、消費者に提示しようとする新たな言説と、それがブルガリアの人びとの間でどのように受け止められているかということについて検討する。LB 社は、D.I. 企業の過去の実績に基づいて、国営企業の最も強い武器として「日本ブランド」言説を取り出し、技術力や乳酸菌の研究成果をアピールするために利用している。それに対し、ダノン社はブルガリアの保守的ヨーグルト市場における優位を目指し、「祖母の味」言説を取り上げ、ヨーグルトの「真実[149]」の世界の創造に積極的に取り組んでいる。しかし、それが「真実」ではなく、「虚偽」としてみるアクターもある。国営企業を退職後、ヨーグルトの意味づけに積極的に働きかけようとしているベテラン社員は、

149　ブルガリア社会で支配的になってきたヨーグルトの「神話的な」意味に対抗して、ダノン社が主張するヨーグルトの言説をここで「真実」と呼んでおく。

「乳業の真珠」言説でグローバル企業の強力なイメージと、権威ある言説に揺さぶりをかけている。また、地域からもグローバル企業の「祖母の味」言説に対して抵抗の声が上がり、自治体の地域振興政策のもとで目立った動きを示している。そこでヨーグルトの伝承を担ってきた人びと、つまり今もなお家庭でヨーグルトを作りつづけている「おばあちゃん」の活動に焦点をあて、「ホームメイド一番」言説で自慢の味をアピールしようとする様相を描き出していく。

　本章ではダイナミックに創造・再創造されるヨーグルトをめぐるさまざまな言説が国家、企業、地域、家庭のレベルでいかに絡み合いながら、ブルガリア人の自画像に取り組まれていくかを明らかにし、激しい社会変化のなかで生きている人びとにとって、その意味とは何かを考察する。

第一節　民主化以降のヨーグルトの生産と消費

　民主化以降のヨーグルトをめぐるさまざまな言説の複雑な関係を明らかにするために、まず、本節では、その土台として、市場経済化が社会主義的乳加工システムにもたらした変容について記述しながら、生産者・消費者として人びとが置かれた状況の理解に努める。

　社会主義が崩壊した1989年以降は、社会主義体制・計画経済から民主主義体制・市場経済への移行期であり、民営化、土地返還など数多くの構造改革がおこなわれた。人びとは教育と医療サービスの有料化、工場閉鎖による高い失業率、低賃金と少ない就労機会を経験することとなり、激動の時期として生々しく記憶している。1996年から1997年の深刻な金融経済危機の際も、ブルガリア社会は旧体制から新体制への移行の真只中にあり、2000年代頃まで混沌とした社会情勢の荒波にさらされていた。2007年にEU加盟国となったブルガリアではあるが、移行期のトラウマ的な経験は今もなお痕跡を残しており、それはヨーグルトをめぐる諸言説の展開においても反映されている。

　その背景には、（1）土地・家畜返還など農業改革による生乳生産体制の変容、（2）社会主義期に独占的地位を占めていたD.I.企業の民営化、

グローバルな資本の流入、競争原理導入など、経済構造改革にともなう企業側の乳製品生産体制の変化、（３）人びとの生活様式の多様化および消費者としての意識と行動の変化、という三つの要因が密接にかかわっている。本節では、そのそれぞれを概観しながら、ヨーグルトをめぐるさまざまな言説を生み出す、あるいは展開させる土台を描き出すことにしたい。

（１）EU 基準に苦しむ農家

ここでは、民主化以降の構造改革が生乳の生産体制にもたらした変容に注目しながら、特に2007年 EU 加盟後の、農家が置かれている状況について記述する。

社会主義期において農業集団化を徹底したブルガリアでは、体制転換後に旧農地所有権の返還がおこなわれた。集団化された農地の再配分については、農地・家畜が物理的に分割されると同時に、農地の私有権が、集団化以前の所有者およびその相続人に返還された。しかし、旧所有権者またはその相続権者は、すでに乳業から離れている人が多く、所有地を有効利用および運営することが難しくなっていた［山村 2001、Kaneff 1996］。彼らは、土地を譲渡されても自ら農業を営む意欲を持ち合わせておらず、また運用できるとも感じていないため、農地の大部分は借地による農業経営が主流となった[150]。また同様に家畜に関しても、他人に売却されるか、もしくは食用肉として処分されるケースが散見された。このような流れによって、1990年以降は家畜の数も激減し（図２、３参照）、それとともに生乳の生産も減少し（図４、５参照）、乳業全般が衰退していったのである。

また、実際に農地を利用していた農業組合員ではなく、旧土地所有者への農地所有権の返還という政策は、集団化以前の土地所有構造をそのまま復活させるかたちで進められたため、集団化以前の状態と比較し、土地・家畜の所有のさらなる細分化をもたらすことになった［山村 2001：13—14］。

---

150 このような土地関係は、ブルガリアだけではなく、チェコ、旧東ドイツ、ルーマニアなど東欧諸国でみられ、農業の効率性を低下させているとされている［山村 2001］。

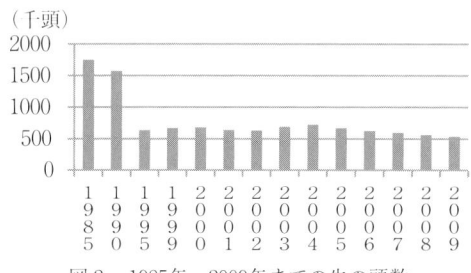

(千頭)

図2 1985年〜2009年までの牛の頭数

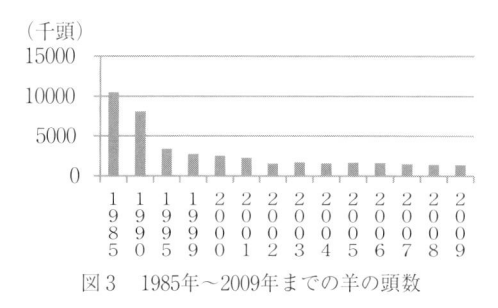

(千頭)

図3 1985年〜2009年までの羊の頭数

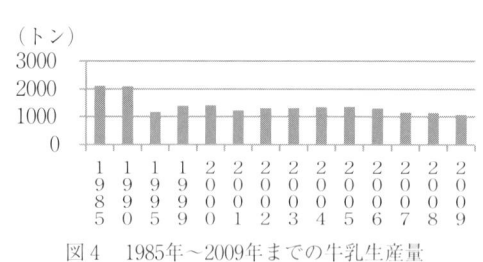

(トン)

図4 1985年〜2009年までの牛乳生産量

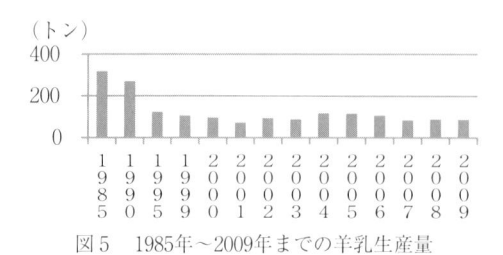

(トン)

図5 1985年〜2009年までの羊乳生産量

(Statistical Yearbook Bulgaria 1991、2000、2007および農業省のAgrostatistics 2004、2008、2009をもとに筆者作成)

その結果、多くの人は牛1、2頭、もしくは羊4から6頭を飼育する程度の零細農家となり、あくまでも自給自足の生活を維持するために、ミルクを生産し余剰分を販売することで生計を立てるような農業への携わり方が一般化していった。農業食品産業省のデータによると、2008年11月時点で、乳牛の飼養規模が2頭以下の農場は79.5％、3から9頭のものは15.8％、10から19頭のものは2.7％、20頭以上のものは2％となっている［Agrostatistics 2009b : 2］。

このように、酪農業の零細化が進行していき、近代化以前のレベルにまで時代が逆戻りするような現象に陥っている［Creed 1998、Kaneff 1996］。さらに、零細化の進行とともに、衛生管理や品質管理面でも手のゆき届かない状態となり、EUが定めた牛の育成基準や生乳の品質管理基準を満たすことができず、国際競

争力をもたない生乳が出回っているのが現状である（写真11参照）。その一方で、わずかではあるが、EU加盟前に農業支援ファンドの助成を受けて設立された200から300頭規模の大酪農場があり、そこではEU基準に達した牛乳が生産されている[151]（写真12参照）。

写真11　牛2頭を飼っている零細酪農家

EU加盟以降、ブルガリアはEUの生産・品質基準に追従し、牛の飼養規模が5頭以下の世帯に対しては政府補助金も生乳・乳製品の出荷も禁じているため、家畜頭数と家畜飼養世帯がさらに減少している。この

写真12　EU基準を満たす大規模な酪農場

ような世帯は、牛1、2頭を飼う程度であり、地方の町で本業を持っているか、あるいは年金生活を送りながらの「パートタイム農業」（part-time farmer）［Creed 1998］を営むため、農家としての登録はされていない。したがって、そこで作られる生乳や乳製品の販売は本来禁止されている。農家として登録した場合でも、生乳を個人に販売してはいけないという規定があり、販売目的で牛乳を加工し、乳製品を作ることも禁じられている。生産されたミルクは契約した加工業者にのみ販売できることになっている。このように、個人販売は法律上禁止されているが、実際には生乳や乳

151　乳加工製造業者協会によると、EU基準に達成した生乳は、全体生産量の10%である。一方、農業食品産業省のデータでは、30%となっている。

第四章　ポスト社会主義期におけるヨーグルトの諸言説　195

製品などの自家製品は町の市場や道端で販売されており、そうした行為は一般の人びとに違法な売買とは認識されていない。買い手からすると、昔ながらの天然飼育で近所のおいしい草を食べて大切に育てられている牛の生

写真13　ソフィアの市場で生乳を販売している酪農家

乳は、味覚・価格などの面において市販のものより優れており、天然の生乳だからこそ「本来」のヨーグルトの味も再現できると感じているのである。

　一方、牛を飼育する人びとからみれば、牛乳加工業者と契約したとしても一方的に購入価格を決められ、非常に安価な取引を強いられているため、不満を抱く人が多い。それは、酪農家の一人の言葉を借りると、「ソフトドリンクより安い」価格であり、彼らの労力やミルクの天然の味が十分に評価されていないということである。しかし、その価値を認める近所の人や個人の顧客に売れば採算がとれるだけではなく、信頼関係のうえに築かれた対等な立場で取引ができ、やりがいもある。農業食品産業省によると、全生乳生産量のうち、乳加工工場へ届いているのは56.3%であり、残りの43.7%は家庭内消費および個人への販売にまわされている［Agrostatistics 2009a : 2］。このように、買い手も売り手もメリットがあるため、現在でも依然として違法な牛乳販売は継続されており、ソフィアのような大都市の市場でも、早朝から近隣の村から自家製の牛乳を売りにくる人の姿が見られる（写真13参照）。

　2013年の終わりまでに、EU基準に達しない酪農場は撤退を余儀なくされる運命にある。零細農家が市場から締め出されていくにつれて、ブルガリアの酪農伝統も消えつつある。EU基準を追求する政府が、どのような支援政策を講じるかは、ブルガリアにおいては緊急の課題である。

（2）EU 規制に苛まれる企業

　ここでは、D.I. 企業の地方工場の民営化や乳業におけるグローバル資本の参入、さらに市場の自由化や競争原理導入など経済構造改革による、企業側の乳製品の生産体制の変容について見ていく。

　1980年代、社会主義時代の末期に、ブルガリアは経済効率と競争力がさらに減退し、非経済的な重工業プロジェクトを推進する一方で、国民の生活水準の維持をはかった結果、対外債務が重くのしかかり深刻な経済・財政危機に陥った。1980年代後半、ゴルバチョフ主導のペレストロイカの影響で、ブルガリアにおいても民主化が加速度的に波及しはじめ、1989年、ついに社会主義に終止符が打たれた。市場経済への転換期において、国営企業の民営化、赤字企業の閉鎖、リストラなど、痛みをともなう「ショック療法」と呼ばれる構造改革が次々と実施された。乳業においても D.I. 企業の地方工場は、原料生産の急激な減少と、国内消費の縮小やソ連をはじめとする海外市場の喪失によって、生産を停止した。民間投資が誘致されるまで閉鎖されたままの状態にあるケースも目立った。

　社会主義期にブルガリア乳業の産業力の象徴でもあった D.I. 企業のモデル工場「セルディカ」は、1993年に、国際的な大手企業ダノン・グループ（以下ダノン社）によって買収され、ダノン社はブルガリアのヨーグルト市場における最大の企業となった。その他の地方工場に関しても、ブルガリア政府が民営化したことによって、グローバル資本がブルガリア国内へ流入し、民間企業として再生しはじめた。その一方、D.I. 企業の一部であった中央乳酸菌研究所と乳業研究所は、菌の保管および知的財産の運用に関係しているため、民営化されることなく LB ブルガリクム（以下 LB 社）という名称で現在も国営企業として存在している。D.I. 企業の技術を引継ぐ LB 社と、乳業業界を牽引し EU 生産基準を全て満たすダノン社がヨーグルトの新たな意味づけと言説生成において特別な役割を担うことになった。

　現在、ブルガリア乳業には218の会社が存在している。そのうちの半分は EU 基準をすべて達成しているが、残りの半分については2013年の終わりまでに生産体制を改善できなければ、閉鎖へと追い込まれることになっ

ている[152]［Agrostatistics 2012］。EU 基準を満たす企業の多くは、EU から支援を受け、西欧から新設備と技術を導入している。原料となる生乳は、EU 基準を満たしているものとそうでないものとに分けて、別々に加工をおこなうことが義務づけられている。乳製品の生産にあたって、品質・衛生面では徹底した管理体制を整えているため、EU 基準を満たす原料から作られた乳製品については、EU 加盟国への輸出も許されている。現在、認可を得ている乳業会社は22社（全体の9.8％）と、きわめて少ない。つまり、ほとんどの場合、輸出は許されていない状況である。ブルガリア全国に販路をもつような製造業者はさらに少なく10社にも達しない。しかし、市場シェアは全国の65～70％を占めており、ローカルな小規模な製造業者とは大きな格差がある。

　主要乳業会社の4社（ダノン、BCC ヘンデル、オエムカ、ゾロフ97）は、従業員数が200から400人程度で、1日当たりの生産量は150から300トンという生産能力をもつ。地方ごとにこれらの企業の市場占有率は異なり、たとえば、首都ソフィアにおいてはダノン（「おばあちゃんの」という意味の「ナババ」ブランド）、北東ブルガリアでは BCC ヘンデル（地域名を指す「エレナ」ブランド）、南東地方ではオエムカ（地域名を指す「ヴェレヤ」ブランド）、北西地方ではゾロフ97（地域名を指す「パルシェヴィツァ」ブランド）、とそれぞれの企業は地域色を打ち出すことでその地位を確保している。ヨーグルトの種類には、乳脂肪が0.1％から4.5％のもの、また原料が羊乳から水牛のもの、あるいはフルーツヨーグルトからアイリャン[153]まで、さまざまな製品が存在している（写真14、15参照）。各社は積極的な宣伝広報活動を通じてブランド形成に傾注し、乳癌予防や子どもサッカー育成キャンペーンなどを展開しているため、全国でもその知名度は高い。

　その他の220の乳業会社は、小規模な家族経営の会社であり、1日当た

152　乳加工製造業者協会によると、1995年には850の乳業会社があったが、EU 基準に達していないため、次第に閉鎖されていった。2000年には、およそ半数の470社にまで減少し、2011年は218社が操業している。
153　塩味のヨーグルトドリンク。

写真14 ヨーグルト市場の主要ブランド　　写真15 ヨーグルトの売り場

りの生産能力は10トン以下と低い。ここで作られる乳製品の多くは地域限定であるが、なかには首都ソフィアなどの都市部で流通するブランドもいくつかある[154]。前述のように、EU 基準を満たしているところは三分の一程度であり［Agrostatistics 2009a：2］、生産設備はブルガリア国内およびEU の検定証・認可証を取得済ではあるものの、原料となる牛乳をEU の衛生基準に達していない小規模酪農家から主として調達しているため、国内のみの販売に限定されている。ここで作られる製品は、主にヨーグルトと牛乳に限定されており、製品名は原産地のイメージを浸透させるため、多くの場合は工場が立地している地域名そのものが用いられている。乳製品は主に現地の中小規模の販売店（スーパーや食料品店）へ出荷されている。スーパーにおいては、オーナーとの関係が重視され、店頭にいかにスペースを確保するか、また販売促進のためにどのような価格協定を結ぶかが重要なカギとなっている。一方、小規模の食料品店においては、店員が特にブランドを意識することなく任意で選定するため、消費者はブランド名を指定しない限り、店員の手の届きやすい所にある商品を購入することになる。そのため、製造業者と店員との個人的なつながりが重要な決め手となる。また、大手企業とは異なり、消費者の口コミ効果が重視されており、マスメディアを通じた宣伝活動はほとんどおこなわれていない。ただ

---

154 現在、全国には300もの乳製品のブランドが存在しているといわれている。

第四章　ポスト社会主義期におけるヨーグルトの諸言説　199

し、地域行事への乳製品の無償提供や現地の民俗芸能ボランティア・グループへの支援など、何らかの形で地域支援活動をおこなっている。

　生乳の生産が減少しつづけている状況の中で、現代ブルガリアの乳業会社にとって、原料を確保することが急務となっている。そのため、現地の農家と信頼関係を築くことが生産活動にかかわる最優先事項であり、このような現状が乳業会社に地域支援活動を促進させている。実際に乳業会社が、牛舎など生産状況の改善のために原料の前払金などとして酪農場を支援するケースも珍しくなく、会社の設立当初から現在に至るまで同じ農家から原料を買い取りつづけている会社もある。

　その一方で、EU基準を満たしている生乳が不足しているため、大手企業はドイツなどのEU諸国から粉乳を輸入せざるをえない。現在このような生産慣習は一般化してきている。生乳だけではなく、粉乳やヤシ油などを含むブルガリアの乳製品に対して、安全であるのか、乳酸菌が本当に生きているのか、本来の味とはかけ離れていないのか、など消費者の疑念はますます強まってきている[155]。

　2009年から相次いでいる「ヤシ油のヨーグルト問題」と呼ばれる乳製品関連の不祥事は、全国のヨーグルト消費量に大きな影響を及ぼしており、自家製ヨーグルトの生産を促進させている[156]。現在、若干回復の傾向はあるものの、当時の乳加工製造業者には大打撃であった。そこで、2009年7月に誕生した新政権の農業食品産業大臣は、本来のヨーグルトにヤシ油

---

[155] その背景には、社会主義崩壊以降、メディアによって乳製品の品質管理に関する一連の不祥事がクローズアップされたことがある。ブルガリアのEU加盟後も、乳製品の品質問題が頻繁に取り上げられており、工業的に生産されているチーズとヨーグルトのなかに、伝統的製法とはかけ離れたヤシ油、粉ミルク、乳化剤などの添加物で作られた乳製品が溢れかえっているということが物議を醸している。

[156] 乳加工製造業者協会によると、2009年2月、ヤシ油問題が初めてクローズアップされたころ、ヨーグルトの消費量が一時的に50％にまで激減し、その影響を受け家庭内ヨーグルトの生産が増加傾向にあるという。当時、ブルガリアの会社から自家製ヨーグルトのための日本製発酵器について、日本メーカーへ問い合わせが来るほど議論は深刻化した。

などの添加物を含むものは、*balgarsko kiselo mliako*（ブルガリアヨーグルト）と称して消費者に販売してはならないと主張し、消費者保護のために社会主義期に存在していた国家規格の復活について、乳加工製造業者、D.I. 企業のベテラン社員や大学教授などの技術専門家、関連国家機関を交え社会的議論を展開させた。そこで、選挙民の支持を得るためにその期待に応えようとする新政権、ヤシ油などの代替物で作られた安い乳製品に反発し「本物」を区別しようとする乳業会社、ブルガリア原産の種菌で勝負している乳酸菌会社、ブルガリアの「伝統的」な技術を守ろうとしている国営企業 LB 社、西欧技術を導入している多国籍企業などのアクターが、それぞれの立場から規格をめぐる議論を繰り広げてきた。

　このような複雑な利害関係のなかで、2010年5月に任意的な性格をもつヨーグルトの国家規格が復活し、消費者から歓迎されている。新しく制定された規格 BDS 12：2010によると、"ブルガリアヨーグルト" の製造には、生乳以外の乳化剤や保存料にくわえ、でんぷんなどの添加物の使用が禁止されている。また、ブルガリア国内で分離・生産された乳酸菌（ブルガリア菌とサーモフィラス菌）以外の乳酸菌の使用も禁止されている。この規格に適合しない限り、商品のラベルに「ブルガリア」はもとより、「ヨーグルト」とさえ表記してはならないと規定されている。それ以外の場合は、「発酵乳製品」というように記載せざるをえなくなる。しかし、それはブルガリア語ではなじみのない表現であり、消費者には非常に否定的な印象を与える可能性があるため、これまでデンマークやイタリアなどヨーロッパの大手乳酸菌会社から種菌を輸入していた会社は、新しい規格に応えるべく生産体制を整え直す準備に取り組んでいる。

（3）国家規格をもとめる消費者

　ここでは、選択の自由を与えられた消費者に焦点をあて、彼らの意識と行動の変化について取り上げる。

　第二章で明らかにしたように、社会主義期においてヨーグルトをはじめとする乳製品は、国家レベルで人民の食生活に必要不可欠な栄養源として捉えられており、パンとともに最も安価で身近な食品として、季節・時期

に関係なく人びとの日常食生活に深く根付いていった。また、国家の文化統一政策のもとで、給食の広がりや料理本の普及とともに、ヨーグルトやチーズを扱った料理は、ブルガリアの食文化を代表するものとなった。特にヨーグルトに関しては「人民食」としてさまざまな料理の主要材料となり、ソースにも、隠し味としても幅広く使用されるようになった。このように、価格統制や給食制度の整備などを通じて、ヨーグルトの消費が加速度的に増加していき、1980年代には世界一のものとして、国家政策・ブルガリア乳業の大きな業績として捉えられていた。しかし、社会主義崩壊後の10年間は、乳製品の生産が急激に減少し、国家も以前のように乳製品やパンなど基礎食品に対する価格統制がおこなえなくなり、失業率の高まりや給食制度の廃止とともに、乳製品の消費も激減していった。そのなかでも、図6にみるように、とりわけヨーグルトの消費が急減している[157]。現在、ヨーグルトの消費量は、社会主義終盤期（1989年）の半分以下であり、ヨーグルト離れが続いていると指摘されている［Baikova 2000］。

　社会主義期において、人びとの日常食生活に重要な位置を占めるようになったヨーグルトは、現在もスープやサラダなど、さまざまな料理作りに欠かせない材料となっており、昼食・夕食後やお茶感覚、おやつ感覚で食間に食べることもある[158]。大量に使うため、手頃な価格で「本来」の味に最も近いものを入手することは、多くの人にとって優先度の高いことである。特に年金生活を送っている人びとは、一日に一食（多くの場合夕食）は必ずといっていいほどヨーグルトとパンを組み合わせた軽い食事を取る習慣がある[159]。そこで、どこで安価で「本物」に近いものを入手できるか、などについて仲間同士の間で情報交換しながら、最も経済的かつ「天

---

[157] 社会主義の崩壊以降、乳製品だけではなく、肉・肉製品や野菜・果物の消費も減少傾向であるが、ヨーグルトの消費では、この差が最も著しい。

[158] インフォーマントのなかで、ヨーグルトが好きだから食べるという人は少なくない。お腹がすいてきたから食べるのではなく、単に「食べたくなる」や「飲みたくなる」という。特に食事の後で、コーヒーや紅茶の代わりに、ヨーグルトの塩味ドリンクを好むブルガリア人が多く、この意味ではヨーグルトを嗜好品としても捉えることができる。

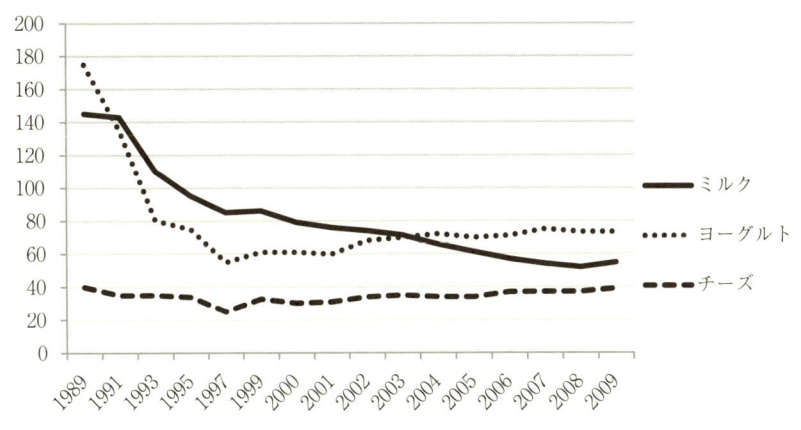

図6　ブルガリア人の乳製品の日間消費量（g）
（出現：National Statistical Institute の年間報告をもとに、筆者作成）

然味」のヨーグルトを市販品から選択しようとしている。ポスト社会主義期における福祉制度などの経済構造改革の痛みについて、身をもって経験している年配層は、栄養面においてヨーグルトが非常に重要な食品であると強く信じている。そのため選挙戦では、ジャーナリストが政治家に対して「一箱のヨーグルトはいくらかご存じですか？」と国民感覚を試すような質問を投げかけることがある。つまり、庶民生活の中の大切な物価指標にもなっており、年配層にとっての栄養面・経済面での重要性から、「年金生活者の食べ物」という表現が人びとの会話やジョークなどに登場するほどである。

　このように、ポスト社会主義期においても、栄養源としてのヨーグルトの重要性に変わりはないが、他方で消費者の嗜好の多様化やニーズの細分化は進行している。その背景には、移動の自由化や都市への人口集中による生活様式の変化がある。また、1990年代後半からブルガリアにおいても、グローバルな食品製造業者やファーストフードチェーン店、大手スー

159　パンをやわらかくするため、ヨーグルトの中に浸して食べる。この食べ方は、歯が弱い人びと（年配層や幼児）の間では一般的であり、古くから伝わっている。

パーマーケットが参入しはじめ、多種多彩な食品が出回るようになっている。このグローバル化の影響で、人びとの食生活も多様化してきており、同時並行で二つの傾向が進行している。ひとつは、作る・食べる時間を含めて食事を早く済ませようとする傾向であり、もうひとつは、食の高度化とともに嗜好の高級化や食の趣味化である。冷凍食品やレディメードの食べ物が家庭へ次々と取り入れられていると同時に、健康・自然志向も強まっており、有機食品・有機食材も出回るようになっている。つまり、1980年代の日本の食文化と同じような傾向がうかがえる。そして、社会主義崩壊以降のブルガリアにおいて、食の栄養的な側面と同時に、「情報」という付加価値が重視されるようになっている。

　ヨーグルトに関していえば、重要な情報とは「健康」、「本来の味」、「国産乳酸菌」などであり、あらゆるブランドは何らかの形でそれらを主張している。ブランド名には、長寿で有名なロドピ山脈、自然豊かなバルカン山脈といった地域名や、「おばあちゃんの」、「村人の」などのような名称が採用されており、このような付加価値の重要性がうかがえる。また、ほとんどのパッケージには、「国産乳酸菌使用」、「天然ヨーグルト」、「生きたブルガリア菌を含む」などと記載されている。社会主義時代には製品名もついていなかったヨーグルトは、現在では、300以上のブランドをもつ存在となっている。その「情報化」がいかに進んできているかは、製品のパッケージや宣伝、政治家や研究者の言葉を引用する新聞記事、政府の規定、人びとの日常会話など、あらゆるところから知ることができる。

　自由市場のなかで、消費者は数多くの製品のなかから自分の好みやニーズに合わせて選択できるようになった。グローバル資本がブルガリア国内へ流入すると、西欧の技術・ノウハウを用いた数多くの新製品が投入され、多様なヨーグルトの味が展開されはじめた。たとえば、1994年にダノン社がブルガリア市場に参入したころは、ヨーグルト市場の100％がプレーンヨーグルトであったが、それ以降、早いスピードでヨーグルト市場の細分化や製品の多様化が進められた。ダノン社は、ブルガリアにおいて、初めて消費者の関心を乳酸菌の胃腸整調効果に向けた企業であり、新たな販売体制と市場アプローチを通じて、ドリンク、フルーツ、ビフィズ

ス菌入りヨーグルトでそれぞれの新たな市場を開拓している。このようなグローバル化のもとで、健康食品としてのヨーグルト、フルーツ入りなどのデザートヨーグルト、胃腸調整のための乳酸菌飲料などが話題になり、「健康」や「嗜好」をキーワードとして、ヨーグルトに対する新たな意識が浸透していった。現在では、価格や味覚だけではなく、高コレステロールを抑えるとされる低脂肪ヨーグルト、お腹の調子を整えるビフィズス菌入りヨーグルト、塩味のアイリャンや甘口ヨーグルトドリンクなど、自分の好みと健康ニーズに合わせて数多くの種類から選択できる。

　ブルガリアのスーパーでは、プレーンヨーグルトをはじめ、さまざまなブランドや種類のヨーグルトが取り扱われている。しかし、ブルガリア人にはプレーンヨーグルトへの強い嗜好があり、ヨーグルト市場においても、プレーンヨーグルトの占有比率は90％と非常に高い。一般的においしいと思われているヨーグルトとは、ブルガリア菌の働きによって、独自の香りと酸味があり、素朴な味で質感が濃厚なものである。カスピ海ヨーグルトのような粘性のあるヨーグルトに対しては違和感を覚える人もいる。基本的にプレーンヨーグルトの製品はすべて質感が固めであり、種類は脂肪率、酸味度合い、味の濃さ、原料となる生乳の種類によって決められる。現代の市場競争において、数多くのヨーグルトブランドが存在しているなかで、消費者は自らの責任で自分の生活スタイルに合った製品を選択できる自由があるが、このブランド・種類の多さこそが一部の消費者にとって悩みの種でもある。多様なブランドのなかで何が「本来」の味で、どの製品がでんぷんなどの添加物を含まず、乳酸菌が生きているのはどれかなど、現代の消費者は取捨選択することを学ばなければならない状況にある。多くの場合、自分で選べないせいか「天然味ミルクをください」とか「ヨーグルトをください。ブルガリアのものね」というような言い方で、店員に製品の基本的なイメージを伝え、ブランドを選んでもらっている。

　このような選択の仕方自体は、社会主義の痕跡のひとつであり、それは消費者の声からもうかがうことができる。ソフィアに住んでいるインフォーマントの一人（女性、54歳）とともに買い物に行った際、彼女は

「当時は国家管理がいき届いており、自分たちが何を食べているのかを把握していたが、今の製造業者はやりたい放題だ！このなかで何が本物かなんて知りようがない」と述べていた。彼女の視点では、社会主義時代は選択肢がごく限られていたが、その一方で基礎食品については国家補助金で安価に安全な食品を購入できる仕組みであったため、消費者として安心であった。また、仕事もあり給食制度も整備されていて、今のように栄養不足や食の安全にかかわる社会問題に直面したことがないという。つまり、社会主義的生産体制における国家の統制は、工業的に生産された食品の品質を保証するという非常に肯定的な役割を果たしていたと解釈できる。

　それゆえ、本節の第二項で取り上げた国家規格への回帰という政府の動きは、最初の段階からマスメディアや消費者のインターネット・フォーラムなどで幅広く取り上げられ、消費者の間では非常に高く評価されている。そして、最近復活した任意規格は国民の間で単に歓迎されるだけではなく、強制規格として適用されなければならないと主張する人も大勢いる。「ブルガリアヨーグルト」という規格は、国家保護下で安全な食品を選択できるといった意味で非常に重要な役割を果たしている。それは消費者の一部にとって、社会主義時代における「安らかな生活」リズムの一部を取り戻すことでもある[160]。

　さらに、これは国家レベルでヨーグルトを国家ブランドとして認識させたということを示しており、「ブルガリア＝高品質」という図式の確立に大きく貢献している。ブルガリア原産の乳酸菌で作られたものとその他の製品との間に一線を画することによって、社会主義体制下において「人民

---

[160] 社会主義期の自身の生活について語ったインフォーマントの多くは、仕事が保証されて失業がなかったこと、衣食住にまつわる生活必需品が安かったこと、個人と個人が支え合う人間関係がよかったことなどの側面を主張し、当時は *spoken jivot*（安らかな生活）を送っていたと考えている。社会主義へのノスタルジアは、東欧諸国において共通の庶民感情であり、ポスト社会主義の文化人類学研究では、よく取り上げられている［Buechler and Buechler 2005、Caldwell 2005、Creed 1998、Dunn 2004、Kaneff 2004 など］。

食」として培われてきたヨーグルトに対する特別な感情と想いが照射されることとなった。このような国民的な感情の背景には、ブルガリアの乳製品に対するEUからの厳しい評価が根深くかかわっている。このような意味で、国家規格は国産品が高品質であるという保証を示すものとして、とりわけ重要な意味を持っているのである。

　ここで、注目しておきたいことは、ブルガリアの乳製品がEU主導の厳しい品質管理基準によって、がんじがらめにされていることである。国内において、本規制を満たすための資金調達可能な酪農家や企業はごくわずかである。大半の企業は輸出規制を受け、本規制を満たせない多くの酪農家は廃業や失業に追い込まれている。その結果、生乳不足に陥るブルガリアはEU諸国から余剰原料の購入を余儀なくされるという実態がある。

　このように、EU規制による自国の酪農伝統への否定的な視線、表面的に現れてこない経済的な抑圧、グローバル資本の参入、民主化以降の地域・個人所得格差の拡大、それにともなう消費者の生活様式や嗜好の多様化などは、ヨーグルトをめぐる諸言説の生成と展開のための土壌を作っているのである。

第二節　国営企業による「日本ブランド」言説

　本節では、D.I.企業の「技術ナンバーワン」言説を復興させようとするLB社の戦略的な動きに着目する。競争市場において、同社の最大の武器となっているのは明治乳業との技術提携である。この関係に基づき「日本ブランド」言説を新たに利用しようとするLB社の試みについて取り上げる。そして、D.I.企業の「固有の技術」をもとに、明治乳業によって創られた「企業ブランド」言説が、現在では日本から「ヨーグルトの本場」ブルガリアへと再帰し、幅広く受け入れられている様相を描き出す。さらにD.I.企業の「技術ナンバーワン」言説が一般の人びとの間ではどのように受け止められているのか、またどのような社会的機能を担っているのかを検討する。

（1）「日本ブランド言説」のルーツ

　ここでは、ポスト社会主義期においてD.I.企業が「LB社」へと姿を変えていく過程について言及し、ブルガリア乳業における国営企業としての特徴、生産能力や主力商品などについて紹介する。そのうえで、D.I.企業時代から始まった明治乳業との技術提携が深刻な経済危機においても、競争市場への適応においても、LB社にとって重要な資産となり、生き残り戦略として取り入れられていく様相を描写する。ここで注目しておきたいことは、現在LB社が「日本ブランド」言説を最大の武器として取り出せることは、D.I.企業の「技術ナンバーワン」言説と明治乳業の「企業ブランド」言説の育成において両社間の長期にわたるコラボレーションがそれを可能にしたことである。

　LB社は、社会主義体制下において独占的地位を占めていたD.I.企業の後継者であり、現在は乳業における唯一の国営企業である。社会主義崩壊後、D.I.企業の地方工場は民営化にともなって国家統制から解放されたが、D.I.企業に併設されていた中央乳酸菌研究所と乳業研究所だけは、乳酸菌に関する知的財産の管理のため、1992年の政府の法令によって民営化が禁止された。こうしてLB社は経済省管轄のもとで設立され、政治家が大半を占める取締役会によって管理されることとなった[161]。政府との関係に関して言えば、国営企業でありながらも政府からの財政支援を受けることはなく、国家への毎年の配当額（上納金）は100万レヴァと義務づけられている。生産設備の導入や生産能力の拡大などへ投資する場合、取締役会および政府の許可が必要であり、ライセンス契約の場合も経済省が最終決定をおこなう[162]。このようにLB社は、企業戦略にかかわる重要事項について自由に決定することができず、政治家に左右されやすいため、ポ

161　LB社の取締役会は、経済副大臣、与党の国会議員（政権が連立の場合、各党それぞれの議員）、経済大臣が任命する社長と乳業専門家で構成されている。

162　たとえば、2003年に韓国の乳業会社とのライセンス契約を締結する際、最終的に当時の経済大臣の決断で別の仲介会社とのライセンス契約が成立された。

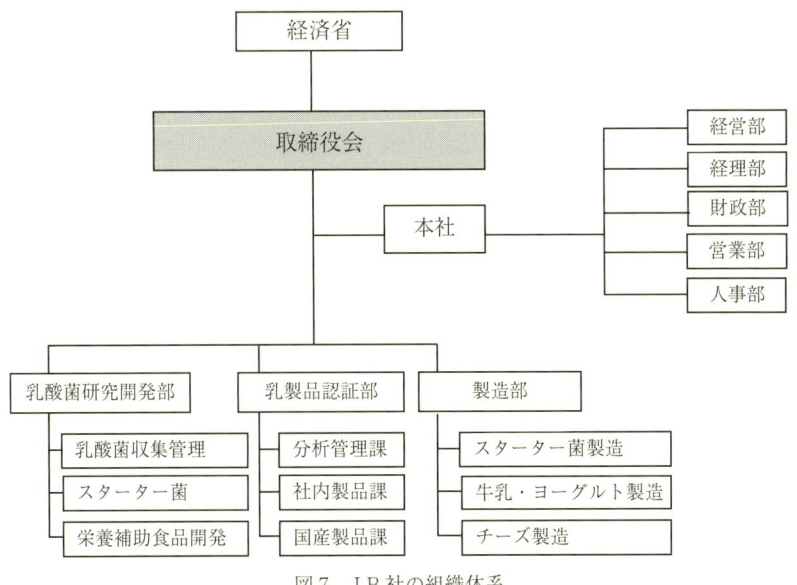

```
                    ┌──────────┐
                    │  経済省  │
                    └────┬─────┘
                         │
              ┌──────────┴──┐        ┌──────────┐
              │  取締役会   │        │  経営部   │
              └──────┬──────┘        ├──────────┤
                     │               │  経理部   │
                  ┌──┴──┐            ├──────────┤
                  │本社 ├────────────┤  財政部   │
                  └──┬──┘            ├──────────┤
                     │               │  営業部   │
                     │               ├──────────┤
                     │               │  人事部   │
                     │               └──────────┘
     ┌───────────────┼───────────────┐
┌────┴─────────┐ ┌───┴──────┐ ┌──────┴────┐
│乳酸菌研究開発部│ │乳製品認証部│ │  製造部   │
├──────────────┤ ├──────────┤ ├───────────┤
│ 乳酸菌収集管理│ │ 分析管理課│ │スターター菌製造│
├──────────────┤ ├──────────┤ ├───────────┤
│  スターター菌 │ │ 社内製品課│ │牛乳・ヨーグルト製造│
├──────────────┤ ├──────────┤ ├───────────┤
│栄養補助食品開発│ │ 国産製品課│ │ チーズ製造 │
└──────────────┘ └──────────┘ └───────────┘
```

図7　LB 社の組織体系

テンシャルを発揮できず、経営に柔軟性を持ち合わせていないというのが現状である。

　現在、LB 社では200人近くの従業員が働いており、乳酸菌研究開発部と乳製品認証部のなかには D.I. 企業の時代から働きつづけている研究員もいる。ソフィアの中心部に本社があり、郊外には牛乳・ヨーグルト製造部、乳酸菌研究開発部、乳製品認証部がある（会社の組織については図7参照）。ソフィア以外に、ブルガリア北西部に位置するヴィディンという町にはチーズ製造所（元乳業研究所）があり、そこで生産されるチーズの大半は主に輸出向けである[163]。

　現在の LB 社の規模は、社会主義時代の D.I. 企業とは全く比較にならないほど縮小されており、ヨーグルトの1日当たり最大生産能力は8トン、

163　ヴィディン製造所に新生産設備を導入し、生産体制を改善させることで、2006年に LB 社は EU 検定証・認可証を取得している。現在の主な輸出先は、中近東諸国およびオーストリア、デンマークやスウェーデンなどの西欧諸国である。

第四章　ポスト社会主義期におけるヨーグルトの諸言説　209

チーズについても30トン程度である。また、D.I. 企業と大きく異なり、資本主義の市場競争にさらされており、乳業における主導的地位を守るのは困難である。ダノン社などの外資系企業に対抗できる生産能力をもっていないため、熾烈な競争市場環境下においては、ヨーグルトやチーズなどの乳製品の製造規模拡大よりも、むしろ種菌の生産、販売、輸出に重点が置かれている。結果的に、乳酸菌研究およびライセンス契約に特化することこそが企業戦略となっている。それについては、会社のホームページからもうかがうことができる。そこでは、LB 社は「乳製品製造においてブルガリアの伝統的技術を守り、乳酸菌研究による新しい種菌や機能性の高い健康食品を開発する」と紹介されている。この経営理念に基づいて、D.I. 企業の業績に基盤を置きながら、研究開発に傾注しているのである。

LB 社のソフィア製造所では、生産活動は種菌製造課および牛乳・ヨーグルト製造課の二つに分けておこなわれている。種菌の製造において、七つの製品が生産・販売されており、すべてはかつて D.I. 企業の乳酸菌研究所で開発されたものである。種菌の大半は、国内製造業者へと販売されているが、それと同時に一部はロシア、フランス、ベルギー、トルコ、フィンランド、日本、韓国など世界10カ国へと輸出されている。

生産・輸出量ともに増加傾向にあり、輸出量を見てみると2004年から2007年の間に10倍に増大している。種菌の製造に関しては、LB 社以外にも民間企業2社が存在しており、両社とも D.I. 企業の乳酸菌研究所の元所長によって、1990年代に設立されている。LB 社は D.I. 企業の後継者として、当時作られていたネットワークを活用しながら、種菌の販売において国内市場に強みを持つ[164]。一方、民間企業2社は国内より海外市場への

---

164 たとえば、ブルガリア北東部にある小規模家族経営のステム社の事例では、会社設立以前に家族全員がかつての D.I. 企業のラズグラッド地方工場に勤務していた。父親は生産部長という高いポジションであったが、ポスト社会主義時代において、国営企業の業績の急速な悪化を契機に、1999年に新たな機会を求めて独立起業を果たした。D.I. 企業で長年実務経験もあり、コネクションもあるため、ヨーグルト製造のために必要な「純粋種菌」は、D.I. 企業の後継者 LB 社から購入している。

販売（旧ソ連諸国や欧米諸国）を得意としている。

　ヨーグルトの製造に関して、LB 社の生産の90％近くはプレーンヨーグルトであり、「エルビ」というブランド名で二つの種類（400g、乳脂肪分2.0％と3.6％）を販売している。それ以外に、D.I. 企業の研究開発の遺産である「メデンコ」という蜂蜜入りのデザートヨーグルトやドリンクヨーグルトも存在する。これは味の評価は高いが、生産量はごくわずかであるため、商品はほとんど出回っていない。結果的に、LB 社の商品は消費者の間ではほとんど認知されていないのである。

　ヨーグルト市場における LB 社の占有率は 2 ％程度以下と推定されており、ダノン社などの大手企業は、地方の小規模乳業会社などと同様に、競争相手とはみなしていない。LB 社のヨーグルトは、主にソフィア市内で流通しているため、全国的にはあまり認知されていない。販売先はソフィアの大手スーパーマーケットや政府機関、または腫瘍学研究所、日本資本で設立されたトクダ総合病院、国立血液病治療センターのような治療施設であり、D.I. 企業の時代からコネクションをもっていた場所が主である[165]。また、LB 社の主力製品として、「エルビ」というシリーズ名で、機能性の高いブルガリア菌を含む栄養補助食品が開発され、スポーツ選手や持病のある人向けに専門店で販売されている。この「エルビ」という製品は、かつて多くの展示会で好評を博した D.I. 企業の *Pure Bulgaricus*（純粋ブルガリア菌）というサプリメントをもとに開発され、看板商品のひとつとなっている[166]。生産部長によると、このシリーズの製品は特にスポーツ選手やさまざまな持病の患者に人気があり、ニッチ市場ではあるが、LB 社はブルガリアの健康食品マーケットを主導しているという。

　現在、LB 社は比較的堅実な状態であるとみなされている。しかしその道のりは決して平坦なものではなかった。その安定につながる重要なきっ

165　たとえば、蜂蜜入りの「メデンコ」はトクダ病院の給食用に限定生産されている。

166　当時、本製品の開発に携わった研究員は、今でも LB 社で働いており、「ベテラン社員」の一人として、新入社員へ D.I. の精神を伝承するうえで非常に重要な役割を果たしている。

かけとなったのが、1997から2002年にかけてJICAとの技術協力下で実施された発酵乳製品開発プロジェクトである。本事業は、LB社にとって最も重要なライセンス相手企業である明治乳業の主導で開始され、計画・申請・実施のあらゆる段階で全面的な支援を受けた。プロジェクト開始当時の1996年から1997年は、ブルガリアにおける深刻な金融経済危機のピーク時で、多くの国営企業が閉鎖の憂き目にあい、LB社にとっても生死にかかわる決定的な時期であった。1972年から築きあげてきた明治乳業との協力関係は生き残るための唯一の資産であり、LB社の副社長や乳酸菌研究開発部長によると、JICAプロジェクトのおかげで、最悪の結果をまぬがれることができたという。

　また、1990年代のLB社は、D.I.企業から継承した世界的にもまれで豊富な乳酸菌コレクションを保有していたにもかかわらず、人員削減、機材の老朽化、市場との対話不足などにより、乳酸菌コレクションを新製品のためにほとんど活用していない状況であった。そして、西欧民間企業からの乳酸菌の輸入による市場参入やLB社のラインセンス契約縮小による損失なども否定的な影響を及ぼしていた。さらに、本章の第一節で述べたように、市場経済の導入後、家畜が個人へ分配されたことによって全国的に酪農経営規模の縮小化が進むと、原料となる生乳量の急激な減少と品質の低下につながり、ブルガリア乳業全体が深刻な危機に陥っていた。

　LB社の命運を左右するような熾烈な市場競争の経済状況下にあって、当時25年にわたるライセンス契約の取引先である明治乳業から、JICAとの技術協力プロジェクトを立ち上げるという提案があり、その企画・申請・実施の各段階で全面的な支援が約束された。そこで、ブルガリア経済省の要請でLB社は、乳酸菌コレクションの有効活用および原料乳品質改善のための技術移転を目的とする、プロジェクト方式技術協力を日本から受けることになった[167]。

　5年にわたるプロジェクト期間中に、新機材の導入、新種菌の開発と利用、市場調査に基づいたカルシウム補強ヨーグルトの開発、栄養補助食品などのテスト販売、LB社初のTVコマーシャルの制作など、明治乳業の長期・短期滞在専門家とともに数多くの共同活動がおこなわれた。結果と

して、乳酸菌コレクションの充実と管理の徹底、新製品の開発や品質管理における技術移転などに改善効果が現れ、そのなかで LB 社は体力を次第に回復することができたという。そして、市場競争に生き残るための戦略や販売姿勢における基本的なノウハウを身につけることによって、乳業における LB 社の地位も徐々に安定していった。

　今もなお LB 社のヨーグルト製造所・研究部を訪問すると、入り口正面の壁には、JICA の技術協力の記念看板が掲げられており、この技術協力プロジェクトが LB 社の歴史において節目となったということが副社長や研究部長、製造部の従業員や研究員の話からもうかがえる（次頁の写真16、17参照）。たとえば、従業員が社会主義以降の出来事や製品などについて話をするときは必ず、「JICA プロジェクト以降は……」などという言葉が会話のなかに登場する。このように、社内では JICA プロジェクトが時間的基軸のひとつとなっているのである。

　他方、前章の第三節で示したように、研究開発に基盤を置きながら「企業ブランド」言説の拡大に努める明治乳業にとっても、日本市場における確固たる地位を守るうえで LB 社の存在は大きい。LB 社は新たな乳酸菌と出合う機会を創出しており、明治乳業の支援で拡充していく乳酸菌コレ

167　当時、LB 社の研究員であった現役研究技術担当副社長は JICA プロジェクトのきっかけについて次のようにふりかえっている。「私からすれば、明治乳業の藤森社長と野田研究所長がいなければ、JICA のプロジェクトもなかったと思うよ。二人がわれわれとの協力を本当に大事にしてくれたからこそ、このプロジェクトが可能になったね。しかも彼らは、典型的な日本人ではなく、オープンでユーモアのセンスがあり、ブルガリア人の精神がよく分かるような感じで、われわれと相性がとてもよく合ったのだよ。現役中に藤森は毎年５月にブルガリアを訪問していたし、プロジェクト実施中にわれわれも長期や短期の明治乳業の専門家たちとすばらしい人間関係を作っていたね。子どもも一緒に遊んでいたし、研究課題などにおいても話が通じていたし、日本に帰りたくなくなるぐらいみんなブルガリアが好きになってくれたよ。もちろん、明治乳業にとってもメリットが大きかったし、LB も非常に助けられたし、お互いさまでよかった」。副社長の言葉からも、LB 社にとって明治乳業との関係がいかに重要なものであったか伝わってくる。

▲写真17　JICA プロジェクトの記念看板
◀写真16　LB 社の入り口

クションは、LB 社のみならず明治乳業自体にとっても大きな資産となっている。だからこそ日本企業側では、社会主義であろうが、自由経済であろうが社会システムに関係なく、ブルガリア企業との技術協力は重視されており、今もなおトップレベルで戦略的に捉えられている事業である。

　このように、日本とブルガリアの企業は、相互に有益な関係を結びながら、社会主義時代から技術提携や共同研究事業を継続的におこなうことで、ベクトルを合わせて「乳酸菌の無限の可能性[168]」を追求している。この相互依存関係のなかから生まれたのが LB 社の「日本ブランド」言説である。それは、D.I. 企業の「技術ナンバーワン」言説として社会主義国家ブルガリアから出発し、明治乳業によって育成された「企業ブランド」言説から生命力を得たうえで、民主化以降の LB 社の仲介でふるさとブル

---

[168] 2007年11月28日、明治乳業の中山悠取締役会長（現在、相談役）が LB 社のライセンス事業40周年記念式典の際に、祝辞のなかで使った言葉である。この行事を重要な広報戦略と捉え、次項で詳しく考察する。

ガリアへと帰郷し、"ブルガリアヨーグルト"の歴史と文化に特別の意味合いを付与することになる。そのルーツはD.I.企業と明治乳業の共同作業にある。

（2）「日本ブランド」言説の流布
　ここでは、LB社のライセンス事業40周年記念式典を事例として「日本ブランド」言説がブルガリア社会にいかに伝わっているのかに注目する。また、アンケートや聞き取り調査の結果から、それが一般の人びとに及ぼす影響と、彼らにとっての意味について考察をおこなうことにしたい。
　2007年11月28日にソフィアで開催されたLB社のライセンス事業40周年記念式典において、現社長は冒頭の挨拶で「われわれブルガリア人にとって、ヨーグルトはパンと同じぐらい重要である。揺りかごから墓場まで幅広い年齢層に受け入れられている必要不可欠な食品は、ヨーグルトしかない」と述べ、ブルガリア人の食生活におけるヨーグルトの重要性を強調した。また、LB社の経済活動報告のなかで、D.I.企業のベテラン社員への労いと、政府支援に対する謝辞、明治乳業との長期にわたる技術提携への感謝の言葉を述べた。そのうえで、D.I.企業のライセンス事業の輝かしい業績、フランス、日本、米国などとのライセンス事業の経緯、現在LB社の実施している先端研究、右肩上がりの好調な経済的成果などを強調した（写真18参照）。また、本式典に同席した経済大臣は、「本企業のライセンス事業によって、ブルガリアヨーグルトは世界中に広められた。ブルガリアにとってそれは名誉なことである」と挨拶し、日本留学経験から日本におけるブルガリアのきわめて肯定的なイメージについて述べた。この式典には、経済大臣のほかに、農業大臣、国会議員、ブルガリア駐在日本大使、明治乳業の会長、D.I.企業のベテラン社員、大学教授など、多くの関係者が集まり、大統領やブルガリア科学アカデミーなどからも多くの祝辞が届いていた。このようにJICAプロジェクト以降、LB社にとって最も重要な行事となったが、ここではそれを事例として、「日本ブランド」言説がどのように伝わり、いかなる形でブルガリア社会にまで届いたか、またそこで具体化する本言説の戦略的な意味に注目したい。社会に発信する

第四章　ポスト社会主義期におけるヨーグルトの諸言説　215

メッセージとして、とりわけわかりやすいのは、現社長による経済活動報告である。そこには、「日本ブランド」言説が組み入れられており、ここではそれを支える三つの柱について特筆したい。

第一に、国営企業であること。このことは、LB社の報告では、政府に対する感謝の言葉のなかで、社会主義時代から国際戦略の展開においてD.I.企業が常に国の支援を受けたことを強調することによって表されている。現在のブルガリア乳業において、国の知的財産の運営を任されたLB社が唯一の国営企業であることは、LB社が特別な使命を担っていることを印象づけるとともに、ブルガリアの乳酸菌とヨーグルトがブルガリアの国宝としてみなされていることを示している。それと同時に、ブランドイメージ効果を目指し、国営企業であるがゆえに国家規格や品質保証を連想しやすいため、ヨーグルトなどの主力商品において徹底した品質管理を駆使するという主張によって、消費者に対して強力な企業イメージを与えることができる。

写真18　LB社のライセンス事業40周年記念式典でスピーチを終えた現役社長

第二に、D.I.企業の後任であること。このことは、社長のスピーチのなかの、ベテラン社員への労いの言葉や、D.I.企業時代の業績に関する報告によって強調されている。D.I.企業はかつて独占的な地位を占めていたため、多くの資源を研究開発に集中することによって、その地位を乳業において不動のものとし、ブルガリア乳業の強さそのものを象徴していた。LB社は、乳業業界において、その地位を継承したことで、自分たちも主導的地位を引き継いでいることをアピールできる。また、昔ながらの家庭の味を再現したD.I.企業の後任であるということは、LB社が近代化されたにもかかわらず、永遠に続くヨーグルトの伝統を守りながら、「人民的」(＝身近で日常的) な味を維持していることになる。それによって、D.I.企業開発のブルガリア固有の生産技術でヨーグルトの「本来の味」を

再現していることを主張することができる。このように、LB社の主張はD.I. 企業の「技術ナンバーワン」言説の復興につながり、それを通して競争市場において優位を目指している。

　第三に、先進国の企業とライセンス契約を展開してきたこと。これは、何よりもまず今回の行事のきっかけとなったものであり、非常に重要な主張である。社長の報告のなかで、D.I. 企業のライセンス事業の歴史的背景、先進国で収めた成功、ギルギノフの技術開発などの輝かしい業績に関する詳細が語られた。そのなかでも、最も注意が払われたのは、明治乳業とのライセンス締結と長期にわたる技術提携であった。日本企業とのライセンス契約は、D.I. 企業の国際戦略における節目となり、世界的に認められたブルガリア乳業の技術力の象徴にもなった。その意味がLB社にとっていかに大きいかということについては、D.I. 企業時代から継続し、最も技術力のイメージがある「日本」の企業との契約が示している。競争激化の状況下で、国内の競合他社との差別化によって強力な企業イメージをはかる意味でも、乳業において唯一ライセンス契約を展開できる企業であるということは、大きな強みになっている。つまり、先進国の企業へは「技術支援」をおこない、ライセンス事業を展開していることを主張することで、LB社はそれを企業の看板に巧みに利用しようとしている。それは、明治乳業が日本の消費者のために作り上げたブランド言説を自らの成功として提示し、D.I. 企業の「技術ナンバーワン」言説を引き継いで新たな展開として捉えることができる。ただし、国際市場向けの「技術ナンバーワン」言説と異なる点は、LB社の「日本ブランド」言説は、国際市場におけるさらなる進出や拡大よりも、その言説から生じる権威や象徴的地位を目指しているのである。

　以上のような意味合いが組み入れられた「日本ブランド」言説を社会に届けるためには、当然マスコミの力が必要となる。そこで、LB社は多くのジャーナリストやマスメディアを招待し、今回の行事を全国のマスコミを通じて報道した。経済大臣や明治乳業会長への取材など、メディアから肯定的な反応が寄せられたという意味では、ライセンス事業の40周年記念式典は国営企業の広報戦略として十分な効果が得られたと考えられる。大

手民間企業に生産能力で劣るLB社にとって、ブルガリア乳業において中心的な役割を果たしていることを主張するうえで、こうした行事は非常に重要であり、トップ経営者はあらゆる機会を活用しようとしている。たとえば、ブルガリアの乳食文化について調査に訪れた日本人研究者がLB社へ表敬訪問することがあれば、会社の存在をアピールする好機として捉え、メディアを通じて報道されることとなる。その際、特に強調されるのは、LB社の38年間に及ぶ最も長い取引先である明治乳業との技術提携である。日本企業とのライセンス契約、日本への「純粋種菌」の輸出、日本での「ブルガリアヨーグルト」の揺るぎない存在と美しいブルガリア像が重要な自社のアピールポイントとなる。それこそがLB社の企業戦略の中心に据えられた「日本ブランド」言説である。

　その主張は、会社のホームページ、行事、宣伝など多くのチャンネルを通じて顕著に現れており、さまざまな形式をとっている。たとえば、LB社が唯一制作したヨーグルトのテレビ広告では、なぜか日本人が起用され「エルビ」ヨーグルトを食べながら、ブルガリア語で「フクスノ！（おいしい）もう少し食べてもいい？」と自然にいう一風変わったシーンが使われている。このような日本の存在感は、LB社がブルガリア社会に発信する情報のなかに濃厚に含まれている。また、ヨーグルトなどの乳製品に関するテレビ番組・新聞記事だけでなく、日本の一般事情についての紹介番組であれ日本の技術や経済特集であれ、必ずといっていいほど日本における「ブルガリアヨーグルト」の定着と人気ぶり、ブルガリアの国営企業からのその製造に必要な種菌が輸出されていることについて触れている。そして、LB社のホームページで紹介された「2,400万の日本人がブルガリアのヨーグルトで新たな一日を迎える」や「ブルガリアとのライセンス契約による日本のヨーグルトの生産量は20万トンに及ぶ」といった記事は、マスコミによって頻繁に引用される語句となっている。

　このようにあらゆるメディアから発信される「日本ブランド」言説の反響は大きい。それを通して、LB社はブルガリアの自然、伝統文化、技術力などを象徴する自国のヨーグルトに関する外部の評価を消費者に伝えようとしている。それは、経済大臣が表現しているように、「国にとって名

誉なこと」であり、国民にとって誇りに思えることである。それによって、美しいブルガリア像が拡大し、そこからは負の部分が浄化されていくのである。その意味において、LB社は特別な社会的機能を担うことになる。生産能力に乏しく、ポテンシャルも十分発揮できない状況にあるが、美しいブルガリア像が映るような（EUとは別の）鏡をブルガリア人に提供できる点において、重要な役割を果たしている。

「日本ブランド」言説はLB社にとって、必ずしも経済効果のみを生み出すものではない。明治乳業での研修の機会や「唯一ライセンス契約を展開できる会社」で高品質のヨーグルトなどを作るということが、そこで働いている人びとにとってやりがいをもたらしている。特にD.I.企業時代から働きつづけている社員にとっての意味が大きい。その反面、彼らはブルガリア乳業を導くための生産能力やポテンシャルを発揮できるような経営方針が欠けていること、結果的に権威を失墜していることも実感している。

社会主義体制下において、大規模な生産を集約していたD.I.企業はこのように変身してきたわけだが、その姿が消費者側ではどのように映っているかというと、まずLB社の製品についてであるが、「エルビ」ブランドを全く知らない人もいれば、スーパーなどへわざわざ探しにいく人もいる。そういう人びとのなかには、「菌がちゃんと生きているから安心だ」という肯定的なコメントや、「品質はいいけど、探してもなかなか見つからない」という意見がある。この人たちにとってLB社のヨーグルトは、味や品質面からは昔のものと変わらないので高く評価しているが、近所の店やスーパーには常に置かれているわけではないので、不便だと感じている。その一方、ブルガリアが日本企業とライセンス契約を持つことに対しては、「誇りに思う」や「それはブルガリアの代名詞である」などという意見が多く、国民の自尊心を高揚させるヨーグルトの象徴的なパワーが働いているように思われる。当然、「わからない」、「興味がない」と答える人もいる。このようなインタビュー結果は、2008年におこなったアンケート調査の結果にも表れている[169]。

アンケート調査は、首都ソフィアおよびブルガリアの中央部にあるカザ

ンラク町、2カ所でおこない、合計140人から回答を得た[170]。本書の問題意識に関連する設問として、「国産品のヨーグルトをどう評価するか」、「他国のヨーグルトと比較してどう考えるか」、「日本においてブルガリアはヨーグルトで有名であることを知っているか」、「知っている場合、日本で有名であることをどこで知ったか」、「日本についてどのようなイメージがあるか」、という五つの質問を設けた。そのなかで、日本においてブルガリアはヨーグルトで有名であることについての認知率が82％と非常に高い結果となった（図8参照）。その情報源について、図9で示しているように、圧倒的に多いのはさまざまなメディア（新聞、テレビ、インターネット）である。それほどにブルガリア社会では日本からの視線が大事にされている。

　社会主義期においても、日本の経済発展に関心を寄せていたブルガリアは、日本と国家レベルでエレクトロニクスや化学産業部門での技術提携をおこなっていた。しかし、このような関係や日本における「ブルガリアヨーグルト」の存在などについて庶民の間ではあまり知られていなかった[171]。ヨーグルトへの関心も、あくまでも栄養源として必要最低量さえ摂取していればよいという認識程度であり、ブルガリア固有のものとしての認識は浸透していなかったと考えられる[172]。それは、第二章において

169　本調査は、人工物発達学プロジェクトからの支援により実施した［調査概要について、ヨトヴァ 2008参照］。報告の目的は、人工物発達学の観点から、市販ヨーグルト（プレーン、フルーツ、ドリンク）と自家製ヨーグルトとの比較をおこない、ポスト社会主義期におけるヨーグルト食文化の変遷を明らかにすることであった。したがって、調査報告では、市販品・自家製品に関して食べる頻度、嗜好、選択基準、不満な点などを取り上げて比較したが、ここでは本書における問題意識に関連する設問について紹介する。

170　ソフィアのインフォーマントの43名に関して、主に個人的人脈を通じておこなった。カザンラクのインフォーマントに関して、市役所の協力を得て、住民の97名に対しておこなった。

171　このことについて明らかになってきたのは、社会主義の崩壊以降、共産党の重要人物による本が出版されはじめ、社会主義の産業・経済に関する研究が増加してきた最近のことである。

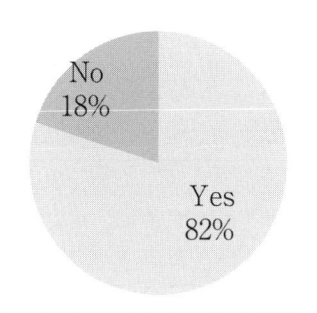

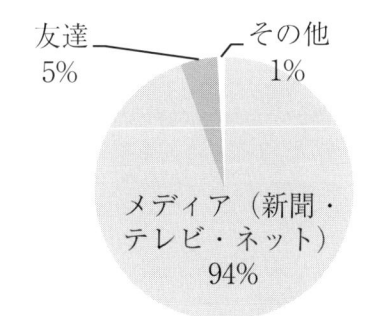

図8 日本におけるブルガリア認識に関するブルガリア人の認知度（2008年のアンケート調査結果をもとに、筆者作成）

図9 日本で自国のヨーグルトが有名であることを知った情報源（2008年のアンケート調査結果をもとに、筆者作成）

も論じたように、大量生産・栄養重視に主眼を置いた国家政策の結果であった。しかし、ポスト社会主義期において、「人民食」言説は散発的に現れることもあるものの、その露出度は減少し、徐々に「日本ブランド」言説に取り代わっていった。つまり、"ブルガリアヨーグルト"の固有性や日本における「長寿食」・「健康食品」としての高い評価について頻繁に取り上げられるようになり、現在では日本人教授の乳製品に関するブルガリア調査でさえ新聞や電子メディアの関心を引くところとなっている。日本大使によるどこかの村への訪問も、ヨーグルトの「日本ブランド」言説の引き金になり、明治乳業の上海進出などの動向もジャーナリストにとって貴重なネタとなる。「ヤシ油ヨーグルト」問題がクローズアップされた時にも、「ブルガリア菌が日本へ移民した」や「本来のブルガリアヨーグルトは日本にしかない」というような発言が飛びかい、やはりその場合で

---

172 社会主義期におけるヨーグルトについて語る年配のインフォーマントは、近代化にともなう製作道具の変化や市販品の増加、料理への使い方などを取り上げているが、それは実践レベルでの物質文化としてのヨーグルトの変遷であり、「ブルガリア固有」のものや「健康食品」としての認識のレベルでの変化はみられない。今でも、一部の年配の人びとにとっては、ヨーグルトは「ブルガリア固有」のものや「健康食品」ではなく、あくまでも栄養源として食生活に欠かせない食品として認識されている。

もLB社やベテラン社員は「日本ブランド」言説を引き出し、不祥事を鎮静化させるために引き合いに出していた。このように、さまざまな状況において「日本ブランド」言説は登場し、"ブルガリアヨーグルト"に対する日本での高い評価を伝えている。また、メディアではブルガリアに対する「ヨーグルトの本場／ふるさと」や「長寿国／自然豊かな国」としての日本の好印象が常に紹介されている。その影響は、インフォーマントの言葉にも現れており、日本における「ヨーグルトの本場」としてのブルガリアのイメージに悪影響を与える可能性のある発言に関しては、必ず「愛国心が必要です。それについて書かないでください」などと断りをいれ、録音も拒否する。それほどブルガリア社会において日本からの評価は重要視されているのである。

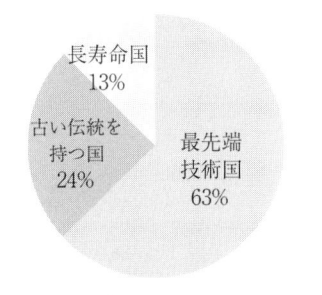

図10 日本に対するブルガリア人のイメージ（2008年のアンケート調査結果をもとに、筆者作成）

しかし、それはなぜか。「日本」という記号は、ブルガリアにおいてどのような意味をもつのか。日本というと、図10のように、多くのブルガリア人は経済大国・技術大国ということを連想している[173]。その日本において、「日本ブランド」言説に示唆される国際的成功、「ブルガリアヨーグルト」の健康価値や天然味が非常に高く評価されているということ、自然豊かで美しい国としてイメージされていることなどが、ブルガリアの知名度や技術能力が高いという裏付けであると解釈されている。そこで、「日本」という鏡に肯定的なブルガリアの姿が映し出され、国際舞台におけるヨーグルトの成功は国民的自尊心を満足させるものとなる。それは、常に

---

[173] インタビューのなかで、ブルガリア人は日本製の自動車が経済的で、またその車を作る日本人はまじめで勤勉であるからこそ経済発展を遂げたなどと、日本人のことを非常に肯定的に捉えている。また、日本文化に興味を持っている人が少なくなく、筆者に日本風景の写真や情報を求めてくることもある。

EUからの疑念視にさらされコンプレックスを抱えてきたブルガリア人にとって大きな意味をもつ。

　本章の第一節で述べたように、ポスト社会主義期のブルガリアは、2007年のEU加盟に向けて、規定された基準をすべてクリアする必要があった。そのため、農業や乳業をはじめとする生乳や乳製品の生産体制なども当然、その規定や法律に適合させねばならず、EU基準を満たせない工場は閉鎖され、酪農家に対しては支援を打ち切るなどの制裁を下さなければならない状況になった。ブルガリア国内で通常流通している小酪農家の原料牛乳で生産された製品は、EUの衛生・品質基準に満たないため輸出することができず、西欧主要諸国の壁に阻まれ孤立するという事態が生じている。端的に言うならば、西欧諸国から、ブルガリアはEUの築き上げた高い品質基準を遵守する能力がないとみなされているのである。このような状況が長引くにつれて、ブルガリア国内では、EU加盟国の一部の生乳が過剰生産であるという彼らの都合によって周辺的な扱いを受けているのではないか、という疑念の声が上がるようになっている。このような西欧諸国に対する劣等感や自信喪失がブルガリアでは日増しに強くなってきている。

　こうした状況下で、LB社の「日本ブランド」言説を通して提供される日本からの肯定的な評価は、国民の自信回復という意味合いにおいても非常に重要な役割を果たしている。それは、マスコミによって取り上げられる頻度や新聞記者などの日本への関心とも無関係ではない。近代国家の設立以降、常にヨーロッパをモデルとして追随してきた歴史の中で、傷ついたブルガリア人のプライドを癒しているのではないかと解釈できる。その意味で、「ヨーグルトの本場ブルガリア」という日本において醸成されてきたイメージは、ブルガリア人の心の拠りどころとなっており、列強諸国に翻弄されつづけた負の歴史に対する復興の兆しとして、大きく貢献していると考えられる。

第三節　多国籍企業による「祖母の味」言説

　本節では、ブルガリア乳業において主導的な地位を築いてきた多国籍大

手企業のダノン社の作りあげた「祖母の味」言説に着目する。同社の果敢な企業戦略や独自の販売政策のなかで育成されていく「祖母の味」言説が違和感なくブルガリア社会に浸透していく様相を描写する。その際、ブルガリアの消費者におけるダノン社の立ち位置がどのようなものであったのか、また「祖母の味」というものがそもそもブルガリア人にとって、どのような意味を持ち合わせているのか、について考察していく。

（1）「祖母の味」言説の誕生
　ここでは、ダノン社の参入がブルガリアのヨーグルト市場にもたらした影響について言及したうえで、「祖母の味」言説誕生の土台となったダノン社のローカル市場への多国籍適応戦略について考察する。結果的にブルガリアの家庭で伝承されている味とは異なる酸味の少ない味を主流へと置き換えていく過程を明らかにする。
　1989年の社会主義の崩壊以降、ブルガリアが各工場を民営化させたことを受け、フランスに本社を置く国際大手食品関連会社ダノン・グループは、1993年にブルガリアの最大ヨーグルト工場セルディカを買収し、ダノン・セルディカ株式会社（以下ダノン社）を設立した。現在ダノン社には398人の従業員がおり、ヨーグルトの1日当たり生産能力は300トンに及ぶ。製造業者として、ブルガリア乳業において最大規模の企業である。
　ダノン社がブルガリア市場に参入したころ、ヨーグルト市場の100％はプレーンヨーグルトであった。しかし、急ピッチでヨーグルト市場の細分化や製品の多様化を進めたダノン社は、ドリンク・フルーツ・ビフィズス菌入りヨーグルトなど、それぞれの新たな市場を開拓した（写真19参照）。ブルガリアの市場において、パイオニア企業としてトップの地位を確立し、38％という高いシェアを誇っている。特にデザートタイプヨーグルトおよびビフィズス菌入りヨーグルト市場において、ダノン社のシェア占有率は他社を圧倒しており、ビフィズス菌ヨーグルトと、果物入りヨーグルトの比率拡大を、今後の事業戦略として捉えている[174]。
　また、ダノン社の経営者によると、ブルガリア消費者のプレーンヨーグルトへの強い嗜好性は他国にみられない特有の消費行動であるため、ダノ

写真19　ダノン社の主要ブランド

写真20　「ナババ」ブランドのふた

ン社の展開する国際ブランド以外にも、この嗜好に配慮したブルガリア限定のプレーンヨーグルトブランドも持っている（写真20参照）。国際大手企業として、現地のマーケットにどのように適応してきたか、またそれはブルガリアの人びとにとってどのような意味をもっているかについて、ここではダノン社の「ナババ」ブランドを通じて、新たな味覚の創造につながる「祖母の味」言説をブルガリア社会に広く浸透させた広報戦略について紹介することにしたい。

　「おばあちゃんの」ということを意味する「ナババ」ブランドは、ダノン社の参入10年後の2003年に発売された。「おばあちゃんの黄金の手で作ったものが一番おいしい」という宣伝用のフレーズは印象に残りやすく、特にソフィアではたちまち人気を博すこととなった。ダノン社は、活発な宣伝活動によって、「ナババ」をヒット・ブランドにまで育て上げたが、「ナババ」の筋金入りのファンのなかでも、それをダノン社の製品と連想する人は少ない。

　ダノン社の他のブランドと比較しても、「ナババ」の宣伝やパッケージ

174　ブルガリア市場におけるプレーンヨーグルトの比率は90％と高い。市場の７％を占めているのは、胃腸を整えるための健康食品として認識されるビフィズス菌のヨーグルトである。このカテゴリーにおいて圧倒的なシェアをもつのが、ダノン社の「ビオ」ブランドである。残りの３％は、多様な味の果物入りヨーグルトとドリンクヨーグルトが占めている。

第四章　ポスト社会主義期におけるヨーグルトの諸言説　225

におけるダノン社の存在感は限りなくゼロに近いものである（写真19、20参照）。それは戦略であるのか、その背景にどういう意図が隠されているのか、などについて「ナババ」ブランドを開発したマーケティング専門家で広報部長でもあるダノン社員（女性、38歳）の見解を紹介する。勤続年数9年とさほど長くはないが、ブルガリアにおけるダノン社の歴史だけではなく、ダノン・グループ創立の話やその発展、他国のヨーグルト事情や市場の特徴について精通しているということが印象的であった[175]。彼女が2002年にダノン社に入社した頃は、プレーンヨーグルトの「ダノン・バランス」という国際ブランドが主要製品であった。当時、田舎のおばあさんが作っているような質感の濃厚なヨーグルトはブルガリア市場にはなかったという。彼女はダノン社の自慢製品「ナババ」ブランドの考案について以下のように語っている。

　「ナババ」は私のブランドですよ。そのころは「ナババ」のような質感の濃いヨーグルトはブルガリアにありませんでした。でも、私がいつもあこがれていたのは、私のおばあちゃんが羊乳で作っていたヨーグルトでした。脂肪が高めで、本当においしかったです。「こんなヨーグルトはソフィアの人は食べられないよ」と勧めてくれました。われわれ子どもに対して優しく接してくれ、本当にいいおばあちゃんでした。

　このような味のものを再現できるかどうかについて、彼女が製造部長に相談した結果、彼は4.5％乳脂肪のヨーグルトを開発した。最終的に消費者の目隠しテストによって味を決めることにした。そのテスト内容とは、ブルガリア菌とサーモフィラス菌を異なる配合比率で組み合わせたものを4種類ほどテストサンプルとして用意し、ソフィア在住の人に試食してもらうというものであった。ヨーグルトは、ブルガリア菌が多ければ多いほ

---

[175] 彼女はダノン社の社員研修の一環として、ルーマニアやトルコなどにあるダノン社の現地工場を見学したこともあり、研修をともにした海外の同僚と意見交換をおこなっている。その場で、ブルガリア消費者の嗜好やヨーグルトの歴史と文化を紹介することもあり、個人的な興味も手伝って関連文献を参考にしながら勉強しているという。

ど酸味が出る傾向になり、ブルガリア人好みになるはずなのだが、本テストの結果では自家製ヨーグルトの味に慣れ親しんでいないせいか、対照的に彼らはもっともブルガリア菌の少ないヨーグルトを選んでいたという。「消費者の声が一番大切」であるとダノン社の担当者は筆者に説明したように、酸味が全くないヨーグルトが新製品として選定されていった[176]。しかし、仮にもしダノン社が無策に、地方のおばあさんや自家製のヨーグルトを食する機会の多い人びとを消費者テストの対象として選定していたとすれば、このようなテスト結果は生まれていなかったであろう。つまり、そこには自社の都合に合わせたブルガリア人の声を抽出し、新たなマーケティング戦術を通じて「祖母の味」風味へと扇動していることも考えられなくはない。

　製品は、広報部長自身の経験から、「おばあちゃん」の手で作られたおいしいヨーグルトを連想しやすい「ナババ」という名称で発売され、特にソフィアでは人気商品となった。おそらくソフィアにおいて、ブルガリアの自家製品をこよなく愛するとはいえ、食する頻度が少ないため、自家製かダノン社かの判別がつかない状態になっているのである。そこで、「祖母の味」として味覚の心地よいダノン品が提示されれば、大半のブルガリア人は頭では家庭で伝承された味として抵抗なく受け入れ、味覚も心地よいものを選ぶのは当然の流れといえる。このようにして、ダノン社主導の「祖母の味」言説がブルガリア人にとって違和感なく受け入れられるようになっていくのである。

　しかし、なぜヨーグルト市場におけるパイオニア企業としての自負のあるダノン社が、おいしい「ナババ」ヨーグルトの製造業者であるということをアピールしないのか、「祖母の味」言説の背景にはどのような意図が

176　消費者保護協会は、ブルガリアの主要ヨーグルトブランドにおける菌数などについて、比較実験をおこなった。そのデータを用いて、「ナババ」と「エルビ」に含まれる乳酸菌の比率と菌数を比較すると、総菌数はサーモフィラス菌に関しては同様であるが、ヨーグルトに酸味を与えるブルガリア菌に関しては、「ナババ」においては、その菌数がエルビの1,800分の1しかないという結果であった。

働いているのか。このことについては、ブルガリア市場におけるダノン社の参入経験に関する、広報部長の話に着目する必要がある。

参入当初の1993年に、社会主義時代から残っていた国家規格の存在が、参入障壁の要因としてダノン社の専門家の頭を悩ませていた。ダノン社のヨーグルトは、乳酸菌の菌数やその配合比率、製造過程や発酵方法がブルガリアの国家規格と異なっていたため[177]、規定された「ブルガリアヨーグルト」というカテゴリーにはあてはまらず、「醗酵乳製品」という位置づけで、「ヨーグルト」という記載さえ禁止されていたという。「ブルガリアヨーグルト」であるならば、消費税（20％）は販売時に加算されないが、彼らのものは「醗酵乳製品」のカテゴリーに属していたため消費税分が加算され、消費者からは高いというレッテルを貼られていた。その上、*fermentiral mlechen product*（発酵乳製品）というブルガリア語は、科学実験用語として使われるが、日常的には馴染みがないため、ダノン社のヨーグルトは排他的に扱われる存在であった。

また、彼女らを苦しめたのは、現地の乳業会社によるダノン社のヨーグルトに対する「よそ者」扱いや偏見である。ダノン社に対する白眼視の一環として、そのヨーグルトはブルガリアの伝統とかけ離れすぎているため、「本来」のヨーグルトではなく、健康効果のない粉乳やでんぷんなどの添加物を含む「偽物」であるという噂が蔓延していた。具体的には、「ブルガリアの伝統的な味を入れ替えた」、「ダノンのヨーグルトにはブルガリア菌が入っていない」、「菌が生きていない」など消費者にまで影響を与えるような否定的なコメントが広がっていた。

また、過去に D.I. 企業でヨーグルトの製造担当として働いた経歴があり、セルディカ工場の移管によってダノン社に転籍した人の話では、同社から高い給料が支払われていたにもかかわらず、あまりのギャップに LB 社のもとへ再就職した従業員もいたという。ダノンのヨーグルトの製造工

177　社会主義崩壊後、1990年代後半まで国家規格が有効であったが、ブルガリアの生産規定を EU の法律に合わせる必要性から、1998年の「規格化法律」の改正によって廃止された。

写真21　「ナババ」ブランドシリーズ（会社名はバーコードの右下にある）

程が「ブルガリアヨーグルト」の国家規格のそれとは全く異なっていた上、職場の雰囲気にも馴染めなかったためである。ここで述べておきたいことは、このベテラン社員の態度が決して例外的なものではないということである。T社長をはじめとするすべてのベテラン社員は、ダノン社がブルガリア乳業のモデル工場であったセルディカ工場を買収したことを許すことができず、彼らが誇る「ヨーグルト製造技術の伝統」、つまり彼らが育成した「技術ナンバーワン」言説を脅かすものとして、本企業に対し参入当初から敵意を持ちつづけている。

　このようなブルガリア独特の参入障壁に直面していたダノン社は「ナババ」ブランドの開発にあたり、同社の他製品とは根本的に異なる表記を採用した。本来であれば、会社名は目立つ場所に通常サイズで表記するが、この「ナババ」ブランドでは自社の存在を極力出さないよう、ふたの端に判別がつきにくいほど小さな文字で記載する程度にとどめている（写真21参照）。また、ダノン社のホームページは、ブルガリア語でブルガリア消費者向けに発信しているにもかかわらず、そこで紹介される製品群のなかに「ナババ」ブランドの名はない。まるで存在していないかのごとく削除されている。本商品の宣伝においても、製造業者の存在を全く意識させることなく、主役はあくまで家庭の味の伝承を担う地方の「おばあちゃん」である。「おいしいヨーグルトの作り方はおばあちゃんの秘密。世の中には変わらないものがある。おばあちゃんの黄金の手で作られたものが一番おいしい」と主張しているのみである。このように、ブルガリア社会にお

第四章　ポスト社会主義期におけるヨーグルトの諸言説　229

ける「おばあちゃん」のイメージを巧みに利用し、ブルガリア菌の最も少ない（つまり伝統的な味と違う）ヨーグルトに、「ナババ」というブランド名を冠し、果敢かつ前衛的な宣伝活動によって、デザートタイプやビフィズス菌入りヨーグルトの新たな市場を開拓するのみならず、プレーンヨーグルト市場においても新たな展開を成し遂げている。

　ここで興味深いのは、新たな価値を消費者に提供しているダノン社に対して、「本来の味」や「天然の味」に強い嗜好を示すブルガリアの消費者がどのように考えているかということである。彼らの声に耳を傾けると、意見はまちまちであり、ブルガリア人はダノン社に対して矛盾した感情を抱いているといえる。本企業のヨーグルトが一定した品質を保っているという面では、衛生・品質管理が充実していると評価する人（主に都会在住や西欧在住経験のあるインテリ層）もいるが、生産技術面ではブルガリアの伝統とかけ離れすぎているため、「本来」の *kiselo mliako*（酸乳）ではなく、でんぷんや粉乳を多く含む西欧の *yogurt* であるという意見もある。また、観光業界で働くインフォーマントの一人（女性、34歳）が「ダノン社のフルーツ入りが好き。でも私は典型的なブルガリア人じゃないから、私の意見は参考にはならないでしょう」と表現しているように、ダノン社がプレーンヨーグルト以外に多様な味を提供していると肯定的に捉える人もいるが、「ブルガリアの伝統的な味を入れ替えた」、「ダノンのヨーグルトにはブルガリア菌が入っていない」、「菌が生きていない」などという否定的なコメントも多い。

　たとえば、自家製ヨーグルトに関する調査の際に、種菌の入手先についてほとんどの協力者が口をそろえて、「ダノンの *yogurt* さえ避ければ、大半の市販品でサワーミルクが作れる」などと答えており、「ダノン」ヨーグルトへの疑念を垣間みることができる。しかし、その一方では、前述のように「国内製造業者よりも、品質管理や味などあらゆる面で、ダノン社が優れていることを認めざるを得ない」という声も聞こえている。ただし、このようなコメントをした人でさえ、「それは大きな声で言えないよ。われわれのヨーグルトの名声にかかわるし、愛国心がないと解釈されるし……」と表現しているように、現代ブルガリアにおいては、自国の

ヨーグルトに対して特別な配慮が払われている。"ブルガリアヨーグルト"は、他国製造業者の製品や他国で作られるものより高いステイタスにあると評価される傾向にある。つまり、この自民族中心的な言説において、ダノン社のさまざまな種類の製品は"ブルガリアヨーグルト"と対峙するものである[178]。この対立構図はメディアや社会において流布されている「日本ブランド」言説にも支えられており、その背後にはD.I.企業のベテラン社員の「技術ナンバーワン」言説の影響もある。ブルガリアにおいて、ダノン社の「祖母の味」言説が疑問なくブルガリア人の間に浸透していった最も大きな理由として、ダノン社は「ナババ」ブランドの宣伝や梱包から完全に自社の姿を消しさり、ブルガリア人の自民族中心的な感情を煽らずに、逆にそれに沿った手法を講じたことがある。

　前節の第二項で取り上げた同様のアンケート調査の結果からも、ヨーグルトに関して他国に対する優越感がうかがえる（図11参照）。アンケート協力者の82％は、真正、味、健康面において、ブルガリアヨーグルトは、他国のものと比較して優位であると考えている。このような複雑な社会的評価にさらされているにもかかわらず、ダノン社は決して弱体化していない。ブルガリアの伝統的な味を主張する「ナババ」ブランドの開発や果敢な宣伝活動を通じて、不利な条件や悪評を中和させ、独自のノウハウに基礎を置きながら、ブルガリア市場に巧みに取り入っている。ダノン社は、国際大手企業として盤石な存在であり、ブルガリアの土俵においても横綱相撲をとっているといえる。そこで、本企業の広報活動や企業戦略に着目

---

178 「ナババ」ヨーグルトは、ダノン社のブルガリア限定のブランドとして、現地市場の特徴に配慮したものであり、国際企業の適応戦略でもある。これ以外にもダノン社の国際ブランドとして「ダノン・バランス」、「ダノン・ファミリア」、「ダノン・クラシック」など八つの製品があり、それぞれのシリーズには多様な種類のものが存在している。製品名からも明らかであるように、これらのブランドはすべて「ダノン社」のネームバリューが全面的に押しだされたものとなっている。そして、特にソフィアなど都心部の消費者の間では、時間に追われるストレスに満ちた日常生活において、整腸効果を訴えるものとして「ダノン・バランス」は人気商品である。

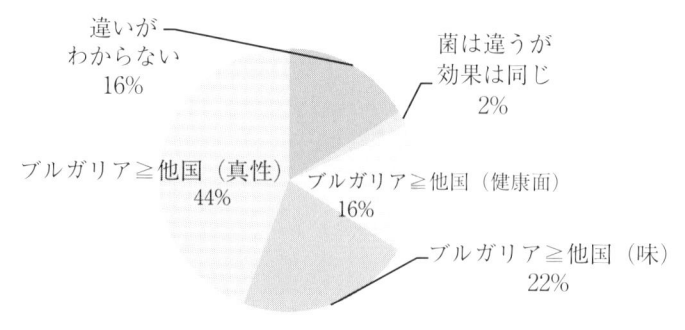

図11　他国と自国のヨーグルトの比較
（2008年のアンケート調査結果をもとに、筆者作成）

しながら、次の項では、消費者への働きかけについて考察をおこなう。

(2)「祖母の味」言説の意味

　前項では、多国籍企業の現地市場への適応戦略から成立していった「祖母の味」言説の誕生の背景について触れてきたが、ダノン社の「ナババ」ブランドが発売された背景を再検証してみると、そこには企業戦略以上のものが内在していることに気づく。具体的には、ブルガリア社会における「おばあちゃん」や「ベテラン社員」のような老人（長老[179]）がもつ意味合いということである[180]。ここでは、ダノン社の「祖母の味」言説に象徴されるブルガリア社会における「おばあちゃん」の意味について、説明を加えながら考察をおこなうことにしたい。そして、「祖母の味」言説の誕生および広がりを可能にしたブルガリアの人びとの思考パターンと社会秩序への理解につとめる。

　前述のように、ダノン社の「ナババ」ブランドの開発過程や宣伝広告では、「本来の味」への保証として「おばあちゃん」が登場し、本商品の主役となっている。また、別のヨーグルト会社の人気製品のなかに「ナデャ

---

[179] 本書では、「老人」は一般的に高齢者の意味で用い、「長老」は識見や経験が深い年長者を表すために使い分けている。

[180] LB社にとっての「ベテラン社員」の存在の意味および彼らが今もなお担っている社会的な役割について、次の第四節で取り上げ検討する。

ド（おじいちゃんの）」ヨーグルトがあり、パッケージには祖父母がヨーグルトを作っているかわいらしい姿が描かれている。これまで論じてきたように、ブルガリア人にとって、ヨーグルトは他の食品とは一線を画し、ブルガリアの自民族中心的主張やブルガリア人の自画像と結びついているため、特別な位置づけとなっている。この特徴を生かすため、商品を育てる段階で、企業側はブルガリアの家族形態や世代間の力関係などを考慮しながら製品の個性を固め、販売促進戦略を展開している。商品の宣伝には歴史的場面や自然風景、古代トラキア人、プロト・ブルガリア人、トルコ支配における民族復興運動にかかわった英雄などが登場する。こうした意味では、ヨーグルトを商品化するための企業戦略において、ブルガリア社会の歴史的・現代的姿が反映されている。これらの状況を前提として、ここではダノン社の「祖母の味」言説に着目しながら、ブルガリア社会における長老としての「祖父母」のもつ意味について考察をおこなう。

　広報部長の話からもわかるように、「ナババ」の原点は、彼女の祖母の手作りヨーグルトである。その話を掘り下げると、彼女の「おばあちゃん」は子どもとの接し方に長け、家族の中心であり、彼女にとっては特別の存在であった。彼女が子どもの頃、学校から帰ると家にいるのは、仕事で忙しい母親ではなく退職していた「おばあちゃん」であった。また、毎日食べていたのも「おばあちゃん」の手料理であり、「おばあちゃん」お手製のピクルス、ヨーグルト、ジャム、果物の甘煮などであった。そして夏休みになると、冬用のさまざまな保存食の準備を積極的に手伝っていた。今もなお、彼女にとってのヨーグルトは「おふくろの味」ではなく「おばあちゃんの味」である。やがて彼女自身も結婚し、今では8歳の子どもの母となったが、彼女もまた出張で家を空けることが多い。現在、彼女の家庭の中心となっているのが、彼女の母親である。それは、広報部長が家庭を持つうえで大きな助けであり、安心して仕事に集中できる支えとなっている。

　このような個人的背景からグローバルな大手企業ダノン社の「ナババ」ブランドが誕生したのだが、ブルガリアにおいて広報部長の話は決して例外的なものではない。日本では核家族が当たり前となっているが、ブルガ

リアでは祖母を中心とした拡大家族の形態が多く、「おばあちゃんの味」は、今もなおそこで受け継がれている[181]。そして、筆者の経験も含めて、「おばあちゃん」という存在は、多くのブルガリア人にとって特別である。

　その背景には、社会主義体制における共産党政策のもとで、人手不足を補うために女性の社会進出が一般化され、女性の外勤が増加したという事情がある。家事や子育てに専念できない環境で、仕事と家庭という二重負担に対処するため、退職した親、つまり祖父母の支援が切実に必要とされたのである。1985年の労働法典改正によって、従来からの家庭内における祖父母の役割が見直され、これまで認められていなかった祖父母の母親代理の育児休暇取得が許可されるなど、それは法律にも反映された［Brunnbauer and Taylor 2004：295］。こうして、今日にいたるまで祖父母が、独立した子どもの家庭の面倒を見たり、自家製食料を分け与えたりと全面的に支えている。食料不足の社会主義時代においても、失業率の高い市場経済への移行期においても、祖父母は田舎の生活で生産される野菜、酒、蜂蜜、畜産物などを家庭内で資源分配することによって、GDPには表れない重要な役割を担ってきた。そのため、ソフィアなどの都市部で暮らす人びとは毎週末、子どもを連れて田舎の実家に戻る。そこで子どもたちは、祖父母の指示のもと農作業や家畜の世話を手伝い、食事をともにして都市に帰る際に祖母にさまざまな食料を分けてもらう。このような、urban-rural extended household（都市・農村拡大家庭）という家族形態は、家族同士のきずなの強さや老人への深い敬意がその特徴として挙げられている［Botcheva and Feldman 2004］。また、老人は食物などの資源を分配し、成長した息子や娘の家族を全面的に支援することによって、経済的支援から生じた権威もあわせもつ[182]。

　ブルガリアにおいて共産党は、近代化以前の通念であった家父長制家族を後進的な文化モデルとして厳しく批判していた［Brunnbauer and Taylor

---

181　California Center for Popular Researchのブルガリアを含む5カ国のポスト社会主義国の調査報告によると、現在ブルガリアの家庭の37%は拡大家族である［Ahmed and Emigh 2004：19］。

2004：288］。そして、性別や世代を問わない解放政策を掲げることによって、家族全員が平等である socialist family（社会主義的家族）という新たな家族概念を定着させようとした。しかし、結果的には、家庭から女性が離れ職場へ出向くようになったとしても、実質として従来の価値観に変化はなく、家族全員が「平等」にはならなかった。外勤に加え家事や子育てを担いつづけた女性は、祖父母から全面的支援を受けながら、共産党主導の狙いとは裏腹に、性別や世代の解放政策を自分の状況や価値観に適合させていった。結果として、特に子育てや食料分配という側面において、老人への依存が低下することもなく、その影響力が弱まることもなかった[183]［Brunnbauer and Taylor 2004、Creed 1998］。そして、この老人を中心とした逆境への対処方法は生存モデルとして社会常識となり、さまざまな形式で今もなおブルガリア社会に深く根付いている。こうした理由から、ダノン社の広報部長の事例のように、「おばあちゃん」が家庭のなかで中心的な存在となることが多いのである。また、たとえ祖父母が同居するという拡大家族の形態をとっていなくても家が近所にあれば、親が不在の時の孫の世話や、学校への送迎、買い物や料理といったさまざまな支援をすることが、ごく当たり前のこととなっている。

　そのため、子どもにとって日常生活で接触する機会が最も多いのは祖父母であり、一番の相談役となっている。彼らは祖父母から、生活のノウハウや生きる知恵を、豊富な経験やフォークロアなどを通じて伝授される。

182　シェルトンによれば、ナイジェリアのイグボ族の間では、老人の高い地位と威信の基盤は土地所有であり、長老たちは若者に土地を割り当てて、そこから年貢を得るなどして経済的優位性を通じて権威を確保していた。ところが、近代化の進行により都市化が加速し、若者たちが職を求めて都市へ移住するにつれて農村の地価も下落し、相対的に長老たちの地位も低下していった［Shelton 1972］。このような事例とブルガリアを比較すると真逆の傾向がうかがえる。

183　1985年の調査結果では、結婚生活5年以内の夫婦の70％は親に大幅に依存し、さまざまな形で物質的支援を受けていた［Brunnbauer and Taylor 2004］。このような傾向は、現代ブルガリアにおいても継続している。

一方、老人も孫に色々教えてやることで長年生きてきたプライドを保ちつつ、精神的な面でも健康に過ごすことができる。祖父母自身も含めて家族全員が、家庭を維持するうえで祖父母の重要性や影響力を認識している。こういった共通意識のなかで、家族の柱としての祖父母の高い地位と権威が保障されている。
　彼ら自身もまた、若い頃には仕事に忙しく、子育てなどにおいて老人に依存してきた。そのため退職してようやく家族に献身して孫を見る余裕ができる。その時初めて祖父母という高い地位に昇格する。つまり、ブルガリアにおいて一般的に、「長老」というカテゴリーに入る重要な基準の一つは、退職後、孫の世話や食糧供給などにおいて、独立した子どもの家族に貢献することである。この地位を確保すると、家庭内だけではなく、公共の場においても敬意をもって迎えられる。世代間の力関係が特に表れるのは、たとえば、祖父母の名にちなんで子どもに命名する伝統や、祖父が来てから食事をするマナー、祖父母を老人ホームに入れることをタブー視することなどにおいてである。また、市内バスや電車に老人が乗ると、若者たちが半ば反射的に席をゆずる。それは模範的な行動である。さもなければ、まわりから非難めいた目つきをされるだけでなく、その場で老人に対する敬意やマナーなどについて小言をいわれることもある。また、老人の荷物運びを手伝うこと、列に並ぶ際順番を譲ることなど老人に対する気配りは、家庭や学校だけでなく、社会経験から学ぶことが多い。ブルガリアは決して長老制の社会ではないが、私的・公共空間を問わず老人が大切に扱われるという意味では、「老人優先」社会であるといえる。
　このように、祖父母の伝統（知識、知恵、味）が深く根付いているブルガリア社会における「ナババ」や「ナデャド」のようなヨーグルトブランドの誕生には、「長老」の大きな意味合いが内在している。ここで特筆すべきは、ダノン社がブルガリア社会におけるこの「おばあちゃん」像の巧みな利用により、家庭の味とは異なるものを「祖母の味」として、成功を収めたことである。これは資本主義システムのなかではごく自然なことかもしれない。同様に、日本においても明治乳業は新たな味覚創造のために、園田の「聖地ブルガリア」言説を利用し、「企業ブランド」言説へと

吸収していった。ただし、日本においてはブルガリアの「長老」のようなヨーグルトの伝承を担う人びとが存在していなかったため、家庭の味を広めた園田自身の存在は明治乳業の社史から忘却されることとなった。一方、ブルガリアの場合、ヨーグルトの文化が深く根付いているため、その伝承を担う「おばあちゃん」はダノン社の偽りの「祖母の味」に対して抵抗を示すことができるのである。その点については本章の第五節にゆずりたい。

第四節　ベテラン社員による「乳業の真珠」言説

本節では、T社長をはじめとするD.I.企業のベテラン社員の社会活動に着目しながら、「乳業の真珠」言説でグローバル企業の強力なイメージと、その「偽りの祖母の味」に抵抗しようとする試みを考察する。ベテラン社員は、ダノン社が最大のセルディカ工場を買収したことを許すことができず、彼らの誇る生産技術の伝統（「技術ナンバーワン」言説）を脅かすものとして、本企業に対し強い敵意をもっている。彼らは、国営企業を退職後、今もなおヨーグルトの意味づけに積極的に働きかけようとし、家庭のレベルを超えた影響力をもつ「長老」として捉えることができる。

（1）ベテラン社員の動向

ここでは、2009年2月の乳製品の品質にかかわる一連の不祥事に対するベテラン社員の対応を事例に、ブルガリア乳業における彼らの「長老」としての存在意義について検討する。

本章の第二節で触れたように、LB社では200人近くの従業員が働いており、なかにはD.I.企業の時代から働きつづけている従業員もいる。特に乳酸菌研究開発部と乳製品認証部では古参の従業員数が最も多く、全体の18％を占めている[184]。彼らは高齢化し退職年齢を迎えており、年々減少

---

[184] 筆者が取材をおこなって頻繁にやり取りをしていたのは、そのうちの7人である。

してきているが、その存在感は依然として大きい。それは、仕事面においても、職場の雰囲気づくりや人間関係の面においても同様である[185]。D.I. 企業の精神を引き継いでいる者として、彼らのほとんどはカギとなるポストに就いており、蓄積してきた知識と経験が豊富であるため、他の社員にとっての相談役ともなっている。T 社長と直接につながりをもつ要職にある人物もいる。たとえば、現研究技術担当副社長は、T 社長の娘であり、LB 社のライセンス契約および研究開発を担当しているトップの経営者である。また、乳酸菌研究開発部長は T 社長の姪であり、副社長の右腕のような存在でもある。

　T 社長や他のベテラン社員などについて現役社員に話を聞くと、LB 社の現在と過去の捉え方や中心的な役割を果たしていた社員などについての見方は、立場が分かれているのがわかる。T 社長（83歳）をはじめ、学ぶべき大先輩としてベテラン社員に対して敬意を払う人、副社長の父といった連想しかしない LB 社の歴史にあまり興味を持たない人、現在の LB 社

---

[185] たとえば、ソフィアの郊外にある LB 社の出張所（ヨーグルト製造部、乳酸菌研究開発部、乳製品認証部）の周辺には、レストランやテイクアウトできる店がないため、D.I. 企業からの古参社員たちは毎朝の通勤時には必ず、町の中心部のパン屋で全員分のパンを購入してから仕事に向かっている。34年前に T 社長に雇われた A 研究員（女性、57歳）は、パン購入のためのお金を管理している。そして、他の社員は空腹時に A 研究員の元へ立寄り、パンのお金を払って5分から10分程度リラックスした雰囲気で会話する。A 研究員の部屋は明るく、鉢植えの花が多いため、和みの空間でもある。また、一日中ラジオの音楽が流れ、他の研究室とは異なる開放的な雰囲気である。A 研究員の部屋に立ち寄る後輩らの目的はパンを購入することだけではなく、A 研究員に対して仕事についての悩みや相談を打ち明けることも多いため、結果としてストレス解消のためのカウンセリングルームとしても機能している。また、A 研究員は、D.I. 企業時代の仕事の楽しい思い出や失敗の経験（たとえばジフコフ書記長の訪問や自身の展示会への参加など）、地方工場の職人たちとのさまざまなエピソードや海外の取引先での経験、社員の誕生日や個人的行事のお祝いなどの記憶について後輩に話して聞かせながら、D.I. 企業の精神を伝えようとしている。

と全く関係がない古い考え方を持つ昔の人間として見る人、という三つの
タイプの立場の社員がいる。この立場の違いは、潜在的に存在しているも
のであり、経営者からの待遇や日常業務においては表面化されることはほ
とんどない。だが、筆者がD.I.企業やT社長を話題として取り上げると
きや、会社にとっての重要な行事や緊急事態の際には顕著に表れる。

　LB社の企業戦略や決定的な決断の背後には、すでに第一線をしりぞい
たT社長の思惑が働いており、副社長である娘（52歳）や乳酸菌研究開発
部長の姪（56歳）を通して会社を動かそうとしている様相がうかがえる。
たとえば、本節の第二項で紹介したLB社のライセンス事業40周年記念式
典の開催は、元々T社長の発案であった。彼は、マスコミなど世間の注
目を集めるという意味で、大きな広報効果が期待できると考え「LB社の
ために」提案した。だが、現社長は消極的な態度をとっていたため、可決
にもちこむのは決して容易ではなかったという。結局、副社長を通じた取
締役や社内への根回しによって、行事の実施が決定したが、準備段階にお
いても現社長はあまり興味を示さず関与もせず、すべて副社長に一任して
いた。当日読みあげた原稿も、すべて乳酸菌研究開発部長があらかじめ文
章やデータを準備したもので、D.I.企業の業績に関する部分はT社長と相
談しながら作成したものであるという[186]。

　LB社の現役の古参社員の間では、現在のLB社の経営姿勢に対して批
判的な声があがっている。たとえば、D.I.企業の「黄金時代」には、会社
の行事や展示会への参加が頻繁におこなわれ広報活動が充実していたが、
今は広報戦略が存在せず製品が認知されていないため、他企業との競争に
容易に敗れるのでないかと懸念している。彼らは、T社長をはじめとする

---

[186] 研究部長は、国営企業として政府や取締役との関係の舵取りが容易では
なく、会社経営においても制限が多いといった事情から、現社長の態度に対
して一定の理解を示している。しかし、T社長は、現社長が将来に対するビ
ジョンや創造性を持ち合わせていないため、戦略的にLB社を指導する能力
に欠けているとみなしている。また、彼は会社の潜在能力が高いにもかかわ
らず、それが発揮されずに、ライセンス事業の縮小、海外市場の喪失、生産
能力の低下などといった事態に陥っていることが許せないのである。

ベテラン社員の経験や経営ノウハウから学ぶべきであり、D.I. 企業の「技術ナンバーワン」言説の復興を目指している。彼らの考えでは、LB 社も D.I. 企業同様にブルガリア乳業において主導的な役割を果たすべきであり、高品質の乳製品の輸出こそが、国際レベルでブルガリアの名声を守る道だと主張している。彼らのこうした姿勢は、ブルガリア乳業に不測の事態が発生した際に顕著に現われ、イニシアチブをとって問題解決のために尽力している。

　これに関して、2009年2月乳製品の品質に関する乳業危機における LB 社の対応を紹介すると以下のとおりである。当時、メディアによってチーズとヨーグルトという日常的乳製品のなかに、伝統的製法とはかけ離れたヤシ油、粉乳、乳化剤などの添加物で作られた乳製品が溢れかえっているということが大きく取り上げられた。その影響によって、乳製品の消費が2週間で50％も減少し[187]、乳製品の品質にかかわる一大不祥事となった。乳業界の第一人者であるプロフディフ食品技術大学教授は、2月9日にラジオ放送で「ブルガリア菌は姿を消し、日本へ移民した」という否定的なコメントを残した。そのラジオを聞いた LB 社の副社長（T 社長の娘）は、即、乳酸菌研究開発部長に連絡し、エスカレートするスキャンダル報道を抑制するための対策会議を開くよう指示した。研究部長の事務室に偶然居合わせた筆者もその会議に同席し傍聴していたが、研究部長が会議に招集したのは、D.I. 企業から働きつづけている乳製品認証部長、製造部長、ヨーグルト製造課長、A 研究員という4名のみであった。参加者は、スキャンダルのこれ以上の拡大を抑制する必要性を確認し、記者会見を通じて国産の乳製品の品質に対する疑惑に異議を唱えることを決定した。このように、会社としてこの危機にどのように対処すべきか、T 社長の考え方を引き継いでいる社員が非公式の顧問団となった。

187　ただし、製造部長によると、逆にそのときは LB 社の製品への需要が急に増加し、生産が24時間体制でも追いつかないという状況であった。国営企業として、乳製品製造におけるブルガリアの伝統を守っており、高品質で安全な「本来」の味を再現したヨーグルトを作っているという評判による効果であったという。

また、一見、LB社におけるこのような対応とは直接関係ないように見えるが、研究技術担当副社長が緊急会議を招集する5日前にすでにT社長は、苦難をともにしたベテランのI副社長とともに、D.I.企業で中心的な役割を果たしていたベテラン社員との対策会議を開き、同様の結論に至っていた[188]。今回のヤシ油や乳化剤などの代用による一連の不祥事によって、ブルガリアの伝統的な製造方法で作られる品質の高い乳製品にまで影響が出たため、旧D.I.企業のT社長とI副社長はお互いに相談した結果、ベテラン社員で何とかしなければならないという判断を下し、2月4日にベテラン社員を中心に緊急の会議を開いた。定例会から参加者を絞り込み、T社長とI副社長以外に、1991年にT社長を中心に立ち上げられた乳加工製造業者協会の事務局長（D.I.企業の元社員）、セルディカ工場の元工場長、乳酸菌研究所の元所長[189]、D.I.企業の販売部長の6人が出席した。乳業危機を引き起こすような深刻な状況下で、国民を安心させ、ブルガリアの乳業を保護する必要性を確認しあったうえで、その対策方法について議論をおこなった。この緊急会議を招集した理由について、旧D.I.企業のI副社長は以下のように述べた。

　今、ブルガリアの乳業がいかに大きな危機に陥っているか、みなさんご存じだと思います。それは、われわれにとってとてもつらい状況であり、できることはただひとつだと思います。つまり、国民に本当のことを言うことです。製造業者がメディアや政府[190]などから攻撃されるなかで、国民は何が本当か、だれが悪いのか、何を食べればいいか、混乱していると思います。だからこそ、われわれの権威でもって

---

[188] このような対策会議は決して例外的ではない。第二章の第三節で前述したように、D.I.企業のベテラン社員は退職後も、関係を絶つことなく、定期的に会合の機会をもち、毎月の第一水曜日に懇談会をおこなっている。

[189] チーズやヨーグルトなどの乳製品製造のために種菌を生産するラクティナ社の設立者・現役社長。種菌の生産におけるLB社の競争相手となる。

[190] 当時の農業大臣による「私は自家製品以外のものを食べない」という独りよがりなコメントがメディアで大きく取り出されたことで、市販品に関する疑惑や討論がさらに白熱していった。

国民にブルガリア乳業の実体について説明し、安心させる必要があります。まず伝えるべきは、製造業者のなかには悪いことをする会社もありますが、誠実な製造業者もいるので、すべてを同一視してはいけないということでしょう。次に、LB社やラクティナ社などが存在しているかぎり、乳業におけるブルガリアの伝統は守られているということでしょう。そして最後に、われわれはブルガリア乳業のために尽くしてきたし、今もなお見守っているので、自信をもって品質を保証できるということでしょう。

　結論として、乳加工製造業者協会、LB社、旧D.I.企業のベテラン社員など、社会的な信頼を得ている乳業関係者が、全国の新聞および記者会見を通じて国民に訴えることを決めた。議論の内容、タイミング、結論を比較してみると、ベテラン社員の緊急会議と、後にLB社で開かれた非公式の顧問団による議論は酷似していた。双方の会議で決定した通り、ベテラン社員による会議の一週間後、LB社での会議の2日後、乳加工製造業者協会の会長および事務局長、LB社の副社長、ラクティナ社の社長、ジェネジス社の社長[191]、旧D.I.企業のT社長、I副社長、セルディカ所長らが、「ブルガリアの乳製品の商標と権威遵守──乳業における課題と解決方法」というテーマで共同記者会見をおこなった。

　記者会見後、スキャンダルが直ちに収まったわけではないが、①酪農家、②乳加工製造業者、③消費者、④政府機関それぞれの立場が表明され、ブルガリア乳業の抱える問題点や政策についての公開討論のきっかけとなった。具体的には、①EU品質基準未達成により政府支援を打ち切られ廃業に追い込まれた小酪農家、②ブルガリアの生乳生産量の不足と低品質障壁に直面し輸出に苦悩する乳加工製造業者、③高品質で安価な乳製品を要求する消費者、④社会主義時代の国家規格を廃止し、各企業に生産技

---

[191] ラクティナ社と同様に、ヨーグルトなどの乳製品のために種菌を生産する民間会社である。社長はLB社の研究所の元所長であり、退職後ジェネジスを設立した。事情があって、2月4日の緊急会議に参加することができなかったが、T社長との電話会議のなかで、その他のベテラン社員と同様な立場を示した。

術工程を委任した政府機関、それぞれの立場から議論をおこなった。こうして、D.I.企業時代から勤続するLB社の古参社員とすでに引退したベテラン社員とが協調し、適切なタイミングで関与したことによって、ブルガリア乳業の深刻な危機を乗り切ることができた。彼らが中心的な役割を果たしたといっても過言ではない。

　今回のベテラン社員による迅速な危機対応は、LB社およびブルガリア乳業を牽引しようとする事例のひとつである。彼らには、ブルガリア乳業の構築に貢献してきたという自負があり、今もなおLB社を主導しようと必死に取り組んでいる。しかし、時代の変遷とともにLB社は乳業界での主導的な立場を維持することが難しくなり、相対的な地位が低下してきている。その背景にはダノン社をはじめとする外資系企業のブルガリア市場参入が大きく影響しており、新たなマーケティング戦略によってますますシェアを拡大させている。そこで、競争の激化という新しい環境に順応するために、LB社は過去の栄光やベテラン社員の経験など社会主義時代に築いたD.I.企業のノウハウに基礎を置きながら、他社にみられないような独自の戦略を展開し、異彩を放ちながらも独自路線を突き進もうとしている。そのため、D.I.企業の「技術ナンバーワン」言説と明治乳業の「企業ブランド」言説を結びつける「日本ブランド」言説がLB社にとって、D.I.企業から引き継いだ最も重要な資産である。この意味では、ベテラン社員の豊富な経験や言説の巧みな活用は、国営企業として、ポスト社会主義期の厳しい競争のなかで他の乳業会社に負けないためのひとつの道筋となっているのである。

（2）多国籍企業に抵抗する「乳業の真珠」言説

　前項で示したように、T社長と他のベテラン社員は引退後も、D.I.企業の後継者LB社において排除されることなく、今なお影響力をもっている。彼らは、会社にとって重要な行事やブルガリア乳業の不測の危機の際にも関与しており、LB社にとって貴重な存在である。退職後もイニシアチブをとりながら、ブルガリア乳業を導こうとしているベテラン社員であるが、「長老」としての彼らの権威はどこからくるのだろうか。

ブルガリアの乳業を一から立ち上げたD.I.企業のベテラン社員は、新しい設備予算をめぐる共産党との駆け引きや、伝統的ヨーグルトの味の再現に向けた試行錯誤、海外への生産技術の売り込みなど、多くの障壁を乗り越えながら、自国のヨーグルトの優位性を主張する自民族中心主義的な言説を育てていった。このような技術開発・乳酸菌研究業績を中心とした「技術ナンバーワン」言説の育成過程は、T社長の言葉を借りれば、ブルガリア乳業の「黄金時代」である。この「黄金時代」において達成した数多くの功績こそが、「ベテラン社員」という長老の権威や影響力の源泉となった。

　彼らは引退してもLB社に対する発言力を持ち、乳製品の品質をめぐる乳業危機が起こったときは、T社長をはじめとするベテラン社員が緊急会議を招集し、対応と解決策を考えた。それは、エチオピアのシダモ族の長老が自然の脅威や政治的危機にさらされたとき、その解決に乗り出すさまを彷彿させる［Hamer 1972］。そして、ベテラン社員はその権威を背景に、生産者・消費者など乳業関係者を調和させる調停者として重要な役割を果たしていた。それは、共同記者会見の「ブルガリアの乳製品の商標と権威遵守」というスローガンから読み取れるように、LB社のためだけではない。国民にとって特別な存在であり、国際的に名声が高いブルガリアの乳製品を守るためであり、そしてまた、彼らが一から立ち上げたブルガリア乳業の威信のためでもある。このようにして国民に安堵感を与え、乳業に対する信頼を取り戻すことができるのは、ブルガリア乳業に一生をささげたベテラン社員しかいない。この意味では、彼らは権威ある国民の指導者であり、LB社の運営に介入するだけではなく、緊急事態においては社会的影響力も発揮する。このように、「ブルガリア乳業のために」、「ブルガリアの伝統食品のために」、「ブルガリア国民のために」全力を尽くしてきたベテラン社員には長老としての自負があり、それは自分たちの社会的使命であると認識している。

　もともと*veteran*の語源は、「経験豊か、熟練した」を意味する*veteranus*（*lat.*）であり、ブルガリア語にはフランス語からロシア語を経由して入ってきた。現代ブルガリア語では「歴戦の兵士」および「ある分野にお

いて長年の経験がある熟練した人」という二つの意味で使用されている。T社長たちは、長年の業績に基盤を置きながら、自らを「ベテラン」と称し、また周辺からも「ベテラン」と呼ばれている。しかし、彼らの「ベテラン」言説には「乳業において長年の経験がある熟練した人」以上の意味が含まれる。それは、戦争で生き残り、ふるさとへ帰郷した「歴戦の兵士」という意味である。彼らは、社会主義期にメチニコフの「不老長寿説」からお墨つきを与えられた「ブルガリア菌」を基盤としながら、資本主義経済システムを利用して国際市場に進出し、ヨーグルト生産を可能にする生産技術ノウハウと種菌の輸出に成功した。それは、バルカンの歴史に埋もれてきたブルガリアにとって青天の霹靂とも呼べる大勝利であった。長期にわたってオスマン帝国の支配下にあったバルカン諸民族がそれぞれ近代国家を設立する際、自民族の特殊性・優位性を強調するための文化資源争奪戦を繰り広げることとなったが、この戦いにブルガリアは常に敗れ辛酸をなめてきた。その彼らにとってヨーグルトの世界進出は、国際舞台における初勝利となったのである。

　現在、国家ブランドとして育成され、日本で成功を収めたヨーグルトの輝かしい歴史は、マスメディアや博物館の展示などブルガリアの社会生活のあらゆる場面で取り上げられており、今や国家的自尊心の核として国民の精神性に与える影響も大きい。ヨーグルトの国際市場への進出により、度重なる大国の支配に翻弄されつづけたブルガリアの歴史上、近代国家の設立以来、初めて勝者の側に立ったのである。これはブルガリアにとって非常に大きな意味をもつ。そして、兵士たちが英雄視されるのと同じようにT社長も、ベテラン社員とともに、自国のヨーグルトを世界一名誉あるヨーグルトにまで育成したという社会貢献に対して、同様の社会的栄誉を期待している。

　しかし、現社長によるLB社の経営方針では、ベテラン社員が英雄視されることは決してない。現在の経営方針では、称賛を得るどころか、国民はおろか年少社員にさえ徐々に忘れさられていく可能性が非常に高い。現に、LB社の社歴の浅い社員の多くは、T社長の存在については多少知っていても、ベテラン社員の功績に興味を示さず、また必要ともしていな

い。それが受け入れられないT社長は「LB社のために」広報戦略を考案し、娘や姪を通じてLB社を指導しようとしている。そして、彼の努力の結実であるライセンス事業40周年記念式典では、現社長のスピーチを通してベテラン社員の功績を称え、ベテラン社員をLB社の最年長者（長老）という位置づけではなく、ブルガリアのために一生をささげた英雄として称賛したのである。

　しかし、ベテラン社員は英雄として崇拝されていても、心の奥底では苛立ちを募らせている。その原因は、ブルガリア乳業の「黄金時代」に終止符が打たれたからである。その象徴が、1993年ダノン社に買取されたセルディカ工場である。T社長をはじめ、すべてのベテラン社員は、このことを許すことができず、ヨーグルトの伝統を脅かすものとして、本企業に対し参入当初から敵対意識をもちつづけている。なぜなら、彼らにとって、セルディカ工場は、「ブルガリア乳業の真珠」であったからである。ベテラン社員が語る「黄金時代」においては、国際レベルのモデル工場として目立っていたのが、ソフィアのセルディカ工場であった。

　そもそもこの「真珠」という表現は、ブルガリアの民話や民謡のなかで、「幸福」、「美しさ」という概念を表す言葉としてしばしば使われる。T社長をはじめ、その整備のために共産党から必死に予算を勝ち取ったベテラン社員にとって、この工場は世界トップレベルの最先端研究センターであり、ブルガリア乳業の技術力・産業力の象徴であった。つまり、セルディカ工場は彼らの「技術ナンバーワン」言説を具体的な形で支えるものであった。

　しかしながら、民営化の流れでダノン社に所有権が移譲されると、セルディカ工場の設備が、運営上ヨーロッパの基準を満たしておらず、製造技術においても安全衛生においても、時代遅れであるというダノン社の冷たい視線が入った。EU基準を最高の価値とするダノン社によると、本工場買収の際、牛乳パイプラインの内側に錆の発生が確認されるなど、設備の老朽化が進行しており原価償却の対象にもならず、EU規定下限値の衛生基準すら満たすことができない状態であったという[192]。つまり、ダノン社側から見たセルディカモデル工場はベテラン社員のイメージとは真逆で

あり、現実には瀕死の状態で、いわば輝きを失った真珠であった。それは彼らの「技術ナンバーワン」言説に対しても、「ベテラン長老」としての彼らの功績に対しても大きな打撃である。なぜならセルディカ工場を理想化しているベテラン社員にとって、本工場は永遠に輝く真珠だからである。しかし、ダノン社の参入によってセルディカ工場が彼らの管轄圏外となり、永遠に失われた「真珠」となった。彼らの解釈では、ダノン社によるセルディカの安価な獲得は、略奪のようなものであり、ダノン社の傲慢な態度を許せないのである。

　前述のように、ベテラン社員は、ヨーグルトの伝統的な味と違う他国の"yogurt"を生産するダノン社を敵視している。それは、ダノン社がヨーグルト市場においてブルガリア菌の最も少ない（つまり酸味がほとんどなく、伝統的な味と違う）ヨーグルトに、自家製ヨーグルトをイメージさせる「ナババ」というブランド名を冠してブルガリア人の関心を引き寄せようとし、しかもそれに成功しているからである。そして、実際には自家製ヨーグルトの味とは程遠いものであるため、ブルガリア人が元々もっていた味覚を変えてしまっているからでもある。

　セルディカ工場は、ギルギノフの技術が開発された場所であり、そこで作られたヨーグルトは家庭の味を再現しているとされていた。つまり、それは、大量生産の工業的味ではなく、品質面における家庭の味の改良版であると解釈できる。したがって、この技術開発の場としてのセルディカ工場は、家庭の味の担い手である「おばあちゃん」という長老と、それを工業的に再現した「ベテラン社員」という長老の知識、技術、能力を結びつけた場所である。この意味では、T社長らがセルディカ工場に対して、フォークロアから借用された「真珠」という表現を使うことは当然であろう。それによって、言説レベルで、ブルガリアの伝承（家庭の味）と近代化の技術（人民食の味）が結びつけられている。そこで、ダノン社による

192　2008年に発表されたダノン社の報告書によると、1993年の市場参入以降の投資総額は5,000万ユーロであり、ブルガリア国内で最大の投資企業となっている。

「乳業の真珠」の買収、および新たな味覚創造は「おばあちゃん」を中心に作られる家庭のヨーグルトにも、D.I. 企業で大量生産された「人民食」の味にも大きな変化をもたらすことになる。それゆえに、ベテラン社員は、ダノン社による「真珠の略奪」を許せず、本企業をヨーグルトの伝統文化への侵入者として敵視しつづけている。そして、T 社長らからすれば、ブルガリア国民はもはや"ブルガリアヨーグルト"ではなく、フランスに本社を置くグローバル企業によって西欧の技術で作られた「偽り」のものを食べている。都会で暮らしを送る人びとがグローバル企業の「祖母の味」を「真実」として捉えているとしても、乳製品の製造における知識と経験が豊富にある「ベテラン長老」は、だまされることはない。

　ブルガリアの歴史や文化と深くかかわるヨーグルトがダノン社の国際企業の製品に取って替わられたということは、ヨーグルトを民族の心として捉える T 社長にとってみれば、国民的威信を傷つけられたも同然である。また、EU 規定が支配的になったということは、近代国家設立以降の西欧主要国との厳しいやりとりのなかで、自国の立場を十分に主張し通すことができず敵に屈したということであり、ブルガリアのかつての敗北にまみれた歴史の延長線上に戻ってしまうことを意味する。この現実に対して不満を抱いているベテラン社員は、敗者としての立場を覆すために、毎月のベテラン会議で改善策を考案・議論し、シンボリックな次元においてブルガリア乳業の「黄金時代」とその象徴であった「真珠」を復興しようとしている。ベテラン社員は、ダノン社に奪われた「真珠」を回復する権力を持ち合わせていないが、ダノン社に対する対抗は言説のレベルで見ることができる。たとえば「ブルガリア乳業の真珠を奪った」、「本物の真珠から偽物に変えた」、「西欧の技術で偽りの味を作った」といった表現で、ブルガリアにおけるダノン社の侵出を厳しく批判している。そして、ヨーグルトを介して、社会主義時代に勝利を収めたベテラン社員であるため、ブルガリア乳業の現状に対して失望しながらも、過去の光栄を取り戻そうとしている。この現象をあえて理論化するとすれば、それはウォレスの定義した *revitalization movement*「再活性化運動[193]」にたとえることができるだろう［Wallace 1956］。

「黄金時代」への回帰を目論む T 社長らは、乳加工製造業者協会の顧問として、乳業関連の公開討論やセミナーへの参加や LB 社への根回しを通じて、2010年7月にダノン社に対してひとつの勝利を収めた。D.I. 企業の主導で作られた"ブルガリアヨーグルト"をめぐる国家規格の復活であった。「ベテラン長老」は、本規格の設定にあたり、公開討論や専門的な詳細事項の決定協議において当初から積極的に取り組み、乳加工製造業者協会の顧問として、その導入をめぐる民間企業との交渉にもかかわった。ダノン社をはじめとする外資系企業は、D.I. 企業時代に設定された規格が古く、現代の生産・流通システムには適応的ではないと主張し、"ブルガリアヨーグルト"の国家規格に対して異議を唱えた。一方、乳加工製造業者協会と LB 社は、「技術ナンバーワン」言説を取り出し、ヨーグルトの製造におけるブルガリアの「伝統」を守る必要性を強調しながら、D.I. 企業時代に設定された国家規格の利点を説明していた。当時のボリソフ政権は、選挙民の支持を目指し消費者の要求と期待に応えるべく、LB 社の立場をとった。結果的に、関係者間にコンセンサスが得られ、"ブルガリアヨーグルト"をめぐる国家規格が復活した。それは任意的な規格であるものの、ダノン社をはじめとする大手乳業会社は新たな市場拡大のための機会としてそれを利用し、商品開発を進めた。シンボリック次元においては、国家規格の復活はベテラン社員の勝利として捉えることができる。他方、そこに新たな可能性を見出す多国籍企業は、それを巧みに利用し、新

193　ウォレスの定義では、再活性化運動とは、カリスマ性のある主導者のもとで聖なるメッセージを中心に「より満足のいく文化を形成するための、社会構成員の一部による、入念で組織的な意識的試み」としている。社会の再活性化の過程は、生物体としての類比で捉えられ、均衡回復の原理で説明される。つまり、①安定状態から、②個人のストレスがたまる時期を経て、③文化的ゆがみ時期に至り、④再活性化を必要とする時期を迎える。再活性化の過程には、A）迷路の再編成、B）予言者とのコミュニケーション、C）予言者を取り巻く組織の形成、D）適応、E）文化的変容、F）日常化の問題が含まれる。そして、首尾よく再活性化に成功すると、⑤新しい安定状態が回復される［Wallace 1956］。

たな言説の生成へとつなげていくことになるだろう。そして、ダノン社は「乳業の真珠」セルディカ工場を譲ることなく、新たな企業戦略で、自民族中心主義的なヨーグルト市場に巧みに取り入り、ブルガリアの保守的なヨーグルト食文化をゆっくりとではあるが着実に変化させつづけていくのであろう。

第五節　地元の女性による「ホームメイド一番」言説

　本節では、家庭でヨーグルト文化の継承を担ってきた人びとの活動に着目する。ブルガリア北東部のラズグラッド地域を事例として、現地の女性たちは、自らの「ホームメイド一番」言説を通じて、グローバル企業の「祖母の味」言説に反発している様相を描き出していく。企業のレトリックを逆手にとって、手作りヨーグルトの味をアピールしようとしている「おばあちゃん」の動きを、「人民食」の汎用的な味に抑圧されていた各家庭の味の復権として捉え、現地の人びとにとっての意味について考察する。

（1）「おばあちゃん」と「ホームメイド一番」言説
　ここでは、ラズグラッド地域の女性たちとその文化活動について紹介したうえで、自治体の主導で毎年おこなわれるヨーグルト祭りに着目する。そこで現地のヨーグルト文化を演出する「おばあちゃん」について記述する。
　ブルガリアの北東部に位置するラズグラッド市（人口37,529人）はソフィアから約400km離れた、バスで約5時間の静かで小さな町である。しかし、7月末の大規模なヨーグルト祭り開催時期になると町は一変し、あたかも世界のヨーグルトの首都になったかのように、華やかな飾りやパレードなどで装飾され、数多くのイベントや世界の民族音楽・舞踊のリズムで活気を見せる。ヨーグルト祭りの開催場所は、ラズグラッド近郊の村ゲツォヴォである。ここは昔から自家製ヨーグルトをもっともおいしく作るという定評がある。ゲツォヴォ村の女性たちの話によると、「カッパン

ツィ」または「ゲツォヴォ」と呼ばれる地元のヨーグルトはハーブの香りがするため、おいしいだけではなく、特別な力をもつ「バチルス」（乳酸菌）でできており、健康的でもあるという。

　カッパンツィ（kapantsi）とは、ラズグラッド周辺の村に住むブルガリア民族のなかの民族グループのひとつである[194]。地元住民カッパンツィは、7世紀にアジアから移住した遊牧民族のプロト・ブルガリア人の直接の子孫であり、スラブ系の民族とは交わっていないとされている。また、ブルガリアの民俗学研究では、伝統儀式、生活習慣、民族衣装、伝統料理などの面で、ブルガリアの他の地域の民族グループとは異なる文化伝統をもつと主張されている［Koev 1971、Ivanov 2001］。2000年以降、ラズグラッド市と周辺の村では、もっとも特徴的な地元の民族グループ、カッパンツィの年間の家庭行事や生活習慣など伝統文化を紹介する民俗博物館がいくつか設立されている。また、そこではブルガリア北東部住民にとっての文化遺産といわれるカッパンツィの儀式、歌、踊りの伝統や生活習慣の保存・普及活動が盛んにおこなわれている。ヨーグルト作りもその伝統文化の重要な一部として、それぞれの家庭の味や作り方などが大切にされており、祖母または母親を中心に次世代へと伝承されている。

　社会主義時代以前は、ラズグラッド市で毎週ヨーグルト市場が開催され、そこにゲツォヴォ村の婦人をはじめとするラズグラッド周辺の村のカッパンツィ女性は自家製ヨーグルトを持ち寄ったといわれている。そのヨーグルト市場について、O.M.（女性、ゲツォヴォ村出身、74歳）は以下のように記憶している。

　　母のヨーグルトは好評だったため、すぐ完売になっていた。市場の他の婦人が母に彼女らのヨーグルトも売ってほしいと申し出たほどだった。母はとてもきれいで、カッパンツィの女性のなかでも、特に勤勉で腕がよかったという評判だったの。

---

[194] ブルガリアの民俗学では、ブルガリア民族のなかの、地域的特徴を持つ民族グループは *etnografska grupa*（ethnographic group）と呼ばれており、*etnicheska grupa*（ethnic group）と区別されている。

O.M. は退職以前、ゲツォヴォ村の中学校の教師として35年間働き、現在は現地の民族文化（民謡、舞踊、儀式など）を演出する「カパンスカ・キトカ」という劇団のボランティア女性グループの指導者である。この女性たちは、現地のヨーグルト祭りへ積極的に参加するだけではなく、他の地域で開催される民族文化行事にも出向き、現地のフォークロアを全国で紹介している。O.M. は、プロト・ブルガリア人がブルガリアにヨーグルトの発酵文化を持ち込んだ第一人者であると確信しており、その伝統を継承しているカッパンツィの「おばあちゃん」として、ヨーグルトの達人であるという自負がある。女性のグループのなかに「われわれカッパンツィはアスパルフのブルガリア人の子孫だよ[195]。彼らの伝統を守っている」と語る人もいる。

　現地の人びとによると、現在、その発酵技術は「おばあちゃん」を中心に伝承されているという。ゲツォヴォ村の「おばあちゃん」またはカッパンツィ「おばあちゃん」のヨーグルトは、地元住民にとって、特別なブランドのようになっている。そして「おばあちゃん」という言葉は高い肩書きのようなものであり、カッパンツィの女性が誇りに思う呼び名である。たとえば、ヨーグルト祭りで出会った48歳の女性は、若いにもかかわらず、自分のことを「カッパンツィ・おばあちゃん」と呼んでいる。つまり、年齢に関係なく、「技」さえあれば、「おばあちゃん」として受け入れられるのである。彼女はラズグラッド市立民俗博物館のボランティアガイドとして、展示会を案内し、来館者に「カッパンツィ・ヨーグルト」の特徴や作り方を以下のように説明している。

　　われわれカッパンツィおばあちゃんは牛乳を使いません。本来のヨー

195　アスパルフ（644年頃〜700年頃）は、第一次ブルガリア帝国の建国者（在位：681年〜700年頃）。7世紀後半、黒海北岸の大ブルガリアから分離し、ドナウ川下流域のデルタ地帯に一万人程度のプロト・ブルガリア人を導いて、侵入してきた。この地方の支配者であった東ローマ帝国と戦い、以前から定住してきたスラブ人を支配する国家を形成した。681年に東ローマ帝国と講和を結び、この地域の支配権を認められ、第一次ブルガリア帝国を建国する。

グルトは羊のミルクで作られるのです。この地域に、どこにもないマジックのハーブがあると伝えられています。それを食べる羊たちのミルクはヨーグルト作りに最適です。われわれのヨーグルトは、風味も濃厚で、一番いい薬として使われてきました。ただし、肝心の味はミルクだけではありません。われわれおばあちゃんの才覚と技術が必要なのです。あとは気持ち、愛情を込めることですね。逸話か噂かわからないのですが、カッパンツィおばあちゃんが天井に穴を開けて、そこからミルクを入れているというのがあります。私たちはそこまではしませんが、確かにできるだけ高くからミルクを器に入れるようにしています。ちなみに、器もとても大事ですよ。素焼きの壺か銅の器かどっちかがいいです。まあ、こつはさまざまですよ。それは私たちの技であり、秘密でもあります。

　この「秘密の技」は家庭によって微妙に異なり、それぞれの「おばあちゃん」の特別の「こつ」が存在している。水牛のミルクでヨーグルトを作る人もいれば、ヤギのミルクを使用する人もいる。また、何回もミルクを沸騰させてから、種菌を入れるという技を開発した「おばあちゃん」もいれば、ミルクからクリームを取り出し、繰り返して銅の器から別の器へとミルクを入れる「おばあちゃん」もいる（写真22、79頁の写真3参照）。それぞれの技を自慢し合う場として、ヨーグルト祭りは見事に機能しているが、自分の技を披露する機会がそれ以外にもたくさんある。たとえば、村の公民館でのカッパンツィ・クラブ活動や近所の「おばあちゃん会」の会合、また村の祭りや他の地域の民族芸能祭などに、カッパンツィ「おばあちゃん」が集まると、必ず持参するのは自慢のヨーグルトとチーズパイ「バニツァ」である。カッパンツィのヨーグルトとバニツァは味と作り方が他の地域のものと異なり、本地域の最大のごちそうであるため、お客さんが家に遊びに来るときに、このふたつが必ずといっていいほど登場する。70キロほど離れた都会のルセ市にゲツォヴォ村から移住したカッパンツィの家族は、「カッパンツィ会」という会合を結成しており、1957年から今もなお定期的に開催されているが、その際女性は必ず自慢の「ゲツォヴォ・ヨーグルト」とバニツァを持参してくるという。

写真22　おいしいヨーグルトの作り方を説明する「おばあちゃん」

　ゲツォヴォ村の公民館の「おばあちゃん会」に参加した際に、現地の女性たちは「カッパンツィ」という名前の由来やオスマン帝国の侵略にかかわるカッパンツィの悲劇や伝説、カッパンツィの刺繍や料理の特徴などについて生き生きとして語ってくれた。彼女たちの語りのなかで、カッパンツィ女性としてのプライドがうかがえた。カッパンツィの歌を歌いながら踊る「おばあちゃん」のなかには、孫を連れたりする70歳代の人もいれば、40歳代、50歳代の若い「おばあちゃん」もいる。「ゲツォヴォ・ヨーグルト」と「カッパンツィ・バニツァ」を誇りに思い、和気あいあいとした雰囲気で歓談し、お互いの味をほめたたえ合いながらも、自分の作り方やこつを自己主張している。このように、「ゲツォヴォ・ヨーグルト」の伝統と名声も、達人の「おばあちゃん」の交流あるいは自己主張のなかで支えられているのである（写真23、24参照）。

　ヨーグルトは、家事の切り盛りが上手で勤勉なカッパンツィ女性のプライドという側面だけではなく、ラズグラッド地域全体の名物・象徴となっている。そのため、地元のヨーグルトは、ラズグラッド地域を訪問した公式代表団や大使などの市賓への土産として贈呈される。このような、「ゲツォヴォ・ヨーグルト」の評判をもとに、2000年にラズグラッド市はEUの加盟支援資金を得て、昔存在していたラズグラッド市のヨーグルト市場の再現を目指し、手作りヨーグルトと伝統工芸を祝う「ヨーグルト祭り・伝統民芸フェスティバル」（以下ヨーグルト祭り）を開催したのである[196]。ラズグラッド市の地域振興の戦略において重要な位置を占めるのは、地域文化の伝承を担う「カッパンツィ・おばあちゃん」の存在であり、地域の「重要文化遺産」である。

　2008年7月24日、筆者訪問の際、祭りの様子は以下のようであった。

写真23、24 「カッパンツィ・おばあちゃん」の会合の様子

　中央広場の白いテントの影で、編み物や刺繍にはげんでいるおばさん、革でかばんやアクセサリーなどの製作を披露する職人、陶器の置物や民族楽器を作るマエストロなど、全国から100人程度の職人が集まっていた。なかでも、周辺村の「おばあちゃん」の自家製ヨーグルトの売店が特に注目されていた。そこには素焼きのヨーグルト壺が数多く並んでおり、土産として人気があるようであった。カッパンツィの民族衣装を着た「おばあちゃん」がふたを開けたヨーグルトの壺を逆にし、振っても中身が落ちてこない、と自慢げに見せながら、これが「ゲツォヴォ・ヨーグルト」の最大の特徴であると強調していた。また、顧客がヨーグルトを試食すると、「市販のものとは比較ならないでしょう。これは添加物がなく、自然の味だよ」と得意げにコメントもしていた（写真25参照）。「ゲツォヴォ・ヨー

196　その背景には、2000年代以降に全国で広まった農村地域における地域振興の動きや、グローバルな傾向としてのオルタナティブな観光発展の影響がある。そこで、伝統食品や伝統料理の祭りをはじめ各地の特色を活かした行事が地域の自治体やNGOの主導で全国へ開発されてきた。たとえば、南西ブルガリアのラドイル村の「豆祭り」や山村のベリ・イスカル村の「キャベツ・パスティー祭り」、ロドピ山脈のスミリャン村の「ミルク祭り」や黒海の北海岸のカヴァルナ市の「魚祭り」などさまざまな地域行事が全国で数多くおこなわれるようになり、グルメやルーラルツーリズムの一環として人気を集めている。そのなか7月末に三日間にわたって開かれるラズグラッド地域のヨーグルト祭りは規模が特に大きく、国内メディアや観光業界からだけではなく、国外からも大いに注目を集めている。

第四章　ポスト社会主義期におけるヨーグルトの諸言説　255

写真25 「おばあちゃん」の自家製ヨーグルトの売店

グルト」の作り方について聞かれると、それは「秘密の技」や「秘伝のレシピ」と答えていた。さらに興味がある人には民俗博物館のヨーグルトデモンストレーションをすすめていた。

　博物館の庭で「おばあちゃんたち」は、ヨーグルトの歌を歌いながら、その作り方を披露していた。このヨーグルトを食べる人は、永遠の健康を手に入れ、病人が治り、年配の人が若返ると、女性たちの歌は主張していた。本地域の乳酸菌は最も力強く生命力が高いため、「カッパンツィ・ヨーグルト」に特別な力を与えているという説明もあった。ミルクを銅の釜に入れ、三回沸騰させ、種菌をブレスレットの穴から一滴ずつ入れていた。ミルクをかき混ぜながら、意味が分からない言葉を唱えていた。そのあと、カッパンツィの伝統的結婚式を再現した。嫁がおいしいヨーグルトを作れなければ、昔は実家に帰されたという解説もあった。

　このように、現地の女性は味覚面においても、健康への効果という点においても自らの手作りヨーグルトの優位性を主張し、彼女たちの演出のなかからヨーグルトへの自民族中心的な見方が「ホームメイド一番」言説として具体化しているのである。また、それがどこの国やどこの地域のものよりもおいしく、その主張の裏付けとなるのは、外部の専門家による品評会である。

　ヨーグルト製作の披露と同時に、民俗博物館の地下では、ヨーグルト祭りの目玉になっている自家製ヨーグルトの「自慢の味」の品評会がおこな

われていた（写真26参照）。やかましい音楽が流れ、人があふれていた博物館の庭とは対照的に、地下は薄暗く静寂であった。番号が付けられたヨーグルトの壺がたくさん並んでおり、奥には審査員席があった。乳加工製造業者協会の事務局、現地の乳業会社の社長、グリゴロフ医師財団基金の会

写真26　品評会に出品される「おばあちゃん」のヨーグルト

長、国立衛生研究所のラズグラッド所長、人気のあるテレビ料理番組の司会者の審査員5人がそこに座っており、少し食べてはボソボソ話し込んでいた。

　その前年、ゲツォヴォ村の「おばあちゃん」のなかから、審査員に対し不満の声が上がり、次年度の祭りをボイコットする可能性もあるという示唆を彼らは開催者のラズグラッド市から受けていたそうである。一位の賞品は140レヴァ（70ユーロ）であり、ヨーグルトの達人としても名誉が与えられるため、周辺村の女性たちは熱心に参加している[197]。その一方で、ヨーグルト祭りは、彼女たちにとって、自慢の味を披露する場だけではなく、手作りヨーグルトを販売することで、年金生活に付帯的所得を得るビ

197　ヨーグルト祭りへの参加の動機づけについてV.S.（74歳、ゲツォヴォ村出身）は次のように表現している。「私は賞品のために参加するわけではないよ。他のおばあちゃんたちとそれぞれのヨーグルトの味を自慢し合うのが楽しいね。娘はソフィアで弁護士の仕事をし、忙しすぎてヨーグルト作りに興味がないの。孫はずっとダイエット中で、おばあちゃんのヨーグルトは脂肪が多いということで、食べてくれないの。私の楽しみは他のおばあちゃんと集まり、お互いにヨーグルトを自慢しあうことだよ。だから、ヨーグルト祭りに参加しているの」。つまり、祭りは、仲間の「おばあちゃん」とつながる場であり、交流の場のひとつとなっている。

第四章　ポスト社会主義期におけるヨーグルトの諸言説

ジネスチャンスでもある。羊乳で作られる「おばあちゃん」のヨーグルトは希少価値が非常に高く、三日間にわたるヨーグルト祭りの期間中に、約150〜200レヴァ（70〜100ユーロ）の副収入が得られる。それは、ヨーグルト販売量次第だが、ブルガリアの平均年金が250〜300レヴァであることからすると、彼女らにとって、家計を維持するうえでは、いい副収入源である。

　三日間にわたるヨーグルト祭りのプログラムにはさまざまなイベントが豊富にある。ヨーグルトを対象とした写真展からヨーグルトの女王コンテストまで、またヨーグルト製造業者各社の展覧会からヨーグルトの冷製スープ「タラトル」の早作り競走まで、すべてにおいてヨーグルトが話題になっている。そこからは、現地の人びとが積極的に参加し、カッパンツィのヨーグルト伝統や民族芸能を熱心に誇示している様子がうかがえる。乳業会社もこの場を広報・宣伝活動に活用しているが、「おばあちゃん」の実力ある演出に隠れて影が薄い。地元の女性たちによるヨーグルト製作披露や結婚式の再現などは、ヨーグルト祭りの目玉であり、市役所の文化部長によると、本地域における観光開発史上、最も盛大な観光資源となっているという。そして、そのなかでも、最も重要な役割を果たしているのが、ヨーグルトにまじないの言葉を唱える「おばあちゃんたち」である。このように、文化遺産とされる現地の「おばあちゃん」のヨーグルト文化が、自治体の支援で披露されており、ヨーグルト祭りが「ホームメイド一番」言説のための主張の場を提供しているのである。そこで、ラズグラッド市は周辺の村の「おばあちゃん」と会合する機会を設け、ヨーグルト祭りに対する彼女たちの意見に耳を傾けている。「おばあちゃん」自身もヨーグルト祭りに向けて真剣に準備し、プログラムのイベントに積極的に参加している。祭りの準備中に、まれに重大な局面や危機的な状況に直面することもある。たとえば、全国の家畜数が減少しているなかで、ヨーグルト作りに必要な羊のミルクが確保できないこともある。しかし、彼女たちは最後まで「ゲツォヴォ・ヨーグルト」の名声を守るために全力を尽くしており、カッパンツィの伝統を披露することを誇りに思っている。自家製ヨーグルトのコンテストには、ヨーグルトの達人としてのプライドを

かけて臨み、その結果に納得しなければ、ボイコットすら考える。

　ヨーグルト祭りに向けて、練習を重ねて苦労や楽しみをともにする現地の女性たちが、自家製ヨーグルトのコンテストの結果に対し不満を覚えるのは、なぜだろうか。彼女たちが抱いている疑問については、次項で考察し掘り下げていきたい。

（2）「祖母の味」言説に抵抗する「ホームメイド一番」言説
　ヨーグルト祭りの主役とされた「おばあちゃん」の不満を引き起こす背景として、ダノン社などの企業によって作り上げられた「祖母の味」言説が大きな要因としてかかわっている。ここでは「おばあちゃん」の心境に注目しながら、その言説を取り上げて特筆する。
　2009年のヨーグルト祭りが終わった数日後、筆者が「カパンスカ・キトカ」合唱団の主導者ゲツォヴォ村のO.M. おばあちゃんの家を訪問した。そこで、O.M. は今年度の祭りや自分が感じた疑問について以下のように表現した。

　　審査員はソフィア人、ネクタイをしめた偉い人たちよ。でも私たちの味について、彼らは何を知っている？　博物館の地下に閉じこもって、だれもいないところで、味を判断する。それがどういう基準で選別されているかなんて、私たちには見えないよ。それをオープンにしてほしい。結果を発表するときも、評価の基準について、一言もコメントがないのよ。このことは村長さんにも言ってるし、市役所の女の子にも伝えているんだけどね。

　この言葉からは、審査員の適性に納得していない様子がうかがえる。つまり、「おばあちゃん」の不満のもっとも大きな原因は、自分たち自慢の味が、現地の基準ではなく、第三者の審査によって評価されるということにある。また、審査は、乳加工製造業者協会の事務局、乳業会社の社長、国立衛生研究所の所長、ブルガリア菌を発見したグリゴロフ医師財団基金の会長という審査員らの肩書からも見て取れるように、現地の人びとの「おいしさ」の基準よりも、工業的・科学的な基準をもとに、第三者の視点でおこなわれている。「ホームメイド一番」を主張している現地の女性

第四章　ポスト社会主義期におけるヨーグルトの諸言説

たちが、このような評価方法には納得できないのは無理もない。そのうえ、さらに「おばあちゃんたち」に立ちはだかるライバルがいる。それが、市販のヨーグルトである。特に、グローバル企業の作り出した「祖母の味」言説に対して、現地の女性が強い怒りを感じているのである。

「おばあちゃん」がヨーグルト祭りに参加する理由のひとつは、仲間同士とヨーグルトの味を自慢し合う楽しさである。賞品よりも重要なのは、他の「おばあちゃん」との交流なのだ。また、自家製ヨーグルトのコンテストのために準備する際に、現地の女性はヨーグルトの種菌を貸し借りすることもあり、おいしい羊乳が確保できる農家などについて情報交換もおこなう。それは、仲間意識に基づいた助け合い精神でもあり、「カッパンツィ・ヨーグルト」の名声を守るための協力でもある。つまり、「おばあちゃん」が立ち向かうライバルは、他の「おばあちゃん」の自家製ヨーグルトではない。それは、日常食生活で当たり前の味となった、企業が出回すヨーグルトの「祖母の味」なのである。

おばあちゃんの不満を特に引き起こすのが、本章の第三節で紹介したダノン社の「ナババ」ブランドの宣伝活動のなかで利用されるおばあちゃん像と「祖母の味」言説である。パッケージは伝統的な素焼きの壺に似せてあり、ふたには民族衣装を着た年配の女性が木のスプーンでヨーグルトを発酵させているイラストが描かれている。「おばあちゃんの黄金の手で作られたものが一番おいしい」という宣伝は、やはりヨーグルトの達人としての「おばあちゃん」を想起させるものである。しかし、その中身は「おばあちゃん」のヨーグルトとは同じものではありえない。市販品であるため、粉乳やでんぷんなどの添加物が含まれている。また、この製品を種菌として自家製ヨーグルトを作ることはできず、そのため、中身のブルガリア菌も生きていないといわれる。ところが、前述のように、グローバル企業の積極的な活動は、この味を本来の「祖母の味」として浸透させ、人気を博している。そうした製品に対して、「おばあちゃん」は怒りに満ちた目を向け、「偽物」だと断言する。彼女たちは、ヨーグルト祭りで強調する「ホームメイド一番」言説を通じて、市販品と比較して自家製ヨーグルトが断然優れているということを主張しようとしている。そのことは、自

家製ヨーグルトの売店のおばあちゃんの「市販のものとは比較にならないでしょう。これは添加物が入っていない、自然の味だよ」という言葉からも明らかである。しかし皮肉なことに、その自家製コンテストで「おばあちゃん」の自慢の味を評価するのは、当の乳業会社に関連する人物なのである。それが、「おばあちゃん」にとって許しがたいことであり、彼女らの正義感やプライドを傷つけている。

　ラズグラッド自治体は、この問題にどのように対応するかは検討中であるという。現在は、先述したように「おばあちゃん」と話し合う機会を設け、その悩みや不満に耳を傾けながら、協力し合う方向を目指している。自治体はヨーグルト祭りの指揮者となるべく、参加者のパフォーマンスを調和させ、オーケストラが楽しく上演できるよう戦略的に導こうとする。現地のヨーグルト食文化の演出の部分のトップマネージャーとして、重要な役割を演じているのである。つまり、カッパンツィの伝統文化に基礎を置きながら、世間の注目を「おばあちゃん」の自家製ヨーグルトへと向かわせようとしている。それによって、現在主流となった市販のヨーグルト文化にオルタナティブな視点が加わることになった。このような協力関係を通して、「おばあちゃん」の手作りヨーグルトに、本地域ならではの特産品として新たな価値が付与されていく。「おばあちゃん」もヨーグルトの達人、またヨーグルト作りの職人として脚光を浴び、失われつつある伝統的ヨーグルトの味の保護役として、特別な役割を担っている。このような「おばあちゃん」の使命感や手作りヨーグルトの価値は、昔のヨーグルト市場を再現しているヨーグルト祭りの枠組みのなかで表現されており、伝統文化復興の動きのなかに位置づけて理解することができる。

　しかし、地域のイメージ戦略としてヨーグルト祭りを捉えるとき、それは単なる伝統の再現にとどまるわけではない。そこには、社会主義時代に独占的な地位を占めていたD.I.企業の活動、また国際的な舞台における「ブルガリアヨーグルト」のブランド化など、そのトップ経営者が残した輝かしい業績の痕跡が見て取れる。そして、現在においてヨーグルトの工業生産における「ブルガリアの伝統」を守ろうとする国営企業や、健康食品としてのヨーグルトの価値を伝えようとするグローバル企業の広報活動

やブルガリア社会における「おばあちゃん」のイメージを利用したマーケティング戦略の影響もうかがえる。そのなかで、ヨーグルト祭りの主役である「おばあちゃん」は、国内外において作り上げられてきたヨーグルトの諸言説を借用しながら、独自の解釈で自慢の味を披露し、「ホームメイド一番」言説を通じて手作りのヨーグルトに新たな価値と意味を見出しているのである。

(3)「おばあちゃん」の光と陰

ヨーグルト祭りで大活躍している「おばあちゃん」であるが、日常では自らが作っている乳製品を町の市場などで販売できず、家庭の味は企業の製品の陰にある。その理由は、「おばあちゃん」のヨーグルトはEU基準を満たせないからである。

「おばあちゃん」の味を祝うヨーグルト祭りは一年間に一回のみおこなわれている。それ以外は町の市場で自家製ヨーグルトを販売することは禁止されている。特に2007年のブルガリアのEU加盟後、自家製品に対し、自治体の統制が厳しくなっている。2009年の畜産改正法案では、このような違法な販売で捕まった場合は、1,500～2,500レヴァ（平均年金の10倍）の罰金が科せられるため、自家製品はラズグラッド市の市場から姿を消している。このような政策の影響で、現地の女性は、副収入を得る機会を失っており、生活が苦しくなっている。

町の市場でさまざまなヨーグルトやバターなど自家製品を販売することは、市場経済への移行のなかで生まれた慣習ではなく、社会主義以前から広く行き渡っているものであるため、ゲツォヴォ村の「おばあちゃん」にとって、当然の行為である。本村の女性の手作りヨーグルトは昔から評判がよく、ラズグラッド市の市場でヨーグルトを販売することは、彼女たちにとって、副収入を得る機会というだけではなく、自己規定や自尊心にもつながる重要な活動である。社会主義期において、このような販売は黙認されていたため、乳製品をはじめ、さまざまな自家製品が市場で自由に出回っていた[198]。

現在、ゲツォヴォ村の「おばあちゃん」たちは年をとるにつれて、体が

弱くなり、昔のように家畜の餌のために草刈りをしたり、畑を耕したりするのは大変である。その一方で、子どもと孫は、多くの場合海外や都会に出稼ぎに行っている。仕事も忙しく、交通費も高く、ソフィアなどの遠方都市から実家手伝いのためだけに通う人は減少している。このような状況において、多くの「おばあちゃん」は家畜飼育をやめざるを得なくなり、次第にヨーグルトやチーズを作れなくなっていく。ヨーグルト祭りで自慢の味を披露する「おばあちゃん」は、実は日常食生活のために必要な乳製品については、市販製品に頼らざるを得なくなっている。ヨーグルト祭りの準備をする際、最も重要なことは、羊乳を確保することである。しかし、飼料価格の上昇や身体の老化のため、家畜飼育をやめざるを得なかったおばあちゃんにとって、それは決して容易なことではない。彼女たちは、近隣の村の畜産業者や市立の畜産高校の農場などに問い合わせるなど、社会的ネットワークを活用し、必要な量を確保するのに必死である。

現在、ヨーグルト祭りは、本地域の最大の行事として確固たる地位を占めており、国内のみならず、海外の観光業界からも注目を集めている。そこで最も注目されるのは、「おばあちゃん」のヨーグルトである。観光客は必ず彼女たちの売店に立ち寄り、土産に素焼き壺のヨーグルトを購入する。観光客の視点から見ると、「ホームメイド一番」というスローガンのもとでおこなわれる本行事は、「おばあちゃん」の自慢の味を楽しむ場であり、ヨーグルトの伝統文化に触れ合う機会でもある。

ヨーグルト祭りは一見、単に地元の「おばあちゃん」がヨーグルトの味を自慢し合う場、また他のおばあちゃんや観光客との交流を楽しむ場に見える。しかし、これまで述べてきたように、そこには深い意味が潜んでいる。ヨーグルト祭りは、普段は企業の陰に隠れている「おばあちゃん」にとって、ヨーグルトの達人として、光の当たる場所に出る絶好の機会である。それはまた、企業の力で作られた「祖母の味」に対し、「おばあちゃ

---

198 ブルガリアの農村で社会主義時代からフィールドワークをおこなっているオーストラリアの文化人類学者カネフも指摘するように、社会主義期において生活を送った多くの人びとは、必ずしも弱者ではなく、その政治体制に戦略的に適応し、それを都合良く利用していた［Kaneff 2004］。

ん」の「ホームメイド」ヨーグルトを称賛する場でもある。乳業会社のヨーグルトは、現代ブルガリアにおいて支配的な地位を占めており、「おばあちゃん」の味を脇へと追いやっている。マスメディアで取り上げられる"ブルガリアヨーグルト"の国際的成功や「ナババ」ブランドの宣伝広告は、企業の力で創られたものであり、ヨーグルトの正統な歴史として、マスメディアだけではなく、ヨーグルト博物館などにおいても主張されている。

一方、「おばあちゃん」がヨーグルト祭りで披露するのは、現地の伝説や歴史が絡み合って形成された、オルタナティブなヨーグルトの物語である。彼女たちは、歌や踊りを通じて自らのヨーグルトを「ホームメイド一番」と主張し、乳業会社によって作られた言説や市販品の「偽り」の味に対して抵抗しようとしている。そして、ヨーグルト祭りに観光客として訪れる人びとの評価から鑑みると、「おばあちゃん」のヨーグルトは、祭りの開催期間、企業の製品に対して大きな勝利を収めている。

社会主義時代、自家製ヨーグルトは大量生産の「人民食」としてふさわしくないと判断され、都市化や生活様式の変容などによって、次第にD.I.企業の製品の陰に隠れることになった。しかし、時代は変化し、当時は公に自分の味を主張する場を持たなかった「おばあちゃん」にスポット・ライトが当たるようになった。「ヨーグルト祭り」は、「おばあちゃん」が抑制されることなく、自慢の味を主張できる場として、自治体のイメージ戦略のもとで創始された。このような意味で捉えるならば、本行事は、「おばあちゃん」による「ホームメイド一番」言説を祝う場であり、社会主義体制のなかで生み出された「人民食」言説の支配的な地位に対する補償でもあるといえる。

そこでは、「ホームメイド一番」と主張される自家製ヨーグルトと「祖母の味」として宣伝される企業の製品の地位は一転する。企業の存在はなりをひそめ、普段脚光を浴びない「おばあちゃん」がヨーグルト作りの専門家として注目され、自信・プライドをもち、自慢の味やヨーグルト作りの伝統的技術を披露している。それは、ラズグラッドのヨーグルト祭りだけではなく、民俗芸能の祝祭など他の地域の行事にも垣間みえることであ

る。たとえば、トロヤン市のハーブ祭りでは、子どもにヨーグルトの「本来」の味を教えたいという強い思いから、現地の「おばあちゃん」が手作りヨーグルトを持ち寄り、子どもに目隠しをさせ、自家製ヨーグルトと会社の製品を見分けるテストをおこなっている。彼女たちは、手作りヨーグルトが市販の製品より優れていると確信し、子どもたちに「ホームメイド一番」言説を家庭の味とともに伝承しようとしているのである。

「カッパンツィ・おばあちゃん」もラズグラッド祭りで、現在主流となった企業の味に対して、歌・踊り・演技などあらゆる手段を尽くし対抗している。彼女たちの「ホームメイド一番」言説に注目すると、「マジックのハーブ」、「秘伝のレシピ」、「秘密の技」などといった表現が多いことに気づく。ヨーグルトの達人として、専門的技能を持っていることと、そのユニークなヨーグルトの味がだれでも再現できるようなものではないということをアピールしているのである。また、すべてを科学的に理解することはできないと言い、ヨーグルトにまじないの言葉を唱え、その作り方を神秘的次元へと導いている。さらに、ヨーグルトが健康へ与える「魔法のような効果」の話題になると、現地の女性は、「バチルスの働き」、「長寿の秘訣」、「健康維持」といった表現を使いはじめる。それは、「おばあちゃん」のものであったヨーグルトに国際競争力を付与したD.I.企業のレトリックや、日本における「ブルガリアヨーグルト」の成功物語の筋書きを思い出させるような表現であり、ヨーグルトに関するマスメディアの議論や企業の宣伝などの及ぼした影響がうかがえる。つまり、アスパルフのプロト・ブルガリア人のヨーグルトの伝統を守っているはずの「おばあちゃん」は、企業が作り出してきた言説を利用しながら、現代ブルガリアのヨーグルト食文化の重要なアクターとして、ヨーグルトの新たな意味づけに積極的にかかわっている。そして、ブルガリア社会に流布している企業の言説の影響からは逃れられるわけではなく、その陰で平穏な生活を送りながら、ときには地域行事を興しつつヨーグルトとともに生活しているのである。

〈まとめ〉"ブルガリアヨーグルト"の再帰性

　本章では、ポスト社会主義期において、これまで生成されてきた諸言説の展開、ならびに自由市場における新たな言説の成立、さらにそれぞれの社会的影響を明らかにした。

　まず、第一節では、ヨーグルトをめぐるさまざまな言説を生み出す、あるいは展開させる土台として、市場経済化が社会主義的乳加工システムにもたらした変容を描写した。その背景には、土地・家畜返還など農業改革による生乳生産体制の変容、国営企業の民営化やグローバルな資本の流入による企業側の乳製品生産体制の変遷、人びとの生活様式の多様化および消費者としての意識と行動の変化、という三つの要因が密接にかかわっていることを特筆した。特に大きな影響を及ぼしたのは、ブルガリアのEU加盟後の厳しい衛生・品質管理基準の導入であった。そこからみえてきたことは、この基準の導入により、ブルガリアの乳製品の経済面や文化的側面に障害が発生したことである。田舎での自給自足の生活の喪失とともに、生乳不足に陥ったブルガリアは、EU諸国から余剰原料の購入を余儀なくされるという実態があった。

　このような環境変化のなかで、D.I.企業の後継者LB社（第二節）は事業存続のために、明治乳業との技術提携に基づいた「日本ブランド」言説を利用し、技術力を国内消費者に向けてアピールした。この結果、明治乳業によって創られた「企業ブランド」という言説は、日本から「ヨーグルトの本場」ブルガリアへと再帰し、ブルガリアへと幅広く受け入れられていった。このようにして、国営企業によるヨーグルトの「日本ブランド」という言説はブルガリア国民の自信回復と社会的な再帰的効果をもたらした。そこで明らかになったことは、LB社の「日本ブランド」言説を通して提供する日本からの肯定的な評価が、国民の自信回復という意味合いにおいて非常に重要な役割を果たしていることである。

　しかし、民主化以降、ブルガリア市場に参入した多国籍企業は、民族資本の会社を凌駕している。第三節では、多国籍企業ダノン社の果敢な企業戦略や独自の販売政策のなかで育成されていく「祖母の味」言説が違和感

なくブルガリア社会に浸透していく様相を描写した。この言説の誕生の背景には、ブルガリアの「都市・農村拡大家庭」における祖父母が果たす重要な役割がみられた。しかし、多国籍企業が作り出した味は、家庭で伝承される味ではなく、それを「虚偽」として捉える人びともいた。その代表者として社会主義時代においてブルガリア乳業の発展に一役を担ったベテラン社員と、彼らの陰に潜んでいた現地の女性たちの、それぞれの活動と言説に注目した。

　ブルガリアの国営企業のベテラン社員は、グローバル企業による国内最大のセルディカ工場の買収を今もなお許容できず、強い敵対意識を依然として持つ。なぜならばグローバル企業の「祖母の味」という言説は、彼らの生産技術を脅かし、「偽装」の伝統を本物として謳い、成功を収めているからである。ベテラン社員は、社会主義時代に培った過去の人脈を駆使しつつ、当時の技術で作られたヨーグルトをブルガリアの伝統として定義化するような活動を展開した。この活動から「乳業の真珠」という言説が形成されていき、それを通じて多国籍企業の作り上げた偽装の「祖母の味」という言説に対してベテラン社員が抵抗を試みていることを第四節で取り上げた。

　他方、ブルガリア北東部において、家庭の味の担い手として自負している女性たち（第五節）は、ブルガリア人の原型であるという意識に基づき、自らの手作りヨーグルトを「本物」として定義し、グローバル企業の「偽り」の味に対して抵抗感を示している。社会主義時代においては、「おばあちゃんの味」は、国営企業の「人民食」という言説に覆われ、日の目を見ることはなかった。それが、ポスト社会主義期になり、ヨーグルト祭りを通じてようやく脚光を浴びることとなった。そこで、その女性たちは「ホームメイド一番」という言説を通じて、自慢の味と技術を誇示する機会を得た。しかし、伝統の味の担い手である彼女たちの日常生活の場においても、これまで企業が作り出した言説の影響は避けられず、「ホームメイド一番」という言説の背景にも企業のレトリックが働いていたことを指摘した。

　以上のように、現代ブルガリアにおいて、"ブルガリアヨーグルト"を

めぐるこの四つの言説が絡み合いながら、美しいブルガリア像を創出することで、EUの鏡に映されるブルガリアの負の部分を浄化しているのである。

結論

　本書では、バルカン地域ブルガリアという小国家がソ連や EU の「衛星国」あるいは「周縁国」として軽視されてきた歴史と"ブルガリアヨーグルト"をめぐる輝かしい言説を関連づけ、エスノセントリック（自民族中心的）な世界観を形成してきた経緯を明らかにし、自国文化の独自性を提示する手段として、ヨーグルトがいかに国家・個人の自己規定のために重要な存在であるかを示してきた。その際、社会変化のなかで、社会主義国家の枠組みや科学技術研究の発展、民主化・市場経済化以降の乳加工システムの変容や超国家的統制、各時代における国家政策や企業戦略の影響も考慮しつつ、ヨーグルトの意味づけに主体的に関与した経営者、研究者、為政者、そしてヨーグルトの伝統文化の継承を担った人びととのそれぞれの活動に着目しながら、その言説が国家、企業、地域、個人のレベルでいかに絡み合いながら、ブルガリア人の自画像に取り入れられたかを論じてきた。

　これまで、多くの研究者はヨーグルトの古い起源と歴史、あるいは栄養価と健康への効果、製造技術などについて研究成果を蓄積してきた。しかし、民族意識とのかかわりという視点からの考察は、ほとんどなされてこなかった。そこで、本書では、ヨーグルトをめぐるさまざまな言説を取り上げ、歴史的に言説の生成の経緯をたどり、その後の展開に注目することによって、ブルガリアにおけるヨーグルトが文化的にどのような存在であるかを明らかにした。

（1）ナショナル・アイデンティティとしての伝統食品
　まず20世紀初頭にロシアの科学者メチニコフによって、①ヨーグルトの「不老長寿説」が提示され、それが②ヨーグルトの「ブルガリア起源」という言説に発展していった。欧米の乳酸菌研究から「不老長寿説」に対す

る反論が出ていたが、ブルガリアの研究者は、ブルガリア菌に関する研究を始め、歴史的・考古学的研究の成果に基づき、"ブルガリアヨーグルト"の古い起源や古来の伝統を強調した。その結果、ヨーグルトの歴史のなかで、古代トラキア人やプロト・ブルガリア人、メチニコフやグリゴロフなどが主役となり、中心的な存在として多くの注目を集めてきた。しかしその一方で、ヨーグルト研究の基本であるブルガリアの乳加工文化や、その担い手である一般の人びとの営みについて、ヨーグルトの公認記録の歴史ではほとんど何も語られていない。

社会主義期においては、③栄養源としての「人民食」という言説に基づき国営企業による工業生産の振興が図られ、対外的には④「技術ナンバーワン」という言説が誕生した。社会主義的イデオロギーの色彩を帯びた「人民食」言説は、農業の集団化や工業化政策がもたらした社会変化、乳加工システムの近代的変容、国家の栄養政策や文化統一政策を背景として生成した。その結果、ヨーグルトはほぼ毎日ブルガリア人の食卓に登場する基礎食品となったが、これは大量生産・栄養重視に主眼を置いた社会主義体制の産物であることが明らかになった。

他方、「技術ナンバーワン」言説の特徴は科学研究において培われた「長寿食」言説や「ブルガリア起源」言説の延長線にあり、国営企業の技術官僚や技術専門家によって取り上げられた。この主張は国内におけるD.I.企業の地盤固めとともに、国際レベルでは"ブルガリアヨーグルト"に競争力をもたせる重要な機能を担っていた。

ここで注目に値するのは、大阪万博を契機に日本がブルガリアのヨーグルトに着目し、一方では愛好者の間に⑤「聖地ブルガリア」という言説が広まり、他方では明治乳業によって⑥「企業ブランド」の言説が形成されたことである。競争市場において明治乳業が作り出したものは、健康意識の高い消費者のために「情報化」された資本主義的ブランドの味である。同時にそれは自然豊かで美しいブルガリア像であり、永遠に輝くヨーグルトの成功物語でもあった。それはプレーンヨーグルト商品の普及に多大な貢献をしただけではなく、ブルガリアにおける⑦「日本ブランド」言説の生成につながり、ヨーグルトの価値を再認識させる機能を果たした。

| 科学研究における"ブルガリアのヨーグルト"という言説の誕生 |
| → ①「長寿食」言説と②「ブルガリア起源」言説の正当化 |

| 社会主義期における"ブルガリアのヨーグルト"の確立 |
| → ①と②は、③「人民食」言説と④「技術ナンバーワン」言説として確立 |

| "ブルガリアのヨーグルト"の国際的展開(日本) |
| → ①、②、④は、⑤「聖地ブルガリア」言説と⑥「企業ブランド」言説を形成 |

| ポスト社会主義期における"ブルガリアのヨーグルト"の再帰性 |
| → ⑤と⑥は、⑦「日本ブランド」言説として逆輸入 |

図12　ヨーグルトのナショナル・アイデンティティ化過程

　ポスト社会主義期のブルガリアにおいて、「日本ブランド」言説が広がったその土台に、市場経済化が社会主義的乳加工システムにもたらした変容がある。さらにブルガリアの乳製品はEU主導の品質管理基準に縛られ、輸出が困難となった。同時に、生乳不足に陥るブルガリアはEU諸国から余剰原料の購入を余儀なくされるという実態があった。そこで国営企業は生き残りを懸け、明治乳業との技術提携に基づき「日本ブランド」言説を利用しようと試みた。これによって明治乳業によって創られた「企業ブランド」言説は、ブルガリアへと幅広く受け入れられることで、ヨーグルトがブルガリア国民の自信を回復させる社会的な再帰的効果をもたらした。

　このように歴史的に生成された言説は、ブルガリア人の自己像に取り込まれていき、ヨーグルトが国民意識に欠かせないものとして、国のアイデンティティへと変化していったのである（図12参照）。近代国家成立以降、ブルガリアはバルカンという複雑な地域の一国、あるいはソ連の衛星国としてしか西欧からは見られてこなかった。現在でもブルガリアの酪農家や乳加工製造業者はEUからの冷視に悩まされている。こうした状況において、日本ではバルカン地域・ソ連衛星国などといった偏見に縛られず、"ブルガリアヨーグルト"の健康への効果や「本場の味」が高く評価されることは、ヨーグルトに象徴されるブルガリアの自然・文化・歴史、ひいてはブルガリア自身が認められているという自己意識につながる。

結論　271

ブルガリアはいつも敗者側であるという歴史的な意識をもっており、特に、EU 基準をめぐる西欧主要国との戦いに敗れたことで、国際市場の喪失だけではなく、国家としての自尊心も、個人における自信も失っていた。このような劣等感を薄める役割を担ってきたのが、日本において輝かしい実績をもつ「企業ブランド」言説である。日本のブルガリアに対する眼差しは EU 諸国のそれとは全く異なっており、この日本という鏡には、自然豊かで美しいヨーグルトの「聖地ブルガリア」が写っている。この鏡を通じて得られたブルガリア人像は、高い失業率や低収入、汚職に苦しむ姿ではなく、技術力をもち「長寿」で幸せな生活を送るといった全く別次元のものであった。そのイメージは快感と呼べるほど心地の良いものであり、T 社長が記した「われわれも世界にもたらしたものがある。ブルガリアヨーグルトである」という詩集にも現されているように、ブルガリア人の国民感情に浸透している。その背景には、屈辱のブルガリア史のなかで、ヨーロッパの主要国からも、近隣の国々からも「やられてきた」という被害者意識とも呼べるきわめて強い劣等感が働いている。

　社会主義時代のシンボルが転落し、ブルガリアの国民文化・ブルガリア人像の再定義が必要とされて以降、日本で成功を収めたブルガリアのヨーグルトは、他の伝統食品と一線を画し、ナショナル・アイデンティティへと姿を変えていったのである。ヨーグルトは、今もなお、栄養源としての価値を失っていない。しかしその一方で、別次元でより重要な役割を果たしている。すなわち、社会のすべてが揺れている不安定なポスト社会主義期において、ヨーグルトは体を養うとともに、国民の精神性をも培っているということである。

（2）自国文化の独自性としてのヨーグルト

　現在、観光博覧会や博物館の展示などで大きく取り上げられる"ブルガリアヨーグルト"の輝かしい歴史は、国家のイメージ戦略において国のアイデンティティを主張するうえで、重要な役割を果たしている。しかし、社会主義の崩壊後、市場経済の導入や世界規模での流通と通信技術の急速な発展とともに、ブルガリアも他の東欧諸国と同様にグローバル化の波に

のみ込まれることになった。そうしたなか、ナショナル・アイデンティティの主体は単に国家ではなく、企業や個人に移った。また、ブルガリア民族資本の会社以外に、多国籍企業もブルガリアに参入することとなり、支配的な地位を占めるようになった。そこで、ナショナル・アイデンティティの核となるヨーグルトについて、新たな言説が生まれていった。

　企業側では、ヨーグルト市場においてダノン社が揺るぎのない存在となり、⑧「祖母の味」という言説のもとで、ブルガリア人のナショナル・アイデンティティを製品のブランド化に巧みに利用しながら、新たな味を主流のものとして浸透させていった。しかし、それは家庭で伝承されてきたものとはかけ離れており、ブルガリア国内ではその差異を認識している人びともいた。そこで、個人レベルでダノン社の「祖母の味」言説に対して疑問を投げかけた言説が生成されていった。一方、社会主義期において乳業の展開を積極的に担った個人（ベテラン社員に代表される人びと）は、国家の威信と伝統を守るという立場から⑨「乳業の真珠」という言説を提唱し、他方では、国営企業の陰にいた個人（地方の「おばあちゃん」に代表される人びと）は、家庭で伝承されてきた知識と経験に基づいて⑩「ホームメイド一番」という言説を作り上げ、多国籍企業が創造する偽装の味（人びとの偽りのアイデンティティ）に抵抗感を示している。

　社会主義期においてブルガリア乳業の「黄金時代」を築いたT社長をはじめとするベテラン社員は、現在その下降を目撃しており、支配的になった多国籍企業の「祖母の味」やEU基準に従属するブルガリア乳業の現状を「衰退」として受け止めている。しかし、そのまま放置することができず、「乳業の真珠」言説を通して「黄金時代」の復興を目指し、国営企業、乳加工製造業者協会、マスメディアなどを通じて、ブルガリア乳業はかくあるべしという理想に向かって積極的に活動している。ポスト社会主義期における彼らの活動は、歴史のなかで形成されてきたブルガリア人の被害者意識を乗り越えるための別の図式を提示しようとする。つまり、EUの冷視に対して、国際舞台におけるブルガリアの輝かしい成功を主張することである。現在この図式は、博物館の展示においても、マスメディアにおいても汎用され、ブルガリア人の心に深く響いている。

図13の内容:
- 国営企業 ⑦「日本ブランド」言説
- 多国籍企業 ⑧「祖母の味」言説
- ベテラン社員 ⑨「乳業の真珠」言説
- おばあちゃん ⑩「ホームメイド一番」言説
- 企業／国家／人々／個人
- 中央：国民文化の独自性を主張

図13　ポスト社会主義期における言説の生成メカニズム

他方、ブルガリア北東部において、家庭の味の担い手として自負をもつ女性たち（「おばあちゃん」に代表される40歳代以上の女性）は、ブルガリア人の原型であるという意識に基づき、自らの手作りヨーグルトを「本物」と定義し、グローバル企業の「偽り」の味に対して疑問を投げかけている。社会主義時代においては、「おばあちゃんの味」は、国営企業の「人民食」言説に覆われ、日の目を見ることはなかった。それが、ポスト社会主義期になり、ヨーグルト祭りを通じてようやく脚光を浴びることとなった。そこで、北東部の女性たちは「ホームメイド一番」という言説を通じて、自慢の味と技術を誇示する機会を得た。

このように、国営企業、多国籍企業、ベテラン社員、「おばあちゃん」とそれぞれの立場や、過去と現在が異なるため、彼らが提示するヨーグルトの定義にもずれがあり、当然、発信する言説も異なる（図13参照）。

ただし、この複数の声にずれ・対立があるとしても、主体同士の対話のなかで相互に影響が見られており、結果的にその不協和音のなかで共鳴しているところもある。つまり、企業の「偽り」の味であれ、おばあちゃんの「本物」の味であれ、あるいは「日本ブランド」の味であれ、国家の威信にかかわる伝統的な味であれ、いずれの言説においても、"ブルガリアヨーグルト"が世界の乳食文化の中心として提示されており、自国文化の独自性が強調されている。この異なる言説、または複数の声が不協和音のなかで共鳴しているというポリフォニーのなかで、ブルガリアの人びとは自民族中心的な主張をおこなっており、ヨーグルトが国家・個人ともに自己規定のために必要不可欠な存在となっていることがわかる。

（3）ブルガリアの「重要な他者」としての日本

　以上のような本書の結論から、はじめに掲げた本研究の目的に対して次のような貢献をおこなったといえる。

　これまで、東欧諸国の食を取り上げた研究は、民主化以降の新たな権力構造のもとで生産者もしくは消費者の視点から食の新たな意味づけについて議論してきた。また、研究者の多くは、自らの資本主義の経験を通して人びとの実践を眺めており、当事者の社会主義的経験が現在、消費者としての意識や態度にいかなる影響を与えているかについて考察してきた。現在、東欧諸国の多くの人びとが自国の食に固執する現象についても、「社会主義・資本主義」という枠組みで主にナショナリズム的な反応として分析されてきた。しかし、バルカン地域を舞台とする研究がほとんどなされてこなかったうえ、既存の研究もバルカン諸国のナショナリズムへの奔走や民族紛争、自国の食への熱狂という枠組みのなかで考察されてきた。つまり、西欧から規定される否定的なイメージの代わりに、肯定的な自画像を自ら積極的に提示しようとするという観点からは検討されてこなかったのである。

　本書では、バルカン地域ブルガリアがソ連の「属国」やEUの「周縁国」として軽視されてきた歴史と輝かしいヨーグルトの言説を関連づけ、自民族中心的な世界観を形成してきた経緯を明らかにした。そこで、政治学的な視点からの「ナショナリズム」ではなく、当事者自身の声に耳を傾けながら「自民族中心主義」という文化人類学の視点から議論を展開した。これまで、「自民族中心主義」という概念は、主に文化相対主義と対立するものとして理解されていたため、「ナショナリズム」と同様に否定的な意味合いで用いられることが多かった。またそれは、調査者が調査対象者の思考や行動を客観的にみて、そこに組み入れられた世界観を分析する際に使用する言葉でもあった。しかし、筆者の基本的な立場は、調査者という第三者の視点から当事者の世界観を「自民族中心的な」ものと評価し、彼らがいかに「主観的」であるかを示すものではなかった。「ナショナリズム」ではなく、「自民族中心主義」という概念を用いた意味は、研究者としての客観性を維持しながら、ブルガリアの歴史文化を、国家、企

業、地域、個人それぞれの立場から生成された言説を通して、当事者の視点から捉え直すことであった。つまり、資本主義的経験に基づく東欧研究に対し、社会主義・ポスト社会主義を経験した内部からの声を掬い上げるという立場から研究調査をおこなうことであった。

　現在、自国のヨーグルトへの固執に見られるようなブルガリアの自民族中心的な思想（あるいは文化的優越感）も、ブルガリア民族が歴史の被害者であるという強い意識（あるいは劣等感）も、長期の征服と異質な文化に対する反応として生まれた。これまでブルガリアは西欧、ソ連、バルカン諸国という他者を通してしか、自己を定義することができなかった。しかし、ヨーグルトを架け橋にした、日本とのつながりを通して、西欧やソ連からの厳しい視線とは異なる見方を初めて獲得することができ、自国の独自性を提示することが可能になった。本書では、ヨーグルトのナショナル・アイデンティティ化過程における日本の役割を明らかにし、ブルガリアの人びとにとって、自己肯定化のために「日本」という他者がいかに重要な存在であるかを示してきた。

　一方、調査地においては現在、「国の花」とも呼ばれるようになった"ブルガリアンローズ"をテーマに祭りや特産品が次々と開発され、国家や行政による積極的な宣伝活動のもとで、マスメディアや観光業界から多くの注目を集めている。それも、日本とは無関係ではない。日本国際協力機構（JICA）がブルガリアの中央部カザンラク地域において、地域振興を目的とした技術協力プロジェクトを2004年から2007年までおこなった。プロジェクトの影響で、日本人観光客が増加するにともない、バラに対するブルガリアの人びとの認識は刻々と変容しており、これはヨーグルトのナショナル・アイデンティティ化過程を彷彿させる。そうしたなか、今後のブルガリア人の自己相対化と日本がどのようにかかわるのかを引き続き見ていく必要があるが、バラは国民的表象となったヨーグルトと同じような道をたどっていくのだろうか。あるいは、"ブルガリアヨーグルト"を通して得られた自民族中心主義的な主張は、今後世界一の"ブルガリアンローズ"へと展開していくのだろうか。国民意識としてのヨーグルトとバラとの比較をはかるうえでも、調査研究を継続していきたい。

筆者は、ブルガリアの人びとが、日本との関係のなかで、自国の文化（ヨーグルトであれ、バラであれ）をめぐり、さまざまな自民族中心的な言説をいかに形成し、展開しているのか、この自己相対化の過程に強い関心をもっている。それには、ブルガリア人である筆者が、縁あって日本で暮らすことになった経験が少なからず影響を与えているのではないかと考えている。本書を書き終えるにあたり、今ではこうしたテーマに取り組むことが、筆者に与えられた使命だったとさえ感じるようになった。今後とも現地の人びとの言説や活動に注目しつつ、ブルガリア文化の理解を深めていきたいと思っている。

参考文献

■日本語文献

足立達『乳製品の世界外史——世界とくにアジアにおける乳業技術の史的展開』東北大学出版会、2003。

石川栄吉（ほか編）『文化人類学事典』弘文堂、1987。

石毛直道『食事の文明論』中央公論社、1982。

———「世界における乳利用の歴史」韓国食文化学会乳文化シンポジウム資料、1989。

石毛直道（編著）『世界の発酵乳——発酵乳の文化・生理機能 モンゴル・キルギスそして健康な未来へ』はる書房、2008。

石毛直道（監修）、井上忠司（編著）『食の情報化』味の素食の文化センター、1999。

石毛直道、和仁皓明（編著）『乳利用の民族誌』中央法規出版、1992。

伊藤敞敏「発酵乳と乳酸菌」『乳酸発酵の文化譜』小崎道雄（編）、pp. 74—108、中央法規出版、1996。

井上忠司「社会変容と食の文化」『食の情報化』石毛直道（監修）、井上忠司（編著）、pp. 11—27、味の素食の文化センター、1999。

宇田川妙子「スパゲッティとイタリア」『中部大学国際関係学部紀要』9：43—61、1992。

———「イタリアの食をめぐるいくつかの考察——イタリアの食の人類学序説として」国立民族学博物館研究報告33（1）：1—38、2008。

梅棹忠夫（ほか著）『日本語大辞典』講談社、1989。

漆原和子、ペトロフ，ピーター「ブルガリアにおけるEU加盟後の羊の移牧の変貌」『Hosei University Repository 文学部紀要第』57、pp. 57—67、2008。

エリー，メチニコフ（著）、大日本文明協会（編）『不老長寿論』中瀬古六郎訳、本命書院、1912。

大塚和夫『イスラーム的——世界化時代の中で』日本放送出版協会、2000。

神邊道雄（編）『ヨーグルト——秘密と効用』日東書院、1984。

熊倉功夫、石毛直道（編著）『国際化時代の食』教文堂、1994。

小崎道雄（編）『乳酸発酵の文化譜』中央法規出版、1996。

小長谷有紀（編）『モンゴル国における20世紀（１）社会主義を生きた人びとの証言』（国立民族学博物館調査報告41）、人間文化研究機構国立民族学博物館、2003。

　　　　　　　「語り直しされる社会主義の歴史」、『モンゴル国における20世紀（２）社会主義を闘った人びとの証言』（国立民族学博物館調査報告71）pp. 1 ― 9、人間文化研究機構国立民族学博物館、2007。

佐々木市夫「畜産物需要開発調査研究事業からはっ酵乳市場における構造特性と市場細分化の進展に関する研究」『畜産の情報』月報国内編１、1999（http://lin.alic.go.jp/alic/month/dome/1999/jan/chousa-2.htm）（最終アクセス2010年10月15日）。

佐原徹哉「東方正教の現在――ポスト・コミュニズム期の正教会と政治」『現代世界と宗教』総合研究開発機構（NIRA）、中牧弘允（共編）、pp. 131―147、国際書院、2000。

新免光比呂「社会主義国家ルーマニアにおける民族と宗教――民族表象の操作と民衆」『国立博物館研究報告』24（１）pp. 1 ―42、人間文化研究機構国立民族学博物館、1999。

園田天光光『女は胆力』平凡社、2008。

高倉造樹、佐々木史郎（編著）『ポスト社会主義人類学の射程』（国立民族学博物館調査報告78）人間文化研究機構国立民族学博物館、2008。

高倉浩樹「ポスト社会主義人類学の射程と役割」、『ポスト社会主義人類学の射程』（国立民族学博物館78）、pp. 1 ―25、人間文化研究機構国立民族学博物館、2008。

高田公理「情報と食の文化」『食の情報化』石毛直道（監修）、井上忠司（編著）、pp. 243―259、味の素食の文化センター、1999。

玉村豊男『料理の四面体』鎌倉書房、1980。

中尾佐助「乳食文化の系譜」『乳利用の民族誌』石毛直道、和仁皓明（編著）、pp. 267―293、中央法規出版、1992。

平田昌弘「中央アジアの乳加工体系――カザフ系牧畜民の事例を通して」『民族學研究』67（２）: 158―182、2002。

　　　　　　　「アジア大陸における乳文化圏と発酵乳加工発達史」『世界の発酵乳』石毛直道（編著）、pp. 174―197、はる書房、2008。

平田昌弘、ヨトヴァ，マリア、内田健治、元島英雅「ブルガリア南西部の乳加工体系」『ミルクサイエンス』59（３）: 237―253、2010。

細野明義「乳酸菌の歴史」『乳酸発酵の文化譜』小崎道雄（編）、pp. 12—34、中央法規出版、1996。

松前もゆる「民族をめぐる実践：ブルガリアにおけるポマクの事例から」『東欧・中欧ユーラシアの近代とネイションⅠ』（北海道大学スラブ研究センター研究報告シリーズ No.80）、林忠行（編）、pp. 67—80、北海道大学スラブ研究センター、2001。

南直人『ヨーロッパの舌はどう変わったか——十九世紀食卓革命』講談社、1998。

明治乳業株式会社70年史編集委員会（編）『おいしさと健康をもとめて——明治乳業70年史　激動と変化のこの10年』明治乳業株式会社、1987。

山口昌男『文化と両義性』岩波書店、1975。

山村理人「ポスト社会主義諸国の農地問題——東欧の事例を中心として」『東欧ロシアにおける農村経済構造の変容』（北海道大学スラブ研究センター研究報告シリーズ No. 79）、北海道大学スラブ研究センター（編）、pp. 1—20、北海道スラブ研究センター、2001。

ヨトヴァ，マリア「ヨーグルトをめぐる食文化の経営人類学的研究」『人工物発達研究』1（1）、pp. 112—122、2008。
　　　　　　「ヨーグルトの経営人類学的研究——韓国と日本の比較を主題として」『三島海雲記念財団研究報告書』第46号、pp. 151—154、2009。
　　　　　　「ブルガリア人の心を打ち出すヨーグルトの言葉」『食文化誌ヴェスタ』77：28—30、2010。

■英語文献

ABDALLA, Michael.　Milk in the Rural Culture of Contemporary Assyrians in the Middle East. In Patricia Lysaght (ed.), *Milk and Milk Products from Medieval to Modern Times*. pp. 27—40. Canongate Academic, 1994.

ACHESON, Julianna.　Household Exchange Networks in Post-socialist Slovakia. *Human Organization* 66 (4): 405—413, 2007.

AHMED, Patricia and Rebecca Jean EMIGH.　Household Composition in Post-Socialist Eastern Europe. CCPR-009-04. California Center for Population Research On-line, Working Paper Series, 2004.

ANDERSON, Benedict.　*Imagined Communities: Reflections on the Origin and Spread of Nationalism*. Verso, 1983.

APPADURAI, Arjun. How to Make a National Cuisine: Cookbooks in Contemporary India. *Comparative Studies in Society and History* 30 (1): 3—24, 1988.
APPADURAI, Arjun (ed.) *The Social Life of Things: Commodities in Cultural Perspective.* Cambridge University Press, 1986.
ATKINSON, Paul. From Honey to Vinegar: Levi-Strauss in Vermont. In P. Morley and R. Wallis. (eds.), *Culture and Curing: Anthropological Perspectives on Traditional Medical Beliefs and Practices.* pp. 168—188. University of Pittsburgh Press, 1979.
　　　　　　　　The Symbolic Significance of Health Foods. In M. Turner (ed.), *Nutrition and Lifestyles.* pp. 79—89. Applied Science Publishers, 1980.
BAIKOVA D., S. PETROVA, K. ANGELOVA. National Nutritional Survey on the Health Status of Bulgarian Population. *Hygiene and Health Care.* XLIII 3—4: 10—14, 2000.
BAKHTIN, Mikhail. From "Discourse in the Novel": The Topic of the Speaking Person. In David H. Richter (ed.), *The Critical Tradition: Classic Texts and Contemporary Trends.* pp. 527—539. Bedford/ St. Martin's, 1998.
BARTHES, Roland. Toward a Psychosociology of Contemporary Food Consumption. In Carole Counihan, Penny Van Esteric (eds.), *Food and Culture: A Reader.* pp. 20—28. Routledge, 1997.
BELASCO, Warren. Food Matters: Perspectives on an Emerging Field. In W. Belasco and P. Scranton (eds.), *Food Nations: Selling Taste to Consumer Societies.* pp. 2—23. Routledge, 2002.
BELASCO, Warren and Philip SCRANTON (eds.) *Food Nations: Selling Taste to Consumer Societies.* Routledge, 2002.
BELLOWS, Anne. One Hundred Years of Allotment Gardens in Poland. *Food & Foodways* 12: 247—276, 2004.
BERDAHL, Daphne, Matti BUNZL, Martha LAMPLAND (eds.) *Altering States: Ethnographies of Transition in Eastern Europe and the Former Soviet Union.* The University of Michigan Press, 2000.
BOGDANOV, Ivan. *Observations on the Therapeutic Effect of the Anti-cancer Preparation from Lactobacillus Bulgaricus LB 51 Tested on 100 Oncologic Patients.* Sofia Press, 1982.

BORRERO, Mauricio. Communal Dining and State Cafeterias in Moscow and Petrograd, 1917—1921. In Musya Glants and Joyce Toomre (eds.), *Food in Russian History and Culture.* pp. 162—176. Indiana University Press, 1997.

———. Food and the Politics of Scarcity in Urban Soviet Russia, 1917—1941. In Warren Belasco and Philip Scranton (eds.), *Food Nations: Selling Taste to Consumer Societies.* pp. 258—276. Routledge, 2002.

BOTCHEVA, Luba and S. Shirley FELDMAN. Grandparents as Family Stabilizers during Economic Hardship in Bulgaria. *International Journal of Psychology* 39: 157—168, 2004.

BOTCHEVA, Luba, Plamen KALCHEV, P. Herbert LEIDERMAN. Bulgaria. In Jeffrey Jensen Arnett (ed.), *International Encyclopedia of Adolescence.* pp. 108—118. Routledge, 2006.

BRADATAN, Cristina. Cuisine and Cultural Identity in Balkans. *Anthropology of East Europe Review* 21 (1): 43—47, 2003.

BRIDGER, Sue and Frances PINE. *Surviving Post-socialism: Local Strategies and Regional Responses in Eastern Europe and the Former Soviet Union.* Routledge, 1998.

BRUNNBAUER, Ulf and Karin TAYLOR. Creating a "Socialist Way of Life": Family and Reproduction Policies in Bulgaria, 1944—1989. *Continuity and Change* 19 (2): 283—312. 2004.

BUCHANAN, Donna. *Performing Democracy: Bulgarian Music and Musicians in Transition.* University of Chicago Press, 2006.

BUECHLER, Hans and Judith-Maria BUECHLER. The Bakers of Bernburg and the Logics of Communism and Capitalism. In James Watson and Melissa Caldwell (eds.), *The Cultural Politics of Food and Eating: A Reader.* pp. 259—275. Wiley-Blackwell, 2005.

CALDWELL, Melissa. The Taste of Nationalism: Food Politics in Postsocialist Moscow. *Ethnos* 67 (3): 295—319, 2002.

———. Domesticating the French Fry: McDonald's and Consumerism in Moscow. In James Watson and Melissa Caldwell (eds.), *The Cultural Politics of Food and Eating: A Reader.* pp. 180—196. Wiley-Blackwell, 2005.

———. Food and Everyday Life after State Socialism. In Melissa Caldwell (ed.), *Food and Everyday Life in the Postsocialist World*. pp. 1—29. Indiana University Press, 2009.

　　　　　Dacha Idylls: Living Organically in Russia's Countryside. University of California Press, 2010.

CREED, Gerald. The Politics of Agriculture: Identity and Socialist Sentiment in Rural Bulgaria. *Slavic Review* 54 (4): 843—868, 1995.

　　　　　Domesticating Revolution: From Socialist Reform to Ambivalent Transition in a Bulgarian Village. Pennsylvania State University Press, 1998.

CWIERTKA, Katarzyna. *Modern Japanese Cuisine: Food, Power and National Identity*. Reaktion Books, 2006.

DE VOS, Susan and Gary SANDEFUR. Elderly Living Arrangements in Bulgaria, the Czech Republic, Estonia, Finland, and Romania. *European Journal of Population* 18 (1): 21—38, 2002.

DIMITROV, Vesselin. *Bulgaria: The Uneven Transition*. Routledge, 2001.

DOUGLAS, Mary. *Purity and Danger: An Analysis of Concepts of Pollution and Taboo*. Routledge & Kegan Paul, 1966.

　　　　　Implicit Meanings: Essays in Anthropology. Routledge & Kegan Paul, 1975.

DOUGLAS, Mary and Michael NICOD. Taking the Biscuit: The Structure of British Meals. *New Society* 30: 744—777, 1974.

DUMPE, Linda. Curds and Pressed Cottage Cheese in Latvia. In Patricia Lysaght (ed.), *Milk and Milk Products from Medieval to Modern Times*. pp. 107—113. Canongate Academic, 1994.

DUNN, Elizabeth. *Privatizing Poland: Baby Food, Big Business, and the Remaking of Labor*. Cornell University Press, 2004.

　　　　　Standards and Person Making in East Central Europe. In Aihwa Ong and Stephen Collier (eds.), *Global Anthropologies: Governmentality, Technology, Ethics*. pp. 173—193. Wiley-Blackwell, 2005.

　　　　　Postsocialist Spores: Disease, Bodies and the State in the Republic of Georgia. *American Ethnologist* 35 (2): 243—258, 2008.

　　　　　Afterword. Turnips and Mangos: Power and the Edible State in Eastern Europe. In Melissa Caldwell (ed.), *Food and Everyday Life in the Postsocialist World*. pp. 206—222. Indiana University Press, 2009.

FEHERVARY, Krisztina. American Kitchens, Luxury Bathrooms and the Search for a "Normal" Life in Post-socialist Hungary. *Ethnos* 67 (39): 369—400, 2002.

FENTON, Alexander. Milk Products in the Everyday Diet of Scotland. In Patricia Lysaght (ed.), *Milk and Milk Products from Medieval to Modern Times.* pp. 41—47. Canongate Academic, 1994.

FISHLER, Claude. Food Habits, Social Change and the Nature/Culture Dilemma. *Social Science Information* 19 (6): 937—953, 1980.

――― Food, Self and Identity. *Social Science Information* 27 (2): 275—292, 1988.

FITZPATRICK, Scheila. *Stalin's Peasants: Resistance and Survival in the Russian Village after Collectivization.* Oxford University Press, 1994.

FOUCAULT, Michel. *The Archaeology of Knowledge.* Tavistock Publications, 1974.

FREIDBERG, Susanne. *French Beans and Food Scares: Culture and Commerce in an Anxious Age.* Oxford University Press, 2004.

GIDDENS, Anthony. *Modernity and Self-identity: Self and Society in the Late Modern Age.* Stanford University Press, 1991.

GILLE, Zsuzsa. The Tale of the Toxic Paprika: The Hungarian Taste of Euro-Globalization. In Melissa Caldwell (ed.), *Food and Everyday Life in the Postsocialist World.* pp. 57—77. Indiana University Press, 2009.

GODDARD Victoria, Josep LLOBERA, Cris SHORE. *The Anthropology of Europe: Identity and Boundaries in Conflict.* Berg, 1994.

GOODY, Jack. *Cooking, Cuisine and Class: A Study in Comparative Sociology.* Cambridge University Press, 1982.

GUSFIELD, Joseph. Passage to Play: Rituals of Drinking Time in American Society. In M. Douglas (ed.), *Constructive Drinking: Perspectives on Drink from Anthropology.* pp. 73—90. Cambridge University Press, 1987.

GUY, Kolleen. Rituals of Pleasure in the Land of Treasures: Wine Consumption and the Making of French Identity in the Late Nineteenth Century. In W. Belasco and P. Scranton (eds.), *Food Nations: Selling Taste to Consumer Societies.* pp. 34—47. Routledge, 2002.

HALL, Timothy. Pivo at the Heart of Europe: Beer-drinking and Czech

Identities. In Thomas Wilson (ed.), *Drinking Cultures: Alcohol and Identity*. pp. 65—86. Berg Publishers, 2005.

HAMER, J. H. Aging in a Gerontocratic Society: the Sidamo of Southwest Ethiopia. In Donald Cowgill and Lowell Holmes (eds.), *Aging and Modernization*, Appleton Century Crofts, 1972.

HANN, Chris. *Tázlár: A Village in Hungary*. Cambridge University Press, 1980.

A Village Without Solidarity: Polish Peasants in Years of Crisis. Yale University Press, 1985.

HARRIS Marvin. *Good to Eat: Riddles of Food and Culture*. Simon and Schuster, 1985.

HAUKANES, Haldis. Ambivalent Traditions: Transforming Gender Symbols and Food Practices in the Czech Republic. *Anthropology of East Europe Review* 21 (1): 77—82, 2003.

HERVOUET, Ronan. Dachas and Vegetable Gardens in Belarus: Economic and Subjective Stakes of an Ordinary Passion. *Anthropology of East Europe Review* 21 (1): 159—168, 2003.

HESSLER, Julie. *Social History of Soviet Trade: Trade Policy, Retail Practices, and Consumption, 1917—1953*. Princeton University Press, 2004.

HOBSBAWM, Eric and Terence RANGER. *The Invention of Tradition*. Cambridge University Press, 1983.

HUMPHREY Caroline. *Karl Marx Collective: Economy, Society and Religion in a Siberian Collective Farm*. Cambridge University Press, 1983.

Culture of Disillusionment. In Daniel Miller (ed.), *Worlds Apart: Modernity Through the Prism of the Local*. pp. 43—68. Routledge, 1995.

JAMES, Allison. Confections, Concoctions and Conceptions. In B. Waites, T. Bennett and G. Martin (eds.), *Popular Culture: Past and Present*. pp. 294—307. Routledge, 1986.

JUNG, Yuson. From Canned Food to Canny Consumers: Cultural Competence in the Age of Mechanical Production. In Melissa Caldwell (ed.), *Food and Everyday Life in the Postsocialist World*. pp. 29—56. Indiana University Press, 2009.

KANEFF, Deema. Responses to "Democratic" Land Reforms in a Bulgarian Village'. In R. Abrahams (ed.), *After Socialism: Land Reform and Social Change in Eastern Europe*. pp 85—114. Berghahn Books, 1996.

　　　　　　The Shame and Pride of Market Activity: Morality, Identity and Trading in Postsocialist Rural Bulgaria. In Ruth Mandel and Caroline Humphrey (eds.), *Markets and Moralities: Ethnographies of Postsocialism*. pp. 33—51. Berg, 2002

　　　　　　Who Owns the Past? The Politics of Time in a 'Model' Bulgarian Village. Berghahn Books, 2004.

KIOSSEV, Alexander. The Dark Intimacy: Maps, Identities, Acts of Identifications. In Dusan Bjelic and Obrad Savic (eds.), *Balkan as Metaphor between Globalization and Fragmentation*. pp. 165—190. MIT Press, 2002.

KLUMBYTE, Neringa. The Geopolitics of Taste: The "Euro" and "Soviet" Sausage Industries in Lithuania. In Melissa Caldwell (ed.), *Food and Everyday Life in the Postsocialist World*. pp. 130—153. Indiana University Press, 2009.

KONSTANTINOV, Yulian. Patterns of Reinterpretation: Trader-tourism in the Balkans (Bulgaria) as a Picaresque Metaphorical Enactment of Post-totalitarianism. *American Ethnologist* 23 (4): 762—782, 1996.

KOVACHEVA, Sikya. Combining Work and Family Life in Young Peoples' Transitions to Adulthood in Bulgaria. *Sociological Problems. Special Issue: Work-Life Dilemmas: Changes in the Work and Family Life in the Enlarged Europe*. pp. 174—192, 2008.

KRASTEVA-BLAGOEVA, Evgenija. The Bulgarians and McDonald's: Some Anthropological Aspects. *Ethnologia Balkanica* 5: 207—217, 2001.

　　　　　　The Culture of "Fast" and "Slow" Food of the Bulgarians in the Beginning of 21st Century. *Anthropological Studies* 6: 50—73, 2005.

　　　　　　Tasting the Balkans: Food and Identity. *Ethnologia Balkanica* 12: 25—36, 2008.

KRAVETS Olga and Orsan ORGE. Iconic Brands: A Socio-Material Story. *The Journal of Material Culture* 10 (2): 205—232, 2010.

KVIDELAND, Karin. Variations on Gomme. In Patricia Lysaght (ed.), *Milk *and Milk Products from Medieval to Modern Times.* pp. 114—122. Canongate Academic, 1994.

LANKAUSKAS, Gediminas. On 'Modern' Christians, Consumption, and the Value of National Identity in Post-Soviet Lithuania. *Ethnos* 67 (3): 320—344, 2002.

LEDENEVA, Alena. *Russia's Economy of Favours: Blat, Networking and Informal Exchange.* Cambridge University Press, 1998.

LEVINE, Robert and Donald CAMPBELL. *Ethnocentricism: Theories of Conflict, Ethnic Attitudes and Group Behavior.* John Wiley & Sons, 1972.

LEVI-STRAUSS, Claude. The Culinary Triangle. *New Society* 22: 937—940, 1966.

LIEN, Marianne. Fame and the Ordinary: "Authentic" Constructions of Convenience Foods. In B. Moeran and T. Malefyt (eds.), *Advertising Cultures.* pp. 165—185. Berg, 2003.

LIEN, Marianne and Brigitte NERLICH (eds.) *The Politics of Food.* Berg, 2004.

LYSAGHT, Patricia (ed.) *Milk and Milk Products from Medieval to Modern Times.* Canongate Academic, 1994.

MANNING, Paul and Ann UPLISASHVILI. "Our Beer": Ethnographic Brands in Postsocialist Georgia. *American Anthropologist* 109 (4): 626—641, 2007.

MARCUS, George. *Ethnography through Thick and Thin.* Princeton University Press, 1998.

McINTYRE, Robert J. *Bulgaria: Politics, Economics, and Society.* Pinter Publishers, 1988.

MESSER, Ellen. Anthropological Perspectives on Diet. *Annual Review of Anthropology* 13: 205—249, 1984.

MINCYTE, Diana. Self-made Women: Informal Dairy Markets in Europeanizing Lithuania. In Melissa Caldwell (ed.), *Food and Everyday Life in the Post-Socialist World.* pp. 78—100. Indiana University Press, 2009.

MINTZ, Sidney. *Sweetness and Power: the Place of Sugar in Modern History.* Viking, 1985.

Tasting Food, Tasting Freedom: Excursions into Eating, Cul-

ture, and the Past. Beacon Press, 1996.

MINTZ, Sidney and Christine DU BOIS. The Anthropology of Food and Eating. *Annual Review of Anthropology* 31: 99—119, 2002.

MURCOTT, Anne. On the Social Significance of the Cooked Dinner in South Wales. *Social Science Information* 25: 677—696, 1982.

―――― Cooking and the Cooked. A Note on the Domestic Preparation of Meals. In A. Murcott (ed.), *The Sociology of Food and Eating: Essays on the Sociological Significance of Food*. pp. 178—193. Gower, 1983.

―――― Food as an Expression of Identity. In S. Gustavsson and L. Lewin (eds.), *The Future of the Nation State: Essays on Cultural Pluralism and Political Integration*. pp. 49—77. Nerenius & Santerus Publishers, 1996.

NESTLE, Marion. *Food Politics: How the Food Industry Influences Nutrition and Health*. University of California Press, 2007.

NICKOLSON, Beryl. From Cow to Customer: Informal Marketing of Milk in Albania. *Anthropology of East Europe Review* 21 (1): 55—65, 2003.

NOVE, Alec. *Soviet Agriculture: The Brezhnev Legacy and Gorbachev's Cure*. Rand Corporation, 1988.

ORLAND, Barbara. Alpine Milk: Dairy Farming as a Pre-modern Strategy of Land Use. *Environment and History* 3: 327—364, 2004.

PAMPOROV, Alexey. Patterns of family formation: Marriage and fertility timing in Bulgaria at the turn of the twenty-first century-A case study of Sofia. *History of the Family* 13: 210—221, 2008.

PASSMORE, Ben and Susan Racine PASSMORE. Taste and Transformation: Ethnographic Encounters with Food in the Czech Republic. *Anthropology of East Europe Review* 21 (1): 37—41, 2003.

PATICO, Jennifer. Consuming the West but Becoming Third World: Food Imports and the Experience of Russianness. *Anthropology of East Europe Review* 21 (1): 31—36, 2003.

PATICO, Jennifer and Melissa CALDWELL. Consumers Exiting Socialism: Ethnographic Perspectives on Daily Life in Post-Communist Europe. *Ethnos* 67 (3): 295—294, 2002.

PILCHER, Jeffrey. *Que vivan los tamales! Food and the Making of Mexican Identity*. University of New Mexico Press, 1998.

PUTTEN, Jozien. Porridge Consumption in the Netherlands: Changes in Function and Significance. In Patricia Lysaght (ed.). *Milk and Milk Products from Medieval to Modern Times.* pp. 151—162. Canongate Academic, 1994.

RIES, Nancy. *Russian Talk: Culture and Conversation during Perestroika.* Cornell University Press, 1997.

ROTHSTEIN, Halina and Robert ROTHSTEIN. The Beginnings of Soviet Culinary Arts. In Musya Giants and Joyce Toomre (eds.), *Food in Russian History and Culture.* pp. 177—194. Indiana University Press, 1997.

SALOMONSSON, Anders. Milk and Folk Belief: with Examples from Sweden. In Patricia Lysaght (ed.), *Milk and Milk Products from Medieval to Modern Times.* pp. 191—197. Canongate Academic, 1994.

SCOTT, James. *Seeing Like a State: How Certain Schemes to Improve the Human Condition Have Failed.* Yale University Press, 1998.

SEREMETAKIS, Nadia (ed.) *The Senses Still: Perception and Memory as Material Culture in Modernity.* University of Chicago Press, 1994.

SHECTMAN, Stas. A Celebration of Masterstvo: Professional Cooking, Culinary Art, and Cultural Production in Russia. In Melissa Caldwell (ed.), *Food and Everyday Life in the Postsocialist World.* pp. 154—187. Indiana University Press, 2009.

SHELTON, Austin J. The Aged and Eldership among the Igbo. In Donald Cowgil and Lowell Holmes (eds.), *Aging and Modernization.* Appleton Century Crofts, 1972.

SKJELBRED, Ann Helene. Milk and Milk Products in a Woman's World. In Patricia Lysaght (ed.), *Milk and Milk Products from Medieval to Modern Times.* pp. 198—207. Canongate Academic, 1994.

SKOUFIAS, Emmanuel. Consumption Smoothing during the Economic Transition in Bulgaria. *Journal of Comparative Economics* 32: 328—347, 2004.

SMITH, Jeff. From Házi to Hyper Market: Discourses on Time, Money, and Food in Hungary. *Anthropology of East Europe Review* 21 (1): 179—188, 2003.

SMITH, Jenny Leigh. Empire of Ice Cream: How Life Got Sweeter in the

Postwar Soviet Union. In Roger Horowitz and Warren Belasco (eds.), *Food Chains: From Farmyard to Shopping Cart*. pp. 142—157. University of Pennsylvania Press, 2008.

SMOLLETT, Eleanor. The Economy of Jars: Kindred Relationships in Bulgaria, *Ethnologia Europea* 19 (2): 125—140, 1989.

SUTTON, David. *Remembrance of Repasts: An Anthropology of Food and Memory*. Berg, 2001.

TAMIME, A.Y. and R. K. ROBINSON. *Yogurt: Science and Technology*. Woodhead Publishing, 1999.

THORNE, Stuart. Estonian Food Production. *Anthropology of East Europe Review* 21 (1): 169—177, 2003.

TODOROVA, Maria. *Imaging the Balkans*. Oxford, 1997.

TOOMRE, Joyce. Koumiss in Mongol Culture: Past and Present. In Patricia Lysaght (ed.), *Milk and Milk Products from Medieval to Modern Times*. pp. 130—139. Canongate Academic, 1994.

VERDERY, Katherine. *Transylvanian Villagers: Three Centuries of Political, Economic, and Ethnic Change*. University of California Press, 1983.

―――. *What Was Socialism and What Comes Next*. Princeton University Press, 1996.

VUKOV, Nikolai and Miglena IVANOVA. Food Labels, Meal Specialties, and Regional Identities: The Case of Bulgaria. *Ethnologia Balkanica* 12:37—58, 2008.

WALLACE, Anthony. Revitalization Movements. *American Anthropologist* 58: 264—281, 1956.

WATSON, James L. and Melissa L. CALDWELL. *The Cultural Politics of Food and Eating: A Reader*. Blackwell, 2005.

WEGREN, Stephen. *Russia's Food Policy and Globalization*. Lexington Books, 2005.

WEISMANTEL, M. The Children Cry for Bread: Hegemony and the Transformation of Consumption. In Henry J. Rutz and Benjamin Orlove (eds.), *The Social Economy of Consumption*. pp. 85—100. University Press of America, 1989.

WHITEHEAD, Ann. Food Symbolism, Gender Power and the Family. In

Barbara Harriss-White and Raymond Hoffenberg (eds.), *Food: Multidisciplinary Perspectives*. pp. 116—129. Wiley-Blackwell, 1994.

WILK, Richard. Food and Nationalism: the Origins of "Blizean Food". In Warren Belasco and Philip Scranton (eds.), *Food Nations: Selling Taste to Consumer Societies*. pp. 67—89. Routledge, 2002.

ZAVISCA, Jane. Contesting Capitalism at the Post-soviet Dacha: the Meaning of Food Cultivation for Urban Russian. *Slavic Review* 62 (4): 786—810, 2003.

ZUBAIDA, Sami. National, Communal, and Global Dimensions in Middle Eastern Food Cultures. In Sami Zubaida and Richard Tapper (eds.), *A Taste of Thyme: Culinary Cultures of the Middle East*. pp. 33—48. Tauris Parke Paperbacks, 1993.

■ブルガリア語文献

原本はブルガリア語であるが英文で先に表記し ABC 順に並べた。

ANGELOVA, Milena. Rokfelerovata fondatsia i Amerikanskata blizkoiztochna fondatsia v Bulgaria - initsiativi v poleto na sotsialnata rabota, 20—30-te godini na XX vek. In K. Popova (ed.) *Obshtestveno podpomagane i sotsialna rabota v Bulgaria: istoria, institutsii, ideologii, imena*. pp. 112—125. Blagoevgrad. 2005. (АНГЕЛОВА, Милена. Рокфелеровата фондация и Американската близкоизточна фондация в България - инициативи в полето на социалната работа, 20—30- те години на XX век. В : К. Попова [съст.], *Обществено подпомагане и социална работа в България: история, институции, идеологии, имена*, с .112—125. Благоевград . 2005.)

ARNAUDOV, Mihail. *Bulgarski narodni praznitsi*. Sofia. 1958. (АРНАУДОВ, Михаил. *Български народини празници*. София .1958)

ATANASOV, Georgi and MASHAROV, Ivan. *Mlechnata promishlenost v Bulgaria v minaloto i dnes*. Zemizdat. 1981. (АТАНАСОВ, Георги и Иван МАШАРОВ. *Млечната промишленост в България в миналото и днес*. Земиздат . 1981)

AVRAMOV, Rumen. *Stopanskiat XX v. na Bulgaria*. Tsentar za liberalni strategii. 2001. (АВРАМОВ, Румен. *Стопанският XX в. на България*. Център за либерални стратегии , 2001.)

BAEVA, Iskra. *Iztochna Evropa sled Stalin 1953—1956. Polsha, Ungaria, Bulgaria i Chehoslovakia*. Universitetsko izdatelstvo Sv. Kliment Ohridski. 1995. (БАЕВА,

Искра. *Източна Европа след Сталин 1953—1956. Полша, Унгария, България и Чехословакия.* Университетско издателство " Св. Климент Охридски ". 1995.)

Balgarska Komunisticheska Partia. *Dokladi X-ti kongres.* Partizdat. 1973.（Българска Комунистическа Партия. *Доклади X-ти Конгрес.* Партиздат. 1973.）

Dokladi i reshenia XI-ti kongres. Partizdat. 1976.（Българска Комунистическа Партия. *Доклади и решения XI-ти Конгрес.* Партиздат, 1976.）

Rezolyutsia na osmia kongres na BKP. Partizdat. 1962.（Българска Комунистическа Партия. *Резолюция на осмия конгрес на БКП.* Партиздат, 1962.）

BAN. *Bulgarska entsiklopedia.* Trud. 1999.（БАН. *Българска енциклопедия.* Труд. 1999.）

BENOVSKA-SABKOVA, Milena. *Politicheski prehod i vsekidnevna kultura.* BAN Marin Drinov. 2001.（БЕНОВСКА - СЪБКОВА, Милена. *Политически преход и всекидневна култура.* БАН Марин Дринов. 2001.）

Kolednata svinia - mejdu rituala i vsekidnevieto. In R. Gicheva and K. Rabadjiev（eds.）*Izslevania v chest na prof. Izvan Marazov.* pp. 152—163. Anubis. 2002.（БЕНОВСКА - СЪБКОВА, Милена. Коледната свиня - между ритуала и всекидневието. В : Р. Гичева, К. Рабаджиев, *Изследвания в чест на проф. Иван Маразов,* с .152—163. Анубис. 2002.）

BOJIDAROVA, Dessislava. Mliakoto - obredna i ejednevna hrana vav Vidinskia krai. In R. Popov, A. Yankov, E. Troeva, Ts. Boncheva（eds.）*Obrednata trapeza. Sbornik dokladi ot XI-ta natsionalna konferencia na balgarskite etnografi.* pp. 108—110. Etnografski institut s muzei - BAN. 2006.（БОЖИДАРОВА, Десислава. Млякото - обредна и ежедневна храна във Видинския край. В : Р. Попов, А. Янков, Е. Троева, Ц. Бончева [съст.], *Обредната трапеза. Сборник доклади от XI-та Национална конференция на българските етнографи,* с .108—110. Етнографски институт с музей - БАН. 2006.）

BOKOVA, Irena. Gradsko i selskoo - sluchaiat „selo satelit". Doklad iznesesn na mejdunarodna nauchna konferencia *The "Urban" and "Rural" in Present-day Bulgaria,* May 29—30, 2008.（БОКОВА, Ирена. Градско и селско - случаят „ село сателит ", Доклад изнесен на международна научна конференция „ Селското и градското в съвременна България ", 29—30 May 2008.）

BONEVA, Tatyana. Kulinarniat triagalnik pri balgarite. In R. Gicheva and K. Rabadjiev (eds.) *Izslevania v chest na prof. Izvan Marazov.* pp. 164—173. Anubis. 2002. (БОНЕВА, Татяна. Кулинарният триъгълник при българите. В : Р. Гичева, К. Рабаджиев [съст.], *Изследвания в чест на проф. Иван Маразов*, с .164—173. Анубис. 2002)

Centralna laboratoria za chisti kulturi. Dokladi. Sofia. 197 (Централна лаборатория за чисти култури. Доклади. София. 1972.)

CHAKAROV, Kostadin. Vtoria etaj. K&M. 1990. (ЧАКЪРОВ, Костадин. *Втория етаж.* К &М. 1990.)

DEMIREVA, Maria. *Promeni v hraneneto na balgarskia narod.* BAN Marin Drinov. 1968. (ДЕМИРЕВА, Мария. *Промени в храненето на българския народ.* БАН Марин Дринов. 1968.)

DIMITROV, Bojidar. *12 mita v balgarskata istoria.* Fondatsia Kom. 2005. (ДИМИТРОВ, Божидар *12 мита в българската история.* Фондация Ком. 2005.)

DIMOV, Nikola, Yakim SALICHEV, Panayot CHERNEV, Lora BAKALOVA, Hristo CHOMAKOV. *Mliako.* Darjavno izdatelstvo za selskostopanska literatura. 1971. (ДИМОВ, Никола, Яким САЛИЧЕВ, Панайот ЧЕРНЕВ, Лора БАКАЛОВА, Христо ЧОМАКОВ. *Мляко.* Държавно издателство за селскостопанска литература. 1971.)

DIMOV, Nikola (ed.) *Spravochnik po mlekoprerabotvane.* Zemizdat. 1984. (ДИМОВ, Никола [съст.] *Справочник по млекопреработване.* Земиздат. 1984.)

ELENKOV, Ivan. Kam vaprosa za vavejdaneto na traurnia ritul i socialisticheskata praznichno-obredna sistema u nas 1969—1971. *Hristiyanstvo i kultura* 7 [42]: 100 —110. 2009. (ЕЛЕНКОВ, Иван. Към въпроса за въвеждането на траурния ритуал и социалистическата празнично - обредна система у нас 1969—1971 г. *Християнство и култура* 7 (42): 100—110. 2009.)

FONDATSIA "DR. STAMEN GRIGOROFF". *Balgarskoto ime na dalgoletieto. 100 godini ot otkrivaneto na Lactobacillus bulgaricus.* Fondatsia "Dr. Stamen Grigoroff". 2005. (ФОНДАЦИЯ " Д - Р СТАМЕН ГРИГОРОВ ". *Българското име на дълголетието. 100 години от откриването на Lactobacillus bulgaricus.* Фондация " Д - р Стамен Григоров ". 2005.)

Balgarskoto kiselo mliako - balgarskoto ime na dalgoletieto. Fondatsia "Dr. Stamen Grigoroff". 2006. (ФОНДАЦИЯ " Д - Р

СТАМЕН ГРИГОРОВ ". *Българското кисело мляко - българското име на дълголетието*. Фондация " Д - р Стамен Григоров ". 2006.)

GEORGIEVA, Ivanichka. Hliabat na balgarina: hliab s kvas, hliab bez kvas. *Balgarska etnologia* 4: 15—23. 1993. (ГЕОРГИЕВА , Иваничка . Хлябът на българина : хляб с квас , хляб без квас . *Българска етнология* 4: 15—23. 1993.)

GERGINOVA, Vasia. Hliabat kato ritualna hrana. In R. Popov (ed.) *Ritualnata hrana: natsionalna konferencia na balgarskite etnnografi*. Plovdiv. pp. 35—48. 2006. (ГЕРГИНОВА , Вася . Хлябът като ритуална храна . В Р . Попов [със̌т .] *Ритуалната храна: Национална конференция на българските етнографи*, с. 35-48. Пловдив. 2006.)

GUGOV, Anton. Oshte za arhitekturata po vremeto na socializma u nas. Doklad, iznesen na nauchnata konferencia „Arhitekturni chetenia 2009", Sofia, April 14—15, 2009. Available at http://www.architectura.bg/books/christian-and-islamic/e-issues/socialist-arch-more/, last access October 17, 2010.) (ГУГОВ , Антон . Още за архитектурата по времето на социализма у нас . (Доклад , изнесен на научната конференция на ЦА „ Архитектурни четения 2009", София 14—15 април , 2009) http://www.architectura.bg/books/christian-and-islamic/e-issues/socialist-arch-more/ (последен достъп 17 октомври 2010.)

IVANOV, Martin. *Reformatorstvo bez reformi. Politicheskata ikonomia na balgarskia komunizam 1963—1989*. CIELA. 2008. (ИВАНОВ , Мартин . *Реформаторство без реформи. Политическата икономия на българския комунизъм 1963—1989*. CIELA. 2008.)

IVANOV, Nikola. *Selo Getsovo, obshtina Razgrad*. PIK. 2001. (ИВАНОВ , Никола . *Село Гецово, община Разград*. ПИК . 2001.)

IVANOVA, Radost and T. JIVKOV. *Balgarski folklor*. Sofia. 1981. (ИВАНОВА , Радост и Т. ЖИВКОВ . *Български фолклор*. София . 1981.)

KANDILAROV, Evgenii. Elektronikata v ikonomicheskata politika na Bulgaria 60-te i 70-te godini na XX vek. *Godishnik na Sofiiskia Universitet - Istoricheski fakultet* 96/97: 431—503. 2004. (КАНДИЛАРОВ , Евгений . Електрониката в икономическата политика на България 60- те - 80- те години на XX в . *Годишник на Софийския Университет - Исторически факултет* 96/97: 431—503. 2004.)

KATRANDJIEV, Kosta. *Balgarskoto kiselo mliako*. BAN Marin Drinov. 1962. (КАТРАНДЖИЕВ , Коста . *Българското кисело мляко*. БАН Марин Дринов . 1962.)

KOEV, Ivan. *Sledi ot ezika i kulturata na prabalgarite v nashata narodna kultura.* Sofia. 1971. (КОЕВ, Иван. *Следи от езика и културата на прабългарите в нашата народна култура.* София. 1971.)

KONDRATENKO, Maria. *Balgarsko kiselo mliako.* Zemizdat. 1985. (КОНДРАТЕНКО, Мария. *Българско кисело мляко.* Земиздат. 1985.)

KONDRATENKO, Maria and Jelyazko SIMOV. *Balgarsko kiselo mliako.* Balgarska asociatisa na mlekoproizvoditelite. 2003. (КОНДРАТЕНКО, Мария и Желязко СИМОВ. *Българско кисело мляко.* Българска асоциация на млекопроизводителите. 2003.)

KRASTEVA-BLAGOEVA, Evgenia. Obrazat na balgarkata v epohata na socializma. In R. Ivanova, A. Luleva, R. Popov (eds.) *Socializmat: realnost i ilyuzii. Etnologichni aspekti na vsekidnevnata kultura.* pp. 182—190. Etnografski institut s muzei - BAN. 2003. (КРЪСТЕВА - БЛАГОЕВА, Евгения. Образът на българка та в епохата на социализма. В: Р. Иванова, А. Лулева, Р. Попов [съст.], *Социализмът: реалност и илюзии. Етнологични аспекти на всекидневната култура,* с .182—190. Етнографски институт с музей - БАН. 2003.)

LULEVA, Ana. „Jenskiat vapros" v socialisticheska Bulgaria - ideologia, politika, realnost. In R. Ivanova, A. Luleva, R. Popov (eds.) *Socializmat: realnost i ilyuzii. Etnologichni aspekti na vsekidnevnata kultura.* pp. 155—174. Etnografski institut s muzei - BAN. 2003. (ЛУЛЕВА, Ана. „Женският въпрос" в социалистическа България - идеология, политика, реалност. В: Р. Иванова, А. Лулева, Р. Попов [съст.], *Социализмът: реалност и илюзии. Етнологични аспекти на всекидневната култура,* с. 155—174. Етнографски институт с музей - БАН. 2003.)

MAREVA, Tania. Obredni hliabove ot Srednite Rodopi. In R. Popov, A. Yankov, E. Troeva, Ts. Boncheva (eds.) *Obrednata trapeza. Sbornik dokladi ot XI-ta natsionalna konferencia na balgarskite etnografi.* pp. 35—48. Etnografski institut s muzei - BAN. 2006. (МАРЕВА, Таня. Обредни хлябове от Средните Родопи. В: Р. Попов, А. Янков, Е. Троева, Ц. Бончева [съст.], *Обредната трапеза. Сборник доклади от XI-та Национална конференция на българските етнографи,* с. 35—48. Етнографски институт с музей - БАН. 2006.)

MARKOVA, Maria. Svinsko ili ovche meso? *Etnologia Academica* 3: 101—115. 2003. (МАРКОВА, Мария. Свинско или овче месо? *Ethnologia Academica* 3: 101—115. 2003.)

Traditsionnata hrana i stopansko-kulturnata tipologia zemedeltsi/ skotovadtsi. Balgarska etnologia 2: 161—173. 2006a. (М АРКОВА, Мария. Традиционната храна и стопанско - културната типология земеделци / скотовъдци. *Българска етнология* 2: 161—173. 2006a.)

Traditsionna tehnologia na bulgarskoto kiselo mliako. *Minalo* 2: 48—56. 2006b. (МАРКОВА, Мария. Традиционна технология на българското кисело мляко. *Минало* 2: 48—56. 2006b.)

Pimitivnite kulinarni sadove ot organichen proizhod i svarzanite s tiah hrani. *Minalo* 2: 35—43. 2007. (МАРКОВА, Мария. Примитивните кулинарни съдове от органичен произход и свързаните с тях храни. *Минало* 2: 35—43. 2007.)

Senzornata klasifikatsia na balgarskata hrana. In A. Goev (ed.) *Hranata - profinna i sakralna*. pp. 5—29. Faber. 2010. (М АРКОВА, Мария. Сензорната класификация на българската храна. В : А. Гоев [съст.], *Храната - профанна и сакрална*, с. 5—29. Фабер. 2010.)

MINCHEVA, Elka. Solta v stopanskia kod na kalendarnia tsikal. In R. Popov, A. Yankov, E. Troeva, Ts. Boncheva (eds.) *Obrednata trapeza. Sbornik dokladi ot XI-ta natsionalna konferencia na balgarskite etnografi*. pp. 98—107. Etnografski institut s muzei - BAN. 2006. (МИНЧЕВА, Елка. Солта в стопанския код на календарния цикъл. В : Р. Попов, А. Янков, Е. Троева, Ц. Бончева [съст.], *Обредната трапеза. Сборник доклади от XI-та Национална конференция на българските етнографи*, с. 98—107. Етнографски институт с музей - БАН. 2006.)

MINEVA, Mila. Razkazi i obrazi na socialisticheskoto potreblenie - izsledvane na vizualnoto konstruirane na konsumativnata kultura prez 60-te godini v Bulgaria. *Sociologicheski problemi* 1 (2): 143—165. 2003. (МИНЕВА, Мила. Разкази и образи на социалистическото потребление - изследване на визуалното конструиране на консумативната култура през 60- те години в България. *Социологически проблеми* 1 [2]: 143—165. 2003.)

Ministerstvo na vatreshnata targovia. Zapoved Nomer 624. Sofia. 1969. (Министерство на вътрешната търговия. Заповед номер 624. София. 1969.)

Zapoved Nomer 60. Sofia. 1970. (Заповед номер 60. София. 1970.)

Zapoved Nomer 1186. Sofia. 1973. (Заповед номер

1186. София . 1973.)

MINKOV, Ignat. Promeni v hranata i hraneneto na balgarite prez 50-te i 80-te godini na XX vek po materiali ot Rodopskata oblast. In R. Ivanova, A. Luleva, R. Popov (eds.) *Socializmat: realnost i ilyuzii. Etnologichni aspektii na vsekidnevnata kultura.* pp. 104—112. Etnografski institut s muzei - BAN. 2003. (МИНКОВ , Игнат . Промени в храната и храненето на българите през 50- те и 80- те години на XX в . по материали от Родопската област . В : Р . Иванова , А . Лулева , Р . Попов [съст .], *Социализмът: реалност и илюзии. Етнологични аспекти на всекидневната култура*, с . 104—112. Етнографски институт с музей - БАН . 2003.)

MINKOV, Todor. *Balgarskoto kiselo mliako.* Bulchim. 2002. (МИНКОВ , Тодор . *Българското кисело мляко*. Булхим . 2002.)

MISHKOVA, Iglika. Prichastie: hliab i liturgia. *Balgarska etnologia* 4: 102—105. 2007. (МИШКОВА , Иглика . Причастие : хляб и литургия . *Българска етнология* 4: 102—105. 2007.)

MOCHEVA, Hrsitina and V. TODOROVA-YONCHEVA. Organizatsia za podobriavane jivota na selo. *Zemedelski vaprosi* 3: 154—155. 1941. (МОЧЕВА , Христина и В . ТОДОРОВА - ЙОНЧЕВА Организация за подобряване живота на село . *Земеделски въпроси* 3: 154—155. 1941.)

PAVLOV, Ivan. *Prisastvia na hraneneto po balgarskite zemi prez XV-XIX vek.* BAN Marin Drinov. 2001. (ПАВЛОВ , Иван . *Присъствия на храненето по българските земи през XV-XIX век*. БАН Марин Дринов . 2001.)

PEICHEV, Peicho an Penyu PENEV. *Lechebni i hranitelni svoistva na mliakoto i mlechnite produkti.* Hristo G. Danov. 1967. (ПЕЙЧЕВ , Пейчо и Пеню ПЕНЕВ . *Лечебни и хранителни свойства на млякото и млечните продукти*. Христо Г . Данов . 1967.)

PENEV, Penyu. Tehnologia na mliakoto i mlechnite produkti. Hristo G. Danov. 1972. (ПЕНЕВ , Пеню . *Технология на млякото и млечните продукти*. Христо Г . Данов . 1972.)

PESHEVA, Raina. *Burjuazni ostatatsi v otnoshenieto kam jenata.* Sofia. 1962. (ПЕШЕВА , Райна . *Буржоазни остатъци в отношението към жената*. София . 1962.)

Semeistvoto kato vazpitatelna sreda. Etnosotsiologichesko izsledvane. Sofia. 1975. (ПЕШЕВА , Райна . *Семейството като възпитателна среда.*

Етносоциологическо изследване. София . 1975.)

PETROVA, Ivanka. Sirni zagovezni v kazanlashkia region. *Etnologia balkanica* 1: 134—138. 1998. (ПЕТРОВА , Иванка . Сирни заговезни в казанлъшкия регион . *Етнология балканика* 1: 134—138.)

Etnologichen analiz na praznichnostta v socialisticheskoto predpriyatie. In R. Ivanova, A. Luleva, R. Popov (eds.) *Socializmat: realnost i ilyuzii. Etnologichni aspekti na vsekidnevnata kultura.* pp. 237—248. Etnografski institut s muzei - BAN. 2003. (ПЕТРОВА , Иванка . Етнологичен анализ на празничността в социалистическото предприятие . В : Р . Иванова , А . Лулева , Р . Попов [съст .], *Социализмът: реалност и илюзии. Етнологични аспекти на всекидневната култура*, с . 237—248. Етнографски институт с музей - БАН . 2003.)

POPDIMITROV, K. *Balgarskoto kiselo mliako.* Spas. Bojinov. 1938. (ПОПДИМИТРОВ, К. *Българското кисело мляко.* Спас Божинов . 1938.)

RADEV, Radoslav, Hristo, BONJOLOV and Deyan MILOTINOVICH (eds.). *Hliabat v kulturata na balgari i sarbi.* VTU. 2004. (РАДЕВ , Радослав , Христо БОНЖОЛОВ и Деян МИЛОТИНОВИЧ [съст.] *Хлябът в културата на българи и сърби.* ВТУ . 2004.)

RADEVA, Lilia. Balkano-kavkazki paraleli v hranata i hraneneto. *Vaprosi na etnografiata i folkloristikata* 67—71. 1980. (РАДЕВА , Лилия . Балкано - кавказки паралели в храната и храненето . *Въпроси на етнографията и фолклористиката*, 67—71. 1980.)

Hrana i hranene. In V. Hadjinikolov (ed.) *Balgarska narodna kultura. Istoriko-etnografski ocherk.* pp. 67—71. Nauka i izkustvo. 1981. (РАДЕВА , Лилия . Храна и хранене . В : В . Хаджиниколов [съст .] *Българска народна култура. Историко-етнографски очерк*, с . 146—149. Наука и изкуство . 1981.)

Hrana i hranene. In G. Georgiev (ed.) *Etnografia na Bulgaria II. Materialna kultura.* pp. 288—299. Etnografski institut s muzei - BAN. 1983. (РАДЕВА , Лилия . Храна и хранене . В : Г . Георгиев [ред .] *Етнография на България. Том II, Материална култура*, с .288—299. Етнографски институт с музей - БАН . 1983.)

Hrana i hranene. In G. Mihailova (ed.) *Plovdivski krai. Etnografski i ezikovi prouchvania.* pp. 166—187. Etnografski institut s muzei - BAN. 1986. (РАДЕВА , Лилия . Храна и хранене . В : Г . Михайлова [ред .] *Пловдивски край.*

Етнографски и езикови проучвания, с .166—187. Етнографски институт с музей - БАН . 1986.)

Periodi v istoriata na balgarskata narodna hrana. In *Vtori mejdunaroden kongres po balgaristika. Dokladi Etnografia Vol. X.* pp. 114—116. Sofia. 1987. (РАДЕВА , Лилия . Периоди в историята на българската народна храна . В : *Втори международен конгрес по българистика. Доклади. Етнография,* т . Х , с .114—116. София . 1987.)

ROSHKEVA, R. and N. TSVETKOVA. Patyat na hranata - ot targovetsa do trapezata na rusenetsa, parvata polovina na XX vek. In R. Popov, A. Yankov, E. Troeva, Ts. Boncheva (eds.) *Obrednata trapeza. Sbornik dokladi ot XI-ta natsionalna konferencia na balgarskite etnografi.* pp. 89—97. Etnografski institut s muzei - BAN. 2006. (РОШКЕВА , Р . и Н . ЦВЕТКОВА . Пътят на храната - от търговеца до трапезата на русенеца , първата половина на XX век . В : Р . Попов , А . Янков , Е . Троева , Цв . Бончева [съст .], *Обредната трапеза. Сборник доклади от XI-та Национална конференция на българските етнографи,* с . 89—97. Етнографски институт с музей - БАН .)

SIMOV, Jeliazko. *Tehnologia na mliakoto i mlechnite konservi.* Zemizdat. 1989. (СИМОВ , Желязко . *Технология на млякото и млечните консерви.* Земиздат . 1989.)

SREDKOVA, Sonia. Hliabat v slavianskata kultura. *Balgarska etnologia* 1 (2): 175—178. 1998. (СРЕДКОВА , Соня . Хлябът в славянската култура . *Българска етнология* 1 [2]: 175 -178. 1998.)

VAKARELSKI, Hrsito. *Etnografia na Bulgaria.* Sofia. 1974. (ВАКАРЕЛСКИ , Христо . *Етнография на България.* София . 1974.)

VALCHINOVA, Galina. Hranitelni etiketi na drugostta. *Balgarski folklor* 3: 9—20. 1998. (ВЪЛЧИНОВА , Галина . Хранителни етикети на другостта . *Български фолклор* 3: 9—20. 1998.)

VASSEVA, Valentina. Kulinaren kod i jivotinski jiznen tsikal. *Etnografski problemi na narodnata kultura* 7: 224—260. 2005. (ВАСЕВА , Валентина . Кулинарен код и животински жизнен цикъл . *Етнографски проблеми на народната култура* 7: 224—260. 2005.)

Ritamat na jivota. Marin Drinov. 2006. (ВАСЕВА , Валентина . *Ритъмът на живота.* БАН Марин Дринов . 2006.)

ZNEPOLSKI, Ivailo. *Balgarskiat komunizam. Sociokulturni cherti i vlastova traektoria.*

CIELA. 2008.（ЗНЕПОЛСКИ , Ивайло . *Българският комунизъм. Социокултурни черти и властова траектория*. CIELA. 2008.）

■その他資料

AGROSTATISTICS, №56 - July 2004. Selskostopanskite jivotni v Bulgaria kam May 1, 2004. Republika Bulgaria. Ministerstvo na zemedelieto i hranite.（АГРОСТАТИСТИКА , №56 - юли 2004. Селскостопанските животни в България към 1 май 2004. Република България . Министерство на земеделието и храните .）

AGROSTATISTICS, №132 - August 2008. Selskostopanskite jivotni v Bulgaria kam Noemvri 1, 2007. Republika Bulgaria. Ministerstvo na zemedelieto i hranite.（АГРОСТАТИСТИКА , №132 - август 2008. Селскостопанските животни в България към 1 ноември 2007. Република България . Министерство на земеделието и храните .）

AGROSTATISTICS, No. 137 - April 2009a. *Selskostopanskite jivotni v Bulgaria kam Noemvri 1, 2008*. Republika Bulgaria. Ministerstvo na zemedelieto i hranite.（АГРОСТАТИСТИКА , №137 - април 2009a. Селскостопанските животни в България към 1 ноември 2008. Република България . Министерство на земеделието и храните .）

AGROSTATISTICS, №145 - July 2009b. *Deinost na mlekoprerabotvatelnite predpriatia*. Republika Bulgaria. Ministerstvo na zemedelieto i hranite.（АГРОСТАТИСТИКА , №145 - юли 2009b. Дейност на млекопреработвателните предприятия . Република България . Министерство на земеделието и храните .）

AGROSTATISTICS, №191 － June 2012. *Deinost na mlekoprerabotvatelnite predpriatia prez 2011*. Republika Bulgaria. Ministerstvo na zemedelieto i hranite.（АГРОСТАТИСТИКА , №191 － юни 2012. Дейност на млекопреработвателните предприятия през 2011. Република България . Министерство на земеделието и храните .）

Chelen opit v mlechnata promishlenost（newsletter）, 1970—1985.（Челен опит в млечната промишленост , 1970—1985.）

DSO Mlechna promishlenost（newsletter）, 1970—1975.（ДСО Млечна промишленост , 1970—1975.）

MLIAKO PLYUS（newspaper）March 15, 2008.（Вестник „ Мляко плюс ", 03.15.2008.）

STANDARD（newspaper）, December 28, 2009.（Вестник „ Стандарт ", 28.12.2009.）

STATISTICAL YEARBOOK BULGARIA 1991, 2000, 2007. (Национален Статистически Институт 1991, 2000, 2007.)

Tsentralna laboratoria za chisti kulturi. Archives, 1963—1975. (Централна лаборатория за чисти култури (ЦЛЧК). Архивни материали, 1963—1975.)

あとがき

　本書を出版することになったのは、2011年に本内容での博士論文を加筆編集し、また2012年に独立行政法人日本学術振興会の科学研究費補助金が交付されたことである。この場をお借りして、本書を作成するために全面的に協力してくださった方々に対し、御礼を申し上げたい。
　まず、本書の土台となった博士論文をまとめる過程において、調査地の日本・ブルガリアの両国間を通じてかけがえのない数多くの出会いに恵まれた。そのなかでインタビューや調査に協力してくださった方々や友人として支えあってくださった方々など、一人ひとりのお名前をここで取り上げることはできないが、そのすべての出会いに心から感謝を申し上げたい。とりわけ、次に挙げる機関や団体との接触を通して、そこにかかわる人びとのサポートや友情に触れる機会を幾度となく得た。日本駐在ブルガリア大使館、グリコロフ財団基金、乳加工製造者協会、日本ブルガリア協会、福山ブルガリア協会、ひろしま・ブルガリア協会、カザンラック市役所、クルン村役場と文化センター、ラズグラッド市役所、ゲツォヴォ村文化センター、オセネツ村文化センター、モムチロフツィ村役場、スミリャン村役場、LB Bulgaricum Plc、Danone Serdika Inc、Stem - Tezdjan Ali Ltd、B.C.C. Handel - Mlekimex Elena Inc、Maeil Dairies Co Ltd、Valio Ltd、株式会社明治、有限会社中垣技術士事務所、チチヤス乳業株式会社、カルピス株式会社、サントリーホールディングス株式会社、トーマスアンドチカライシ株式会社。特に、Todor Minkov 元社長をはじめとして、社会主義期において乳業展開を積極的に推進された方々の本研究に対するご理解と温かいご支援によって、通常入手不可能である企業の内部資料や貴重な情報を得た。
　また、現地の研究者の方々にも多岐にわたりお世話になった。なかでも、ブルガリア科学アカデミーの Maria Markova 先生や New Bulgarian Uni-

versity の Iskra Velinova 先生からは文献のご支援や食文化研究を概観するにあたり、有益なアドバイスをいただいた。プロフディフの食品技術大学（Plovdiv University of Food Technologies）の Ivan Murgov 先生や Zdravko Nikolov 先生はブルガリアのヨーグルト研究に関する貴重な資料の提供のみならず、ブルガリア乳業の歴史や乳酸菌研究の展望などについて、時間を惜しむことなくご意見を聞かせていただいた。中央乳酸菌研究所の元所長 Maria Kondratenko 先生にはたびたびお家に招待していただき、筆者のよき相談相手として、研究活動を支援していただいた。

　そして、5年間にわたる博士後期課程を通じて、忍耐強く見守ってくださったのが国立民族学博物館の諸先生方である。主任指導教員であった中牧弘允先生は、人間として未熟な筆者に対して、まるで自分の家族のように温かく接してくださり、現地調査から抽出されたデータ情報に対して独自の視点を加える楽しさを教えてくださった。副指導教員であった新免光比呂先生のおかげで、先行研究を批判的に捉える姿勢や、自らの論文を客観視する姿勢を養えたと感じている。そして、理論展開の糸口へと導いてくださったのが、小長谷有紀先生であり、うまく言語化できなかった筆者の構想に輪郭を与えてくださった。さらに石毛直道名誉教授からは、食文化関連の参考文献のご紹介や通文化的な視点での議論を通じて、多くのひらめきを得ることができた。

　学内外の諸先生方々にも多分の支援をいただいた。まず、帯広畜産大学の平田昌弘先生は、現地での共同調査を通じて、ブルガリアの伝統乳食文化が時代変遷とともに脅威にさらされているという危機感を痛感させてくださった。また、総合研究大学院大学メディア社会文化専攻の黒須正明先生の人工物発達学プロジェクトは、調査地や調査対象を広げるきっかけづくりとなり、本論文における重要なデータ収集が可能となった。この場をお借りして感謝を申し上げたい。

　また、学内仲間や諸先輩方からのひとかたならぬ支えも本書を完成させるうえで、不可欠であった。中牧研究室の学生および秘書の方々や、先輩の阿良田麻里子さん、河上（小谷）幸子さん、八巻惠子さん、中村真里絵さんに厚く御礼を申し上げたい。そして、まるで自分のことのように親身

になって支えてくださった同期の緒方しらべさん、大場千景さん、辻本香子さん、窪田暁さん、金桂淵さんはじめ、総研大の先輩、後輩の皆様方にも感謝の意を表したい。さらに、母国語ではない日本語での執筆であったため、日本語チェックには多くの方々のお力添えをいただいた。ここに厚くお礼を述べたい。

　研究資金の面では、2006年10月から2010年3月までの期間、文部科学省の国費留学生制度によって、日本での生活を支えてくださった。また、三島海雲記念財団からの助成をいただいた。くわえて、帯広畜産大学の平田昌弘先生の科学研究費プロジェクトや総合研究大学院大学の黒須正明先生の人工物発達学プロジェクト、総合研究大学院大学文化科学研究科リサーチトレーニング事業などからも恩恵を受け、短期間のフィールド調査を積み重ねることができた。そして、独立行政法人日本学術振興会平成24年度科学研究費助成事業（研究成果公開促進費）の交付によって、本書を刊行することができたのも、皆様方のひとかたならぬ支援の賜物である。また出版に際しては、東方出版の今東成人社長や北川幸さんの温かいご支援をいただいた。ここに記して感謝を申し上げたい。

　最後に、2012年2月に他界した筆者の祖母に本書をご霊前として捧げたい。祖母は、幼少時代から他界するまで、常に心の支柱であった。本書が完成した暁には、まずは祖母に読み聞かせ、喜んでほしかった。祖母の精神的な支えがあったからこそ、これまでのさまざまな苦難を乗り切ることができたと思う。心からご冥福をお祈りしたい。

索引

■ア行

IDF　　　　　　　　　　　　122
アイデンティティ　　15, 24, 45～47, 269, 271～273, 276
アイリャン　　　　　　81, 198, 205
暗黒時代　　　　　　　　88, 149
EU　　1, 2, 13, 15, 34～37, 48, 61, 62, 74, 192～195, 197～200, 207, 209, 219, 223, 228, 242, 246, 248, 254, 262, 266, 268, 269, 271, 275
EU基準　　35, 37, 136, 149, 193, 195～200, 223, 246, 262, 272, 273
イズバラ　　　　　　　　　　79
偽りの味　　　　　　　　　　248
イデオロギー　　26, 30, 31, 70, 98, 115, 116, 119, 123, 129, 132, 141, 150～152, 168, 270
移牧　　　　　　70, 71, 73～76, 95, 104
衛星国　　　　　　　　2, 269, 271
栄養政策　　　　　97, 104, 150, 270
エスノセントリック　　　　2, 269
LB社　　61, 127, 191, 197, 201, 207～219, 222, 223, 228, 232, 237～246, 249, 266
黄金時代　　55, 139～143, 148, 149, 151, 239, 244, 246, 248, 249, 273
大阪万博　　130, 153, 158, 161, 165, 166, 169, 170, 172, 173, 184, 188, 270
オスマン帝国　　46, 53～55, 75, 88, 89, 138, 141, 143, 148, 149, 245, 254
おばあちゃん　　14, 192, 198, 204, 225～227, 229, 230, 232～237, 247, 248, 250, 252～265, 267, 273, 274

■カ行

核家族　　　　　　　　　163, 233
拡大家族　　　　　　　　234, 235
加工食品　　　　　　26, 27, 36, 43
家畜　　29, 62, 65～67, 71, 73, 74, 77, 81～83, 89, 99, 103, 104, 110, 148～150, 192, 193, 195, 212, 234, 258, 263, 266
カッパンツィ　　250～256, 258, 260, 261, 265
家庭の味　　82, 189, 216, 229, 236, 237, 247, 250, 251, 262, 265, 267, 274
官僚　　27, 32, 132, 138, 139, 146, 147, 151, 158, 167, 168, 188
　技術――　　　　　116, 129, 151, 270
　事務――　　　116, 125, 129, 132, 133, 151
企業戦略　　56, 62, 68, 107, 115, 119, 123, 208, 210, 218, 224, 231～233, 239, 250, 266, 269
「企業ブランド」言説　　153, 170～172, 182, 183, 188, 189, 207, 208, 213, 214, 236, 243, 271, 272
技術開発　　21, 30, 32, 106, 115, 117～120, 126, 128, 131, 133, 134, 151, 152, 217, 244, 247
技術提携　　31, 130, 131, 133, 146, 207, 208, 214, 215, 217, 218, 220, 266, 271
「技術ナンバーワン」言説　　58, 59, 63, 97,

307

115, 116, 119, 120, 123～125, 127, 129, 131～135, 137, 140, 142～144, 148, 151～153, 167, 169, 170, 177, 189, 207, 208, 214, 217, 229, 231, 237, 240, 243, 244, 246, 247, 249, 270
技術ノウハウ　　118, 127, 128, 130, 131, 137, 245
給食制度　　　26, 103, 112, 150, 202, 206
共産党　　28, 37, 55, 99～101, 103, 104, 106～108, 110～115, 117, 119, 124, 125, 128～130, 132～135, 141, 144～148, 150, 151, 166, 168, 220, 234, 235, 244, 246
ギルギノフ　　117, 118, 120, 127, 128, 130, 131, 133, 137～139, 142, 177, 185, 217, 247
儀礼食　　　　　　　　　　　　　　44
近代化　　23, 30, 31, 33, 66～70, 97～99, 103, 105, 115, 140, 167, 194, 216, 221, 234, 235, 247
近代国家　　32, 141, 143, 148, 223, 245, 248, 271
クミス　　　　　　　　　　　77, 85, 88
グリゴロフ　　　84～88, 91, 94, 120, 137, 143, 185, 257, 259, 270
グローバル化　　15, 24, 31～34, 38, 39, 43, 44, 49, 67, 69, 70, 204, 205, 272
経営　　16, 27, 30, 31, 37, 41, 49, 57, 59～62, 68, 106, 107, 115, 116, 119, 120, 126, 128～136, 140, 142, 144, 147, 161, 171, 172, 177, 193, 198, 209, 210, 212, 218, 219, 224, 238～240, 245, 261, 269
計画経済　　　　　　　　　　　　1, 192
ゲツォヴォ　　　　250～255, 257～259, 262
健康食品　　15, 69, 205, 210, 211, 221, 225, 261
工業化　　21, 31, 97, 99, 100, 102～104, 115, 150, 163, 270
構造主義　　　　　　　　　　　　　18
広報　　41, 61, 62, 123～125, 132, 152, 155, 157, 161, 163, 165, 167, 169, 170, 184, 187, 188, 198, 214, 217, 225～228, 231, 233, 235, 239, 246, 258, 261
国営企業　　29～31, 34, 41, 61～63, 97, 104, 105, 108, 110, 115, 116, 129, 133, 139, 150～152, 176, 184, 188, 189, 191, 197, 201, 207, 208, 210, 212, 216～218, 237, 239, 240, 243, 261, 266, 267, 270, 271, 273, 274
国営工場　　　　　　　　　　　26, 37
国外企業　　　　127, 128, 131, 139, 142
国際化　　　　　　　　　　68, 69, 187
国際規格　　　　　　　　　　　　　93
国際市場　　30, 57, 119, 122, 123, 125, 127, 130～133, 139, 141, 146, 147, 149, 153, 177, 217, 245, 272
国際戦略　　31, 63, 97, 123, 125, 127, 132, 134, 140, 143, 150, 151, 216, 217
国際通貨基金（IFM）　　　　　　1, 34
国際舞台　　128, 135, 137, 140, 143, 167, 177, 222, 245, 273
国際酪農連盟（IDF）　　　　　　　122
国民食　　　　　　　　　　21, 32, 33
国民表象　　　　　　13, 15, 16, 32, 49
国有化　　　　　　　　　　　105, 116
国家規格　　27, 108, 109, 122, 201, 206, 207, 216, 228, 229, 242, 249
国家基準　　　　　　　　　　　　　26
国家食　　　　　　　　　　　　27, 28
国家政策　　26, 27, 56, 63, 68, 97, 102, 110, 112～115, 133, 135, 202, 221, 269
国家統制　　　　27, 28, 37, 43, 49, 208
コメコン　　31, 100, 102, 105, 129, 131, 133,

308

　　　　　　　　　　　147, 148
ゴルバチョフ　　　　　133, 148, 197

■サ行

サーモフィラス菌　　88, 90, 93, 108, 118, 126, 127, 201, 226, 227
再帰性　　　　　　　　　　　　　　266
祭日　　　　　　　　　　　　　　　81
産業化　　　　　　　　　　　21, 26〜28
自家製　　27, 103, 156, 158, 159, 181, 188, 196, 220, 227, 261
自家製食　　　　　　27, 30, 39, 40, 234
自家製品　　　　196, 220, 227, 241, 262
自家製ヨーグルト　118, 119, 126, 157, 158, 200, 220, 227, 230, 247, 250, 251, 255, 256, 258〜262, 264, 265
自画像　　1, 47, 49, 53, 54, 56, 58, 63, 97, 140, 141, 146, 152, 192, 233, 269, 275
市場経済　　1, 31, 34, 148, 172, 192, 197, 212, 234, 262, 266, 269, 271, 272
自然食　　　　　　　　　　　　36, 180
自治体　　112, 192, 250, 255, 258, 261, 262, 264
市販品　　43, 158, 203, 220, 221, 230, 241, 260, 264
ジフコフ　　101, 130, 132〜134, 139, 147, 148, 165, 166, 173, 238
資本主義　　1, 14, 30, 31, 34, 36, 43, 48〜50, 123, 189, 210, 236, 245, 270, 275, 276
自慢の味　　192, 256, 257, 259, 261〜264, 267, 274
自民族中心主義　　49〜51, 244, 250, 275, 276
シメオン　　54, 138, 141〜143, 148, 151
社会主義　　1, 2, 14, 24〜26, 30, 31, 34, 36, 39〜43, 48〜50, 55, 61, 63, 70, 74, 97〜99, 101〜105, 111〜114, 116, 117, 119, 123, 129, 132〜135, 141, 144, 148, 150〜153, 165〜168, 187, 192, 197, 200, 202, 204〜206, 208〜210, 213, 214, 216, 220, 224, 228, 234, 235, 242, 243, 248, 251, 261〜264, 266, 267, 270, 272, 274〜276
社会主義化　　15, 16, 24, 30, 31, 76, 99, 102, 116, 117
社会主義期　　13, 15, 16, 27, 30, 38, 41, 48, 49, 58, 59, 61, 63, 97, 150, 166, 192, 193, 197, 201, 202, 206, 220, 221, 245, 262, 263, 270, 273, 303
　ポスト――　　13, 15, 16, 31, 32, 34, 37, 38, 41, 44, 48, 64, 191, 203, 208, 220, 221, 223, 243, 266, 267, 271〜274
社会主義国家　　25〜29, 35, 102, 105, 110, 112, 115, 165, 167〜169, 178, 188, 189, 214, 269
社会主義体制　　24, 25, 29, 30, 35, 43, 97, 104, 109, 111, 112, 115, 116, 119, 123, 124, 127, 129, 133, 147, 148, 151, 166, 192, 206, 208, 219, 234, 264, 270
社会主義的近代化　　23, 31, 97, 99, 103, 105
周縁国　　　　　　　　　　　2, 269, 275
集団農業　　　　　　　　　　　　28, 101
重要な他者　　　　　56, 178, 179, 275
祝祭　　　　　　　　　　　　　　　264
純粋種菌　　108, 118〜120, 127, 128, 131, 177, 189, 210, 218
食システム　　　　25, 26, 29, 30, 35, 37, 40
食生活　　13, 17, 27, 30, 31, 36, 49, 67, 69, 70, 81, 86, 87, 92, 93, 98, 110〜112, 114, 115, 150, 153, 165, 169, 171, 180〜182, 201, 202, 204, 215, 221, 260, 263
食の産業化　　　　　　　　　　26, 27

索引　309

食品規格	27, 93
食糧不足	100, 102
ショック療法	34, 197
「人民食」言説	58, 63, 97, 104, 116, 129, 132, 150〜152, 221, 264, 270, 274
スラブ	51〜55, 70〜72, 87, 88, 141, 251, 252
西欧諸国	1, 37, 117, 138, 149, 209, 223
成功物語	14, 58, 134, 135, 140, 150〜152, 189, 265, 270
生産技術	33, 116, 120, 128, 131, 137, 139, 142, 149, 185, 216, 230, 237, 242, 244, 245, 267
「聖地ブルガリア」言説	58, 63, 153〜155, 157, 160, 161, 169, 188, 189, 236
セルディカ工場	116, 117, 120, 128, 130, 139, 228, 229, 237, 241, 246, 247, 250, 267
先進国	31, 130, 132, 135, 146, 217
宣伝	41, 58, 63, 69, 123, 155, 174, 177〜180, 184〜186, 198, 199, 204, 218, 225, 229〜233, 258, 260, 264, 265, 276
園田天光光	62, 63, 153〜156, 160, 169, 188
ソフィア	43, 45, 46, 62, 73, 76, 98, 109, 110, 116, 117, 124, 130, 136, 155, 168, 186, 187, 196, 198, 199, 205, 209〜211, 215, 219, 220, 225〜227, 231, 234, 238, 246, 250, 257, 259, 263
「祖母の味」言説	58, 59, 191, 192, 223〜225, 227, 231〜233, 250, 259, 260, 266, 273
ソ連圏	30, 130
旧——	1, 25, 40

■タ行

大量消費	63, 97
大量生産	26, 28, 63, 97, 101, 104, 105, 108, 110, 111, 115〜118, 132, 150, 151, 160, 180, 221, 247, 248, 264, 270
多国籍企業	36, 41, 56, 58, 62, 191, 201, 223, 232, 243, 249, 266, 267, 273, 274
ダノン社	36, 86, 191, 197, 204, 210, 211, 224〜233, 235〜237, 243, 246〜250, 259, 260, 266, 273
チーズ	33, 38, 73, 75〜77, 79, 81, 105, 110, 113〜115, 120, 123, 124, 127, 131, 138, 141, 142, 146, 147, 149, 154, 172, 200, 202, 209, 210, 240, 241, 253, 263
地域行事	200, 255, 265
竹幸会	159, 160
中央乳酸菌研究所	106〜108, 118〜121, 126, 127, 135, 197, 208, 304
「長寿食」言説	58, 63, 65, 83, 86, 90, 116, 119, 120, 127, 132, 151, 270
長老	232, 233, 235〜237, 243, 244, 246〜249
D.I.企業	97, 106〜110, 113〜116, 118〜136, 139〜142, 144, 146, 148, 151〜153, 155, 156, 167, 169, 176, 177, 184, 189, 191, 192, 197, 201, 207〜212, 214〜217, 219, 228, 231, 237〜244, 248, 249, 261, 264〜266, 270
T社長	128, 130〜137, 139〜152, 169, 177, 229, 237〜249, 272, 273
ディミトロフ	70, 87〜90, 99, 117, 144, 168
テクノクラート	116, 119, 120, 124, 129, 133〜135, 137, 140, 151, 152, 167, 169
伝統	13, 15〜17, 20, 21, 32, 33, 36, 41, 44, 48, 49, 55, 56, 59, 66〜71, 77, 79, 81, 83,

　　　　　　86, 90, 92, 94, 95, 98, 106, 110〜112, 114
　　　　　　〜118, 145〜147, 163, 169, 175, 176, 182,
　　　　　　196, 200, 201, 207, 210, 216, 228〜231,
　　　　　　236, 237, 240〜242, 246, 247, 249, 251,
　　　　　　252, 254〜256, 258, 260, 261, 264, 265,
　　　　　　267, 270, 273, 274, 304
　――食品　　2, 3, 14, 15, 32, 34, 37, 42, 48,
　　　　　　49, 68〜70, 244, 255, 269, 272
　――文化　　16, 39, 65, 70, 76, 83, 144, 218,
　　　　　　248, 251, 261, 263, 269
天皇陛下　　　　　　　　158, 169, 170, 189
東欧諸国　　2, 15, 16, 25, 26, 30〜32, 34, 35,
　　　　　　37, 42, 47, 48, 110, 147, 193, 206, 272, 275
東方正教　　　　　　　　　　　　43, 53, 54
都市化　　　　　　　　　　31, 102, 235, 264
都市・農村拡大家庭　　　　　103, 234, 267
都市の農村化　　　　　　　　　　　　101
都市部　　29, 44, 56, 99, 101〜103, 105, 110,
　　　　　　111, 183, 199, 234
土地返還　　　　　　　　　　　　　1, 192
トラキア　　52, 89〜94, 166, 167, 233, 270

■ナ行

ナショナリズム　　32, 34, 38〜40, 46, 48〜
　　　　　　52, 55, 98, 275
「ナババ」　　198, 225〜227, 229〜233, 236,
　　　　　　247, 260, 264
「日本ブランド」言説　　191, 207, 208, 214
　　　　　　〜219, 221〜223, 231, 243, 266, 270, 271
乳加工　　61, 68, 72, 75, 77, 80, 94, 95, 105〜
　　　　　　107, 135, 145, 195, 198, 200, 201, 241, 242,
　　　　　　249, 257, 259, 271, 273
　――技術　　65, 67, 68, 70〜72, 77, 87, 106
　――業者　　　　　　　　　　　　36, 196
　――工場　　　　　　　　105〜108, 116, 196

　――工程　　　　　　　　　　　　73, 78
　――システム　　70, 74, 81, 94, 97, 104,
　　　　　　105, 115, 150, 192, 266, 269〜271
乳業　　30, 60〜62, 104〜107, 118, 121, 125,
　　　　　　126, 130〜133, 135〜139, 141, 142, 144,
　　　　　　146〜149, 151, 152, 155, 170, 172, 177,
　　　　　　184, 193, 197, 208〜210, 213, 216, 217,
　　　　　　223, 240〜245, 248〜250, 267, 273, 303
　――会社　　15, 33, 58, 60, 94, 136, 138,
　　　　　　183, 188, 198, 200, 201, 208, 211, 228,
　　　　　　243, 249, 257〜259, 261, 264
　――危機　　　　　　　　　240, 241, 244
　――問題　　　　　　　　　　　　　135
「乳業の真珠」言説　　59, 192, 237, 243, 273
乳酸菌研究　　30, 65, 87, 90, 93, 94, 118,
　　　　　　121, 127, 133, 137, 175, 209, 210, 212,
　　　　　　237〜241, 244, 269, 304
乳食文化　　56, 58, 65〜68, 90, 92, 153, 218,
　　　　　　274, 304
乳発酵　　　　　　　　　　　　　　70, 71
農業改革　　　　　　　　　　　2, 192, 266
農業協同組合　　　　100, 101, 103, 104, 150
農業の集団化　　　　　　　　　　150, 270
農村の工業化　　　　　　　　　　　　102
農村部　　　　　　　　98, 99, 101〜104, 150

■ハ行

バター　　　　　　　　72, 75, 79, 80, 123, 262
バルカン山脈　　73, 75, 76, 145, 146, 166,
　　　　　　167, 204
バルカン諸国　　42, 45〜47, 49, 55, 56, 89,
　　　　　　98, 128, 143, 275, 276
バルカン戦争　　　　　　55, 74, 86, 98, 138
バルカン地域　　2, 15, 42, 43, 45, 46, 48〜
　　　　　　50, 65, 72, 74, 75, 142, 269, 271, 275

索引　311

バルカン民族　　　　　　　　　44, 88
ビザンチン　　　　　46, 50, 54, 55, 141, 149
ビット・スィレネ　　　　　　　　　79
ビフィズス菌　　91, 160, 184, 204, 205, 224, 225, 230
ビューロクラート　　116, 129, 132, 151, 152
標準化　　　　　　26～28, 31, 37, 43, 109
ビンの経済　　　　　　　　　　　30
ブラノ・ムリャコ　　　　　　　79, 80
ブランド　　13, 36, 38, 39, 58, 61, 63, 123, 127, 128, 147, 153, 154, 164, 170～172, 176～178, 180～186, 188, 189, 191, 198, 199, 204～208, 211, 213～219, 221～223, 225～227, 229～233, 236, 243, 245, 247, 252, 260, 261, 264, 266, 270～274
ブルガリア館　　153, 158, 161, 165～170, 172, 173, 179, 184, 188, 189
「ブルガリア起源」言説　　58, 65, 93, 94, 116, 119, 120, 127, 132, 151, 270
ブルガリア菌　　13, 61, 85～88, 90, 91, 93, 94, 108, 118, 120, 121, 123, 126, 127, 131, 138, 145, 161, 162, 173, 174, 184, 185, 201, 204, 205, 211, 221, 226～228, 230, 230, 240, 245, 247, 259, 260, 270
ブルガリア史　　88, 140, 141, 148, 149, 151, 272
ブルガリア正教　　　　53, 54, 82, 114, 141
ブルガリア大使　　60～62, 138, 156～161, 166, 174, 176, 183, 186, 187
ブルガリア乳業　　61, 63, 97, 114, 117, 120, 122, 124～126, 130, 131, 133～142, 144～150, 197, 202, 208, 212, 216～219, 223, 224, 229, 237, 240, 242～244, 246, 248, 267, 273, 304
プレーンヨーグルト　　13, 109, 156, 160, 171, 173～176, 178, 182, 185, 186, 189,

204, 205, 211, 224～226, 230, 270
ブレジネフ　　　　　　　　　130, 132
不老長寿説　　65, 83, 85～88, 90, 92～94, 133, 185, 245, 269
プロト・ブルガリア人　　70, 87～89, 94, 141, 233, 251, 252, 265, 270
プロパガンダ　　　　26, 28, 112～114, 141
文化遺産　　　　　　13, 53, 251, 254, 258
文化統一政策　　97, 104, 110, 150, 202, 270
ベテラン社員　　41, 136, 140, 143, 144, 146, 148, 149, 152, 155, 156, 191, 201, 211, 215, 216, 222, 229, 231, 232, 237, 238, 240～249, 267, 273, 274
ペレストロイカ　　　　　2, 99, 148, 197
「ホームメイド一番」言説　　58, 192, 250, 256, 258～260, 262, 264, 265
「本場の味」　　170, 171, 173, 175～177, 189, 271
「本来の味」　14, 38, 56, 204, 216, 230, 232

■マ行

民営化　　1, 34, 37, 148, 192, 197, 208, 224, 246, 266
民間企業　　30, 31, 98, 170, 176, 197, 210, 212, 218, 249
民間信仰　　　　　　　44, 67, 70, 71, 145
民間治療　　　　　　　　　　　44, 91
民主化　　1, 14, 34, 35, 37～43, 47～50, 148, 192, 193, 197, 207, 214, 266, 269, 275
民族復興　　50, 51, 53, 54, 95, 98, 138, 141, 143, 148, 233
民族文化　　　　　　　　53, 67, 146, 252
明治乳業　　60, 61, 63, 64, 153, 154, 159～161, 164, 170～180, 182～189, 207, 208, 212～215, 217～219, 221, 236, 237, 243,

312

266, 270, 271
明治ブルガリアヨーグルト　　14, 61, 63,
　　154, 156, 159, 160, 164, 165, 172, 173,
　　176〜181, 183〜189
メチニコフ　　65, 84〜88, 90, 93, 94, 97,
　　120, 122, 127, 131, 133, 137, 142, 169,
　　179, 185, 245, 269, 270
モノ不足　　　　　　　　　　27, 28, 30

■ヤ行

ヨーグルト言説　　　　　　　　　　15
ヨーグルト市場　　61, 154, 171, 172, 180,
　　183, 184, 191, 197, 199, 204, 205, 211,
　　224, 227, 230, 247, 250, 251, 254, 261,
　　273
ヨーグルト作り　　78, 79, 82, 89, 156, 160,
　　163, 251, 253, 257, 258, 261, 264
ヨーグルト伝統　　　　　　　　　258
ヨーグルトの達人　　252, 257, 258, 260,
　　261, 263, 265
ヨーグルト祭り　　62, 250, 252〜264, 267,
　　274

■ラ行

ライセンス　　61, 127, 128, 130, 138, 139,
　　142, 149, 177, 188, 208, 210, 212, 214〜
　　219, 238, 239, 246
ラクトバチルス・ブルガリクス　　　91
酪農　　13, 33, 35, 56, 57, 62, 66, 94, 100, 105,
　　106, 108, 122, 125, 128, 136, 145, 149,
　　169, 179, 194〜196, 199, 200, 207, 212,
　　223, 242, 271
ラズグラッド地域　　　62, 250, 254, 255
流通システム　　26, 102, 104, 108, 112, 150,
　　249
冷戦　　　　　　　　　　　　38, 42, 55
ロドピ山脈　　62, 73〜75, 78, 79, 98, 179,
　　185, 204, 255

マリア ヨトヴァ（Maria YOTOVA）
国立民族学博物館外来研究員
1978年7月6日　ブルガリア　ボテフグラッド生まれ
1997～2003年　ブルガリア　ヴェリコ・タルノヴォ大学言語学部応用言語学学科（応用言語学学士）
2001～2002年　日本　埼玉大学経済学部日本語日本文化研究生に国費留学生として来日
2003～2006年　ブルガリア　ソフィア技術大学院経済研究科行政学専攻修士課程（行政学修士）
2003～2004年　ブルガリア　ソフィア市立芸術高等学校英語教師
2004～2006年　ブルガリア　JICA事務所カザンラク地域活性化プロジェクト広報・通訳
2006～2007年　日本　総合研究大学院大学文化科学研究科比較文化学専攻に国費留学研究生として来日
2007～2011年　日本　総合研究大学院大学文化科学研究科比較文化学専攻博士課程（文学博士）
2011年～現在　日本　国立民族学博物館民族文化研究部外来研究員（現在に至る）
2012年～現在　日本　滋賀県立大学人間文化学部非常勤講師
2012年～現在　日本　中垣技術士事務所にて国際業務および翻訳・通訳

ヨーグルトとブルガリア
――生成された言説とその展開

2012年10月31日　初版第1刷発行

著　者──マリア ヨトヴァ
発行者──今東成人
発行所──東方出版㈱
　　　　〒543-0062　大阪市天王寺区逢阪2-3-2
　　　　TEL06-6779-9571　FAX06-6779-9573
装　幀──森本良成
印刷所──亜細亜印刷㈱

ISBN978-4-86249-211-1　　乱丁・落丁はおとりかえいたします。
©2012 printed in japan

会社神話の経営人類学
日置弘一郎・中牧弘允編　3800円

グローバル化するアジア系宗教
経営とマーケティング
中牧弘允ほか編　4000円

会社のなかの宗教
経営人類学の視点
中牧弘允・日置弘一郎編　3800円

会社文化のグローバル化
経営人類学的考察
中牧弘允・日置弘一郎編　3800円

企業博物館の経営人類学
中牧弘允・日置弘一郎編　3800円

社葬の経営人類学
中牧弘允編　2800円

会社じんるい学
中牧弘允・日置弘一郎・住原則也・三井泉ほか　1800円

会社じんるい学　PART Ⅱ
中牧弘允・日置弘一郎・住原則也・三井泉ほか　1700円

経営人類学ことはじめ
会社とサラリーマン
中牧弘允・日置弘一郎編　3000円

日本の組織
社縁文化とインフォーマル活動
中牧弘允ほか編　3800円

聖と俗のはざま
川村邦光・中牧弘允・対馬路人・田主誠　1500円

21世紀の経営システム
日本経営システム学会編　3800円

支援学
管理社会をこえて
支援基礎論研究会編　2800円

組織のなかのキャリアづくり
森雄繁　1900円

韓国の働く女性たち
島本みどり・水谷啓子・森田園子・油谷純子　1800円

韓国服飾文化事典
金英淑編著・中村克哉訳　18000円

＊表示の値段は消費税を含まない本体価格です。